国家科学技术学术著作出版基金资助出版

藏式古建筑石砌体基本力学性能、分析及评估

杨娜　常鹏　著

中国建筑工业出版社

图书在版编目（CIP）数据

藏式古建筑石砌体基本力学性能、分析及评估 / 杨娜，常鹏著. -- 北京：中国建筑工业出版社，2024.8.
ISBN 978-7-112-30143-0

Ⅰ. TU36

中国国家版本馆 CIP 数据核字第 2024AD0624 号

责任编辑：刘瑞霞　梁瀛元
责任校对：张惠雯

藏式古建筑石砌体基本力学性能、分析及评估

杨娜　常鹏　著

                                  *

中国建筑工业出版社出版、发行（北京海淀三里河路9号）
各地新华书店、建筑书店经销
霸州市顺浩图文科技发展有限公司制版
建工社（河北）印刷有限公司印刷

                                  *

开本：787毫米×1092毫米　1/16　印张：13¾　字数：342千字
2024年8月第一版　　2024年8月第一次印刷
定价：**69.00**元
ISBN 978-7-112-30143-0
（43038）

序

古建筑是中华文化的典型代表、重要组成和主要载体。西藏古建筑作为中国古代建筑的重要组成部分，具有鲜明的地域特征与民族特色。它们不仅是藏族人民的财富，中华民族的瑰宝，也是世界文明的重要组成部分。由于建造年代久远，在内外因的共同作用下，很多西藏古建筑都面临结构安全问题。本书针对藏式石砌体，从认识其构造组成，到理解各组分材料在结构整体中的作用并细化局部结构简化模型，再到获得藏式石砌体的整体力学特性，首次从科学的角度严谨分析藏式石砌体特有性能，以理论研究为基础指导藏式古建筑结构的保护实践。

古建筑保护是国家历史使命和千秋大业。随着"北京中轴线——中国理想都城秩序的杰作"成功列入世界遗产名录，习近平总书记近日对加强文化和自然遗产保护传承利用工作做出重要指示，强调要守护好中华民族的文化瑰宝和自然珍宝，让文化和自然遗产在新时代焕发新活力，绽放新光彩。目前，古建筑保护实现由注重抢救性保护向抢救性与预防性保护并重转变，凸显科技保护文物的关键支撑作用。

本书作者杨娜教授及其研究团队长期从事古建筑结构保护领域研究，主持过多项重大古建筑工程的健康监测和状态评估工作，具有深厚的理论基础和丰富的工程经验。近二十年来，对古建筑的基本力学性能、古建筑结构健康监测、古建筑的状态评估和性能保持等，都进行了深入的研究，很多研究成果直接用于世界文化遗产的预防性保护。

本书是国内首部专门针对藏式古建筑石砌体的著作，编排合理、脉络清晰、内容翔实、数据可靠，同时全书论述清晰、理论严密。对藏式古建筑石砌体的基本组成、受压受剪性能、力学简化模型、随机性特征、内部损伤识别、安全评估等几个关键问题进行了详细总结、归纳和深入浅出的阐述。这是一本学术水平高，且有重要工程参考价值的著作，全面总结了作者以往的研究成就，并注重对基本概念和基本方法的介绍。

本书对文化遗产保护、结构状态评估等领域具有重要的理论意义、社会效益和良好的应用前景。相信本书的出版将有助于我国古建筑保护研究和年轻一代专业技术人员培养。

中国工程院院士

2024 年 8 月

前　言

　　藏式古建筑作为中国古代建筑的重要组成部分,凭借其浓郁的藏族文化特色及高原地貌的建筑风格,融合汉式建筑思想,形成独有、鲜明的建筑结构形式,而石砌体结构性能是决定藏区重要古建筑是否安全的关键。青藏高原多地震、高海拔、强日照等环境特点,使得长期服役的藏式古建筑石砌体普遍发生了材料性能退化,降低了构件与结构的承载力和稳定性,威胁到了结构安全。视觉上看似坚固厚重的墙体,面临着灰缝风化剥落、砌块开裂、基础不均匀沉降、沿山体滑移、墙身外鼓等残损和结构隐患。因此,对藏式古建筑石砌体展开系列研究,分析其损伤破坏机理,并对现有结构进行状态评估,是目前亟须开展的工作。

　　古建筑基本力学性能、分析及评估属于复杂的交叉学科问题,涉及材料工程、结构力学、结构工程、工程振动、测试技术等若干个学科领域,需要研究者了解不同学科的基本概念、基本理论和基本方法,对不同学科知识的掌握和融会贯通有助于深入理解古建筑保护问题的基本理论。同时,本领域又具备应用性极强的特点,古建筑的现场勘察、实验室试验、现场测试、数值模拟、评价与预测、维护措施都需要将理论与工程实践紧密结合,解决实际问题。

　　本书是在作者及研究团队十余年研究成果的基础上经整合、加工、完善而成的,既注重介绍基本概念和基本研究方法,又注重理论与实践结合。同时,本书纳入了研究团队的最新研究成果,以及国内外相关研究成果,书后的参考文献可供感兴趣的读者就相关问题进行拓展阅读。

　　本书研究工作的开展能够使读者更加清楚地认识藏式古建筑石砌体,了解其力学特性,对结构本体的状态分析评估方法有更清晰的理解。书中试验获得的重要数据,可为重要文物工程的保护、修缮与加固提供必要的技术依据和参考。

　　本书由北京交通大学杨娜负责全书框架设计、统筹协调和最终定稿,并负责第 1、2、3、5、8 章的主要内容;常鹏负责第 4、6、7 章的主要内容,并参与全书统稿工作。本书的出版离不开十余年来在研究团队奋斗过的每一位成员的努力,感谢滕东宇、蒋宇洪、王英剑、陆正超、李建成、种永健、崔玥、施毕新等研究生,他们的研究成果在本书均有所体现。

　　本书参引了国内外相关领域大量的论文资料和学术著作,在此向这些专家学者表示诚挚的谢意!同时,感谢国家科学技术学术著作出版基金(资助号:2023-131)、中央高校基本科研业务费专项资金(资助号:2022JBZY008、2021JBZ110)、国家自然科学基金面上项目(资助号:51778045)对本书出版的资助。

　　古建筑保护评估学科的发展与日俱增,作者认知水平有限,书中难免存在不足、缺陷和错误,敬请读者批评指正。

杨娜　常鹏

2024 年 7 月于红果园

目　　录

第 1 章
绪论

1.1 研究背景、目的和意义

中国古建筑星罗棋布、形制各异,其形制受封建主义等级制度影响明显,在空间和时间上也呈现较大差异。藏式古建筑作为中国古代建筑的重要组成部分,以其浓郁的藏族文化特色及高原地貌的建筑风格,融合内地建筑思想,形成独有、鲜明的建筑结构形式。

随着历史发展、岁月变迁,加上人们保护意识淡薄,使得大部分古建筑受自然、人为破坏,逐渐消失殆尽。进入 21 世纪,经济社会蓬勃发展,国家和人民更加重视文化遗产的保护工作。对现有古建筑的抢修、维修与保护一直是文物保护工作的重点,党的十九大明确要求"加强文物保护利用和文化遗产保护传承",习近平总书记更是对新时代文物保护提出系列新思想、新观点、新要求,指引文物事业发展新格局、新体系、新面貌。如何科学、有效地保护藏式古建筑,保证其安全使用及其长久保存是亟待解决的问题,具有重要的科学意义和社会价值。

青藏高原多地震、高海拔、强日照等环境特点使得长期服役的藏式古建筑石砌体普遍发生了材料性能退化,构件与结构的承载力和稳定性降低,影响结构安全。视觉上看似坚固厚重的墙体面临着灰缝剥落、砌块开裂、基础不均匀沉降、沿山体滑移、墙身外鼓等问题。藏式石砌体结构属于毛石砌体结构体系,其所选用的粘结材料与常见砌体存在显著差异,同时平面和剖面的结构分布具有典型的藏式建筑特征,这些因素都会明显影响其结构性能表现。因此,对藏式古建筑石砌体展开系列研究,分析其损伤破坏机理,并对现有结构进行状态评估,是目前亟须开展的工作。

针对藏式石砌体的研究从简单的感官认知深入到结构理解,结构层面的研究和举措是古建筑保护的根本。研究藏式石砌体可以正确认识其构造组成、理解各组分材料在结构整体中的作用并细化局部结构简化模型,获得藏式石砌体的整体力学特性,以此为切入点进行保护研究。从科学的角度严谨分析藏式石砌体特有性能,以理论研究为基础进行藏式古建筑结构的保护。本书研究工作的开展能够使读者更加清楚地认知藏式古建筑石砌体,了解其力学特性。书中试验获得的重要数据,可为重要文物工程的保护、修缮与加固提供必要的技术依据和参考。

1.2 结构特征

西藏地区为高原地貌，多山石，自公元 7 世纪藏族人民由游牧转为城邦定居后，便逐渐就近搬取山石块垒砌碉房居住。碉房因外形像碉堡而得名，外围是石砌体承重墙，内部靠木构架支撑，如图 1-1（a）所示。气势磅礴、造型各异的藏式古建筑正是碉房在横向、竖向叠加和组合后形成的，如图 1-1（b）所示。

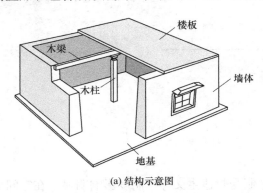

(a) 结构示意图   (b) 典型建筑

图 1-1　藏式碉房结构

按材料划分，藏式古建筑可分为土木、石木、土石木混合结构。根据内部有无木柱架，可将其主要的结构形式分为"墙体承重结构"和"墙柱混合承重结构"。在两种结构形式中，由石材砌筑而成的墙体均是结构的承载主体，承受竖向荷载是墙体最主要的受力状态之一。

1.2.1 藏式石砌体的历史

藏式石砌体最早发现于新石器时代的西藏昌都卡若文化遗址、四川丹巴县的中路文化遗址和青海、甘肃等黄河中游地区的卡约文化遗址。房屋营建形式从早期的半地穴、窝棚式房屋发展到中期的半地穴、棚屋式。

在雅隆王统时期，西藏地区出现了砌筑的石墙和碉式建筑，形成了自己的建筑形式和建筑技艺，以堡寨式宫殿、大石建筑和墓葬为主。碉式建筑是由石材、木材、泥土构成的混合建筑物，其建筑材料均为就地取材，并直接用于建造，有利于建筑材料重复使用。碉式石砌体结构从规模到营造技术，从建筑质量到装饰水平都在不断发展，塑造了当前厚重三叶墙且墙体收分的藏式石砌体建筑形式。

1.2.2 藏式石砌体构造

受所处自然环境、宗教信仰和文化习俗的影响，藏式传统建筑形成了自己独特的风格：在空间上顺应自然环境，利用地形突出建筑层次，借助光线以及日照方向布置建筑空间；在材质上因地制宜、就地取材；在建筑结构上，外部以石砌墙体为主，内部采用木梁柱构件与室内隔墙相结合的混合形式，见图 1-2。

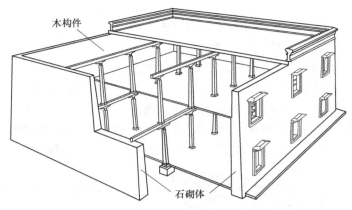

图 1-2 藏式石砌体结构示意图

藏式古建筑石砌体墙体是结构的主要承重构件，其最大的特点是厚重且收分。厚重的墙体提供了足够的承载能力，而收分内倾使得整个建筑的重心下降，提高了墙体的自身稳定性和建筑物的整体稳定性。藏式建筑的内外墙做法不同：外墙均有收分，内壁不收分；虽然内墙不收分，但上一层的墙体可比下层薄一些，做法是两面向内收。外墙厚度在 0.5～2m 之间，最厚的外墙达到 5.5m。墙外壁向内侧收分的一般角度为 6°～7°。

石材是藏式建筑墙体的骨架，在修建藏式古建筑时，为满足承载能力和稳定性的需求，工匠选择大厚度墙体作为承重构件。受限于当时的材料加工、运输手段，很难采用巨型砌块砌筑厚墙。藏族工匠将多种不同形状和大小的毛石有规律地排布，并用泥浆粘结起来，砌成如图 1-3 所示的墙体。

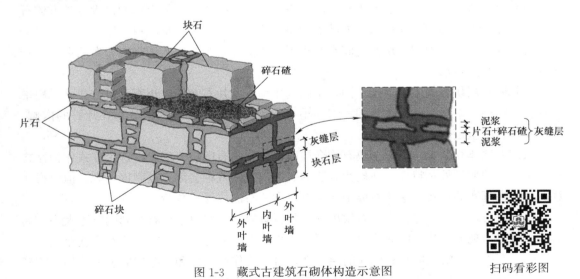

图 1-3 藏式古建筑石砌体构造示意图

扫码看彩图

由于建造藏式古建筑石砌体时技术水平和块石切割工艺不成熟，石砌体墙中各块石、片石的大小和位置，砌筑泥浆的水灰比和杂质都没有严格的规定，仅凭工匠经验进行同等工艺砌筑。

藏式石砌体砌筑工艺为分层砌筑，自下而上分别为块石层、泥浆层、片石层、泥浆层，步骤如下：

（1）块石层：将块石摆放出外轮廓，中间依次放置大块石、碎石，将流动性较大的泥浆灌入或塞入空隙，将本层基本铺平填满；

（2）泥浆层：铺厚约2～3cm的流动性不大的泥浆；

（3）片石层：用片石摆放外轮廓，用碎石碴填充中间区域进行铺平；

（4）泥浆层：再铺一层泥浆，做法与步骤2相同。

如此循环往复完成墙体的砌筑。分层砌筑顺序示意图见图1-4，墙体砌筑过程见图1-5。示意图和图片来自于一栋现代单层藏式石砌体房屋的实际建造过程。

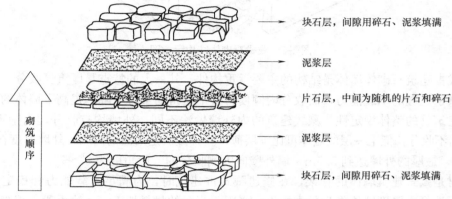

图1-4 分层砌筑顺序示意图

结合砌筑工艺可知藏式古建筑石砌体墙细部构造特征：

（1）建立藏式石砌体墙需要用到多种规格和形状的砌块。墙体上体积最大的长方体石块为块石，内外叶墙均包含块石，外叶墙的块石往往体积更大、形状更规则。

（2）处于同一层的相邻块石之间有大小不等的空隙，工匠通常用竖向分布的多块碎石块和混合泥浆进行填充。

（3）同一层块石的高度可能不同，工匠利用扁平状片石和细碎小石头进行找平；扁平状片石，往往水平分布在墙体外围；细碎小石头为碎石碴，往往密集分布在片石的内侧，有时候碎石碴里也会掺杂一些片石。

（4）在墙体立面上，每一个块石均会被碎石块和片石围绕。工匠将这个样式作为藏式古建筑石墙的典型外观特征，在现代修建的藏式仿古建筑中会刻意复制该外观。但值得注意的是，在真实的藏式古建筑石墙中，碎石块和片石的位置、数量并不固定。

（5）块石之间不一定会有碎石块出现，是否有碎石块取决于块石之间的空隙大小；局部区域可能出现多片片石竖向叠放，也可能缺少片石，要看需要填补的块石高度差。

（6）石砌体墙沿竖向具有明显的层次性，可以看作块石层和砌缝层的重复叠加。砌缝层进一步细化，可以看作两层泥浆夹着一层片石和碎石碴。

1.2.3 藏式石砌体的材料

藏式石砌体是用石材和砂浆砌筑成的结构。其中石材主要有花岗岩、闪长岩、板岩，砂浆材料主要为黄泥。历史上受运输工具条件制约，藏式古建筑石材均为就地取材，以拥

(a) 块石层：摆出外轮廓后填充中部　　(b) 以碎石填充块石间空隙　　(c) 将泥浆灌入块石间空隙

(d) 块石层之上满铺一层泥浆　　(e) 用片石摆出片石层外轮廓　　(f) 放置片石层中间的碎石碴

(g) 循环往复砌筑(块石层)　　(h) 循环往复砌筑(泥浆层)　　(i) 循环往复砌筑(片石层)

图 1-5　藏式石砌体砌筑过程

有众多古建筑的拉萨市为例，城关区、曲水县盛产花岗岩，为古建筑砌筑提供了大量石材原料。板岩常见于各类山中，体积较小，可随山取用。在藏式古建筑中石砌体主要用作受压构件，常见于承重墙、基础、石阶、围护结构。

石材主要采用坚固耐用的花岗岩、闪长岩和板岩，花岗岩属于重岩天然石，具有高强度、抗冻性和抗气性；但传热性较好，作墙壁时，厚度需要很大。板岩具有板状构造，沿着岩石板理方向可剥成薄片，可用于填充大块石之间的空隙。

石材通常有两种规格：尺寸较大的六面体状石材和尺寸较小的片状石材。为了方便区分，书中统一简称为"块石"和"片石"。块石形状不一，大致呈长条形，重量以一人能背运的重量为限，一般规格约为 $17cm \times 23cm \times 35cm$，即平均重量约 $20 \sim 30kg$；片石呈片状，一般厚约 $2 \sim 3cm$，主要分布于块石的层间，用来垫平、塞紧石块之间的缝隙。砌筑过程中工匠会利用石工锤等工具进行粗加工，根据填砌需求随时手工调整，石块一般情况下并不十分规整。

粘结材料为黄泥浆，由黄土加水搅拌而成，填充于石材之间。黄土以粉土为主，并含一定比例的细砂、极细砂和黏粒的沉积物。其中的黏粒矿物具有吸附、膨胀、收缩等特性，会影响到黄土的工程性质；泥浆拌制过程中，配合比并无严格规定，工匠根据经验确定。砌墙完成后泥浆在自然环境下固化。相对于常见的砌墙砂浆，泥浆的强度较低，压缩性强，不具有水硬性，本质上仍是土体颗粒的集合体，遇水会产生软化和流动。

1.2.4 藏式石砌体的作用

藏式古建筑属于密梁平顶式结构，其连接方式与承重形式独具特色，藏式石砌体在结构中承担重要的作用。

厚重石砌墙体是构成藏式传统建筑的基本因素，亦是藏式建筑结构最为重要和基础的部分，是决定结构安全性能的重要构件。

（1）藏式石砌体是结构主要承重构件

从结构受力的角度来看，藏式古建筑的主要结构形式为"墙体承重结构"或"墙柱混合承重结构"，在两种结构形式中，由石材砌筑而成的墙体均是结构的承载主体，且承受竖向荷载是墙体最主要的受力状态之一。墙体承重结构中竖向荷载传递路径如图 1-6 所示，石砌墙体的结构性能直接关系到建筑的安全性。

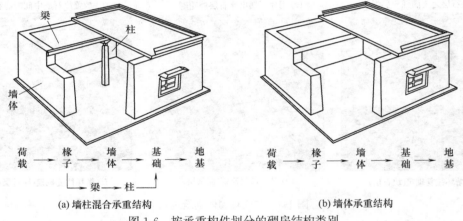

(a) 墙柱混合承重结构　　　　　　　　　(b) 墙体承重结构

图 1-6　按承重构件划分的碉房结构类别

（2）石砌体与木构架连接，提供约束

藏式古建筑由内部木构架、室内隔墙和外围石砌体墙体构成。石砌体可为内部木构架提供支撑和连接，木构架的梁端插入墙中，与墙体连接在一起。木构架与墙体是相互约束的关系。因此，进行藏式古建筑结构整体和局部受力分析时，必须考虑石砌体墙体的影响和约束作用。

（3）充当围挡结构，也起装饰作用

在古建筑结构中，除了作用建筑主体外，藏式石砌体也充当着城墙、女儿墙等围护构件，起到围挡防御及装饰作用。

1.3　研究历史和现状

藏式古建筑石砌体属于砌体结构中的石砌体分支。目前对于砌体结构已形成了较为系统的研究，有学者从砌体组成材料（砌块和砂浆）性能入手，考虑一定的构造与排布特征，通过试验、数值模拟和理论分析三种方法，对砌体的静力性能和动力性能展开研究。在静力性能方面，对砌体受压、受拉、受弯、受剪强度，弹性模量，泊松比，剪切模量等展开研究，分析砌体中砌块、砂浆的受力状态与相互作用机理，砌体的传力机制，破坏模式与机理，建立砌体受压本构模型及灰缝受剪粘结滑移本构模型。在动力性能方面，通过墙体拟静力试验与模拟，分析传力机制、破坏模式、耗能机制、变形能力退化规律，获得滞回曲线、骨架曲线和刚度退化规律等，建立砌体的恢复力模型。通过振动台试验与模拟，获得砌体结构的频率、阻尼比、振型等动力特性参数，分析其在地震作用下的耗能机理。

藏式石砌体与普通砌体具有很多异同点，现有研究也参照普通砌体结构并加以创新。研究主要包含以下几个方面：砌体组成材料的基本性能研究、石砌体受压性能研究、抗剪性能研究、数值模拟方法研究、随机性问题研究、内部损伤检测研究以及安全性评估的研究。藏式石砌体的研究目前还处于初步阶段，但也具有了一定的系统性。

1.3.1 石砌体材料基本性能研究现状

石砌体结构的主要材料在功能性上分为块材和粘结材料两种，这两种材料力学性能迥异，按照一定的规则排列组合为一个整体，结合后整体的力学性能又有不同。材料基本性能的研究是结构力学研究的基础，因此针对砌体的两种组成材料，学者们进行了相关力学性能方面的研究。

石砌体基本力学参数主要包括强度、弹性模量、剪切模量、泊松比等。目前国内外砌体基本力学参数的取值主要基于大量的试验数据。在此，主要介绍块材和粘结材料基本力学性能研究现状。

1. 泥浆基本力学性能

藏式石砌体主要以黄泥为粘结材料。目前，国内外对于砌体粘结材料的研究主要采用试验的方法。20世纪50年代奥尼西克等人对砂浆进行了一系列试验以研究其抗压强度，随后大量关于各种粘结材料的实验室强度试验陆续进行。由于粘结材料并不是弹性材料，其弹性模量如何取值一直是一个难点，Riddington、Sk Sekender、Aguilar、朱伯龙、施楚贤、刘桂秋、梁建国、王少杰等许多学者对其进行了研究，取值方法一般采用割线模量法。进而通过分析单轴压缩试验获得的粘结材料的全过程应力-应变曲线，获得材料的本构关系表达式，不同研究均表明砂浆的上升段曲线接近于上凸的二次抛物线，而下降段则接近于直线。本课题组滕东宇通过试验测得西藏黄土泥浆的塑限为10.9%，液限为28.6%，抗压强度为2.7MPa。研究表明，初始配置时含水率为15%的泥浆在观感上与真实砌筑中泥浆状态相近，但初始含水率对泥浆抗压强度的影响不明显，可将固化状态下的泥浆视为不受初始含水率影响的材料。李建成考虑不同初始含水率和湿度，对三种劣化程度不同的西藏黄土泥浆、夯土墙土泥浆、已风化土泥浆进行了对比性抗压试验，结果表明：含水率为15%时西藏黄土泥浆和已风化土泥浆的抗压强度分别为3.107MPa、0.845MPa，泥浆抗压强度与土材劣化程度、初始含水率、湿度均呈负相关关系。但是上述两位学者关于初始含水率是否会对泥浆抗压强度产生影响得出了不同的结论。

2. 砌块基本力学性能

藏式古建筑石砌体中的块材主要为花岗岩、板岩。目前，国内外对脆性岩石的力学性能已有较为丰富的研究。Lajtai 提出的 Griffith 微裂纹理论是岩石这种准脆性材料的研究基础，该理论的基本假定为破裂均起始于材料内部的微裂隙，目前这种认识已被广泛接受。Lajtai、Eberhardt、Seo 等国外众多学者通过试验对岩石的脆性破裂过程展开了深入研究，研究发现岩石的破裂伴随着内部微裂纹的闭合、发育、扩展以及交互贯通过程。Vasconselos 对葡萄牙多种花岗岩材料进行了单轴压缩试验，对岩石的脆性破裂过程进行研究，并通过对峰后数据的研究分析了岩石的延性。DFot 对意大利某种常用于古建筑的石材进行了材料试验，利用混凝土研究领域的流变模型对该石材的开裂性质进行研究。可见，合理可行的岩石本构模型是岩石应力变形分析的前提，也是数值模拟的基础。近年来岩石材料的损伤本构模型研究取得了较大进展。唐春安、曹文贵、徐卫亚等假定岩石微元强度服从 Weibull 分布，分别建立了岩石的统计损伤力学模型，Paliwal、Ramesh、Zhu 等建立了基于细观力学的损伤力学模型。本课题组滕东宇将藏式古建筑修缮中替换下来的毛石制作成 28 个立方体试件进行抗压试验，获得石材的抗压强度介于 41.4~182.6MPa 之间，平均值为 103.2MPa。

3. 材料退化

气候环境是影响藏式石砌体材料退化的主要因素，藏式石砌体主要会面临结构的冻融问题。气候环境主要改变砌体材料孔隙率和孔径大小、粘结材料含水率等，孔隙率增量和孔径增量是气候环境因素导致藏式石砌体砌块性能劣化的根本原因。孙磊等通过气候环境模拟对古建筑砖砌体试件进行冻融循环试验，试验结果表明：冻融作用会对寒冷地区的古建筑砖砌体造成不可逆的劣化，抗压强度和弹性模量的变化可以反映砌体的劣化程度。王亮等从冻融环境、风化、酸性物质侵蚀、微生物侵蚀、盐类作用以及地下水渗透等方面研究了黏土砖腐蚀劣化的机理，认为黏土砖的腐蚀劣化是多种因素耦合作用的结果。朱小丽等对汉画像砖吸水、抗盐、抗融冻性能及劣化机理进行分析研究，并以现代青砖和红砖作对比试验，认为由于可溶盐以及微生物等作用，砖的内部孔隙变大，吸水率增大，其抗压、抗盐、抗融冻性能均较差。雷小娟根据三个控制性指标（泛霜、石灰爆裂、抗冻性能）分析对黄河淤泥烧结多孔砖整体耐久性的影响，指出有效孔隙率越小，耐久性越好。以上研究主要是针对古建筑砖砌体进行的耐久性研究，针对藏式石砌体材料退化影响研究尚属空白。

4. 小结

综上所述，石砌体材料的基本力学性能主要以两个组分泥浆和砌块进行研究，获知了影响泥浆抗压强度的因素和砌块石材的弹性模量、泊松比、抗折及抗拉性能等力学参数。了解单体的砌块和泥浆的抗压性能有助于后续理解影响石砌体整体力学抗压强度的因素，因此，需要对石砌体材料进行更详尽的基本性能试验研究。

1.3.2 石砌体受压性能研究现状

藏式砌体结构普遍自重大，承受竖向荷载的能力较强，其受压性能是最重要、最基本的属性之一。国内外学者对砌体材料受压性能展开了大量理论分析和实验室试验。其中砌体抗压强度的理论分析方法主要有弹性理论分析法、基于变形协调的应力叠加法、弹性有限元法、半理论半经验方法以及数理统计的经验方法。受压性能试验主要是针对棱柱体和墙体进行的缩尺和足尺试验。

1. 理论研究

砌体结构受压性能的理论研究较为广泛，1970年，Francis等对砖砌体受压破坏机理进行了理论分析。通过对砖棱柱砌体承受竖向荷载时砌块与砂浆多轴应力状态的分析，认为砌块竖向受压且水平受拉，灰缝则处于三向受压状态，采用Hilsdorf提出的脆性材料多轴荷载下的破坏包络线，推导得出砖砌棱柱体试件抗压初裂承载力，最先建立了砌体抗压强度的理论计算公式。1972年，Khoo在梳理脆性材料破坏准则的基础上，对砖块在压缩、拉伸和双轴压拉作用下的强度和应力曲线进行了测定，发现砖块的真实破坏包络线比Coulomb和Griffith的理论曲线更加保守。同时，对砂浆进行了三轴压缩测试，得到其三轴压缩主应力曲线。通过将两种材料在复杂应力状态下包络线重叠的图解法和联立包络线方程的解析法分别求得砖砌棱柱体的抗压强度。1985年，Atkinson等基于两个方向力平衡和水平向应变协调条件，通过理论分析的方法对棱柱砌体受压承载力展开研究，结果表明棱柱破坏均由砖块双轴应力水平超过包络线所致，砂浆均未发生破坏。近年来，国内学者对砌体静力性能理论分析的研究较少。2015年，李传洋选取一个料石砌块和一皮水平砂浆，通过力学分析得到在竖向荷载作用下料石和砂浆的水平向应力的大小和方向，推导了考虑材料强度和灰缝厚度的料石砌体受压承载力计算公式。2016年，王朝晖对Hilsdorf提出的砌块在多轴荷载下直线型的破坏理论包络线进行分析，推导出砖砌体破坏理论包络线的二次曲线公式。二次曲线类似于双曲线形状，考虑了材料断裂破坏时的极限线应变，其计算值较理论包络线的直线公式计算值更接近砖砌体破坏时的实际值，与生土墙试验结果吻合较好。刘建生等参照国内外统计经验公式，根据120余组试验资料分析，提出了石砌体单向受压屈服极限强度表达式。

2. 试验研究

（1）棱柱砌体抗压性能

棱柱砌体是国内外学者对砌体开展研究的一种常用试件，具有易操作、易量测等特点。1997年，Rao等通过对花岗质片麻岩石材组成的三石棱柱砌体的抗压试验，发现当荷载施加方向与石材矿物带平行时，棱柱砌体的抗压强度更大，且抗压强度随灰缝砂浆强度的提高而提高。Vasconcelos、李传洋分别于2009年和2015年砌筑了由花岗岩砌块组成的棱柱砌体以进行抗剪和抗压试验，获得了应力-应变曲线、受压及受剪承载力、破坏模式等基本性能，并探讨了砌块表面凹凸程度、灰缝强度、灰缝厚度对砌体抗压强度、弹性模量、泊松比等指标的影响。Vasconcelos的研究还发现了抗压试验过程中卸载再加载时棱柱砌体抗压刚度会变大的特点。2017年，Singh等对印度当地使用的黏土砖棱柱砌体进行抗压试验，发现应力-应变曲线上存在5个明显特征点。2018年，Thaickavil等对压制土砖和烧制黏土砖棱柱砌体进行抗压试验，探讨了砖的类型、砖的强度和试件高厚比对抗压强度的影响规律，并提出了一个包含砌块与砂浆强度、砌块与砂浆所占体积比例、棱柱试件高厚比的抗压强度计算模型。

汪源考虑黏土填缝和碎石填缝，利用藏区花岗岩和黄黏土砌筑毛石棱柱体试件，进行了竖向压缩试验。得到了毛石棱柱体抗压强度、弹性模量等基本力学参数，研究了藏式毛石砌体的受压过程和破坏机理。滕东宇通过三石叠放的棱柱体抗压试验研究了藏式石砌体轴心受压时的变形能力及损伤机理，得到了试件开裂机理及破坏形态和受压全过程的应力-应变曲线，提出了藏式石材开裂前的应力-应变曲线，该表达式与试验结果吻合良好。

棱柱砌体试验的对象和尺寸各异，需根据具体研究内容结合规范要求进行设计。对藏式古建筑石砌体而言，目前已通过棱柱砌体试验对片石层的存在和灰缝饱满程度对砌体受压性能的影响进行了研究，但对片石与碎石碴对砌体抗压性能是否会产生不同影响以及影响的程度尚不清楚。

（2）小墙抗压性能

对墙体直接进行试验能够最直观地反映其力学性能。国内外学者对不同类型的砌体墙开展了大量的轴压试验，获得了砌体墙基本力学性能。

苏联的奥尼西克是最早开始对砖砌体结构抗压性能进行系统研究的学者之一，通过一系列试验对砖砌体的基本力学性能形成了较为系统的认识。

在单叶墙抗压性能研究方面，Corradi 等对从意大利一栋震后建筑物中取出的五种石砌体进行了现场抗压试验，测得了墙体抗压强度、弹性模量。徐春一、潘静、朱飞、周强、焦贞贞、Dharek 等分别对蒸压粉煤灰砖砌体墙、配筋砌块砌体柱、灌芯砌块砌体与配筋砌块砌体墙、混凝土专用砌块空心砌体墙、碱激发矿渣胶凝材料砌块砌体墙、无筋与配筋混凝土空心砌块足尺墙体进行了抗压试验，获得了采用这几种砌块材料或砌筑工艺墙体的抗压强度、破坏现象与破坏过程、弹性模量、泊松比等基本力学性能指标。Qian 等对采用糯米砂浆的两组古砖砌体进行了抗压试验，得到了抗压强度等力学指标及裂缝开展、裂缝长度和密度等规律，并建立了对应古砖砌体裂缝长度发展的三折线模型。

墙体的试验研究往往是针对某一类特定工艺或材料的墙体展开的。上述多数试验研究的主要目标是获得单叶砌体墙的静力抗压性能。

在多叶墙抗压性能研究方面，欧洲古建筑多用较厚多叶墙，即由两片或三片墙体在厚度方向通过一定的连接组合而成的墙体，一些欧洲学者对此展开了研究。Egermann 等对外叶墙为砖砌的 3 片三叶墙进行了抗压试验，得到了 3.7MPa 的抗压极限强度和两阶段本构关系。Binda 等对两种不同石砌块类型和两种内外叶墙构造形式的三叶墙进行了抗压试验，得到了受压应力-应变曲线、抗压强度及相应应变、弹性模量、泊松比等力学指标，同时指出单叶墙破坏时裂缝沿灰缝开展的原因是石块的强度过大，迫使裂缝绕过而非穿过石头开展。Magenes 等对意大利双叶石砌体墙进行抗压试验、对角抗压试验和面内循环剪切试验，得到了强度、弹性模量、泊松比等力学指标。Demir 对 4 片三叶墙的缩尺试件进行了抗压试验。发现三叶墙的破坏模式为内外叶墙之间先发生开裂破坏，进而外叶墙石块竖向开裂，宽侧面和窄侧面的裂缝显著增加，最终碎石和砂浆开始剥落而破坏。试验发现三叶墙的应力-应变曲线在峰后没有出现平台且下降较慢。此外还发现三叶墙的强度、刚度均明显小于单叶墙，但竖向压缩变形大于单叶墙。Witzany 等通过对一历史建筑砌体的抗压试验，建立了评估其抗压强度的概率模型。Meimaroglou 等通过对泥浆砌筑三叶石墙的抗压试验，获得了该砌体墙的强度、弹性模量、泊松比等力学指标，还分析了泥浆中河砂掺量对砌体抗压性能的影响。

国外多叶墙的抗压试验研究多针对特定的组成材料或构造。而藏式古建筑石砌体正是一类工艺和用料特殊的多叶墙，其抗压性能有待研究。

古建筑砌体结构随着服役时间的累积出现了灰缝剥离、灰缝或砌块开裂等损伤，因此大量学者通过试验研究了不同加固方法对砌体静力性能的改善作用。改善方法有水泥灌浆、重嵌灰缝、外叶墙横向锚固等。

各地区墙体具有较大的差异,静力性能试验的研究对象往往各不相同,但研究方法和分析指标基本一致。墙体静力性能研究主要目标往往是获得破坏模式、承载力、变形能力、弹性模量、泊松比、损伤产生与演化机理等。

目前,国内对藏式民居石砌体开展过一些墙体抗压试验。傅雷对2片西藏民居毛石墙进行了抗压试验,得到了破坏现象和全过程力-位移曲线,发现受弯是砌块开裂的主要原因,石砌块的尺寸、泥浆与砌块的粘结性、砌筑工艺会显著影响墙体的抗压性能。田荀通过对2片四川地区藏式民居双叶收分石墙体的抗压试验,获得受压极限承载力以及对应的位移,并得到了全过程荷载-位移曲线及破坏现象。吉喆、张晨诗扬等分别对藏式民居石墙进行抗压试验,研究收分比例及有无碎石填缝对墙体抗压性能的影响,两位学者均得出了碎石填缝与抗压强度呈正相关的结论,但对收分比例与受压承载力的关系得出了不同的结论。

目前对藏式民居石砌体的抗压性能有了一定了解,但由于藏式古建筑石砌体与藏式民居石砌体在构造上存在差异。因此,仍须对藏式古建筑石砌墙体开展抗压性能试验,以获得其基本力学指标。

邓传力等采用理论分析方法对藏式毛石砌体墙的力学特性进行分析,并通过试验方法分析粘结材料黄泥的力学性能,结果表明藏式墙体的破坏特点为块石脱落、分层脱落,墙体收分、两端起弧的砌筑方法可提高墙体承载力,黄泥强度较低、崩解性强、水稳性差是毛石砌体整体性差的主要原因。

黄辉、贾彬等通过毛石墙体受压试验和低周水平往复加载试验研究了玄武岩纤维复合材料网格改良藏式毛石墙体受力性能,结果表明改良藏式毛石墙体的极限受压承载能力是未改良毛石墙体的2.72倍,改良藏式毛石墙体的滞回耗能能力较未改良墙体有显著提高。

田荀分别以黄泥含量和块石尺寸作为变量,通过试验研究了两个变量对藏式石砌墙体的轴心抗压性能的影响,并建立有限元模型模拟抗压试验,所得模拟结果与试验结果吻合良好。结果表明黄泥含量越大,墙体轴心抗压强度越小,变形越大;块石尺寸越小,数量越多,墙体轴心抗压强度越大,变形越小。

许浒等采用无侧限抗压试验和水平抗剪试验方法研究了传统藏羌石砌民居的抗地震倒塌性能,并采用随机分布离散有限元方法建立相应的数值模型,指出此类石砌民居在地震作用下的破坏始于二层洞口墙体开裂,最后导致底层墙体破坏甚至坍塌;墙体开洞率越大,抗地震倒塌能力越差。

傅雷等提出采用玄武岩纤维土工格栅改良藏式毛石墙体抗压性能,并通过试验分析其改良效果,结果表明布置玄武岩纤维格栅能有效控制墙体裂缝开展,有效限制墙体分层破坏,显著提高藏式毛石墙体的受压承载能力。

3. 小结

综上,目前针对藏式石砌体这种随机性和离散性较大的砌体结构理论分析不足,亟需进行大量的试验研究。通过棱柱体受压试验获得藏式石砌体墙力学性能操作方便,具有一定可信度,但存在无通用试验方法的问题。小墙试验相较棱柱体试验结果更直观,可以获得墙体的基本力学参数,但试件尺寸效应对试验结果影响较大。因此,在进行藏式石砌体受压性能研究时,应综合考虑这些问题。

1.3.3 石砌体抗剪性能研究现状

砌体结构的抗剪切能力相对较差，主要由于砌体是块材和粘合材料组合形成的复合材料，块材和粘合材料的交界面成为天然的潜在缺陷，易发生分离而导致砌体的整体破坏，且常为脆性破坏模式。同时，砌体的平面内刚度较大，在地震作用中会承受较多的水平和竖向力，砌体结构易产生剪切斜裂缝，表现出较弱的抗震能力。石砌体在地震中的震害普遍较为严重，其抗剪和抗震性能是国内外重点关注的研究领域。接下来介绍国内外关于石砌体抗剪性能的理论和试验研究。

1. 理论研究

对于砌体结构抗剪试验的破坏机理分析，国内外学者有较多的研究，但对于石砌体的研究则偏少。主流的两种理论分析方法为主拉应力破坏理论和库仑破坏理论。

20 世纪 60 年代，Turnseck、Čačovic 和 Borchelt 等学者将砌体假定为一整体、匀质的结构，认为砌体的剪切破坏是由于所承受的主拉应力超过砌体的抗主拉应力强度导致，这就是主拉应力破坏理论。根据该理论提出的砌体抗震抗剪强度公式与部分国内外的试验结果吻合较好。我国的《建筑抗震设计规范》GB 50011—2010（2016 年版）中，砖墙的抗震抗剪强度公式也采用了同样的理论，并由试验结果拟合所得到。

Sinha 引用库仑理论来计算单叶砌体的抗剪强度。随后其他学者也进行了许多研究，目前应用最为广泛的是 Mann 和 Müller 提出的公式。库仑破坏理论将墙体看作一个非连续的、各向异性的结构，从局部进行研究，认为砌体的破坏是由于砂浆与块材间的粘结强度不能满足抗剪强度而发生的剪切滑移破坏，砌体的抗剪强度随竖向压应力的增大而增大。根据库仑破坏理论得到的公式可称为剪摩型公式，为许多国家的规范所采纳。我国《砌体结构设计规范》GB 50003—2011 中也采用了剪摩型公式。

Calderini 对各种理论公式进行了比较，还利用试验数据比较了各公式对毛石砌体的适用性，认为毛石砌体的随机程度高，各向异性的属性弱于砖砌体和料石砌体，更适合采用 Turnseck 基于主拉应力破坏理论所提出的抗剪强度公式。Calderini 还研究了主拉应力公式和剪摩公式的统一和转换，提出了利用对角抗压试验获得剪摩公式的主要参数（纯剪强度和摩擦系数）的方法，该方法对于如何获得毛石砌体剪摩公式参数给出了方向。

2. 试验研究

国外学者对石砌体的抗剪和抗震性能的试验研究较多，试件既有代表性单元试件也有足尺墙体。试验对象从小到大依次为：灰缝试件、小型砌体以及完整墙体。试验方法包括压剪试验、对角压缩试验、振动台试验等。其中压剪试验包括两种，单调加载的静力试验和水平往复加载的拟静力试验；对角压缩试验为静力试验，振动台试验则是动力试验。

Binda 通过料石砌体墙抗剪试验研究了多种砌体抗剪强度，其中包括了由砂岩和石灰石与灰浆组合而成的石砌体，基于库仑理论提出了剪摩型抗剪强度表达式。Vasconcelos、Oliveira 对棱柱砌体试件进行了压剪试验，包括单调剪切试验和循环剪切试验，分析了石砌体的灰缝抗剪强度，并与其他学者的试验结果进行了对比。Milosevic 进行了毛石砌体墙的压剪试验和对角压缩试验，压剪试验的破坏模式为灰缝滑移，试验结果的拟合与剪-摩公式较相符。对角加荷试验结果和其他相关研究也基本相符。Corradi 进行了大量毛石墙体的原位对角压缩试验和压剪试验，对比两种试验获得的抗剪强度，发现压剪试验获得的强度约为对角加荷试验的 2 倍。

Candela 等选择意大利 L'Aquila 地震中存留建筑中的一片毛石砌体墙进行了原位抗剪试验。试验中墙体出现了斜裂缝，同时有受弯破坏的现象，还获得了墙体的抗压强度和弹性模量结果，并估算了剪切模量。

目前，国内对石砌体抗剪抗震性能的研究主要集中于石砌体分布相对较多的东南地区，其灰缝胶结材料主要为水泥砂浆。

华侨大学的郭子雄团队、刘木忠、施养杭先后对 4 种砌筑方式的石砌体灰缝试件进行了单调加载剪切试验，研究了砌筑方式、砂浆强度和竖向压应力对灰缝抗剪性能的影响，提出了对应不同砌筑方式的抗剪强度计算公式。黄群贤等对有垫片干砌甩浆粗料石墙体进行了通缝抗剪试验，研究砂浆强度和竖向压应力对抗剪强度的影响，提出了基于库仑剪摩理论的抗剪计算公式。柴振岭等对垫片铺浆砌筑石墙进行通缝抗剪试验，研究了砂浆强度和竖向压应力对抗剪性能的影响。在试验数据基础上采用正交试验分析方法，研究了砂浆强度、压应力和砌筑质量等因素对灰缝抗剪强度的影响，并提出了干砌甩浆石砌体通缝抗剪强度的计算公式。

东南大学陈忠范团队通过灰缝抗剪试验和水平低周反复荷载试验研究了细料石墙和粗料石墙的破坏特征、受剪承载力及抗震性能，主要变化参数包括砂浆强度和构造措施，基于试验结果，提出了两种石墙体的受剪承载力理论计算方法。

陈卓英对一道 1/2 缩尺红石砌体墙进行了类似于对角压缩的试验，即在顶部一个角点同时施加水平力和竖向力，观察了红石砌体的破坏形态，分析了影响红石砌体沿阶梯形截面破坏的主要因素。

石砌体抗剪试验研究已经较为成熟，试验方法可供藏式石砌体参考。由于藏式石砌体的材料、构造、工艺均与普通石砌体具有一定区别，无法直接套用试验结果。结合以上理论和试验研究可知，石砌体受剪破坏的主要模式之一是沿水平灰缝的整体滑移破坏或形成阶梯型的灰缝滑移破坏。因此，石砌体水平灰缝的抗剪性能研究是抗震性能研究的基础，获得灰缝抗剪强度和石砌体整体抗剪强度表达式是开展石砌体结构在剪-压复合作用下安全性能评估的前提，以上两方面是藏式石砌体抗剪性能研究亟待开展的工作。两种破坏理论，即主拉应力破坏理论和剪摩破坏理论，在国际范围内均取得了广泛的认可和应用，虽然分析方法和表达式形式有所不同，但在实际的常见压应力水平范围内，所获得的结果是较为接近的。国内学者对于两种破坏理论如何统一的研究非常深入，但基本集中于砖砌体等常见砌体结构领域，对于石砌体这种主要以灰缝破坏为主要受剪破坏模式的结构关注较少。利用剪切破坏理论对灰缝抗剪强度进行阐述和扩展，对于藏式石砌体的抗剪能力预估有重要的应用意义。

3. 小结

藏式石砌体墙通常较厚，相对砖砌体墙各组分之间粘结性能更差，墙体受剪是主要破坏模式。目前尚未有针对藏式石砌体墙体的抗剪计算公式，因此，当前藏式石砌体抗剪性能研究应从试验出发，以完善的试验数据支撑理论计算的进步。

1.3.4　石砌体数值模拟研究现状

根据不同的研究目的，砌体结构的数值模拟方法可分为分离式建模和整体式建模两大类，分离式建模又可根据是否简化而分为精细化分离式建模和简化分离式建模。三种建模方法如图 1-7 所示。

（1）精细化分离式建模将砌块、砂浆、粘结界面分别建模，粘结界面常采用接触单元、弹簧单元或直接将节点耦合来表示，该方法的优点是能够考虑砌块和砂浆的非线性特征，并得到较为准确的真实破坏形态，缺点是模型计算量巨大，因此适用于小件砌体层面的研究。

（2）简化分离式建模将砌块与周围 1/2 厚度的灰缝砂浆组成"组合块体"，并通过特殊的单元或接触来模拟砂浆界面的粘结滑移，优点是能在一定程度上反映砌体受力的细观现象，计算效率比精细化分离式模型高，缺点则是无法准确表现灰缝层的损伤情况，适用于小件砌体或宏观墙体层面的研究。

（3）整体式建模将砌块和砂浆视为同一材料组成的均质体，赋予其相同的材料属性，不考虑两种材料之间的相互作用，优点是避免描述砌体的不均匀性，计算效率高，缺点则是不能反映砌体细观尺度开裂破坏的现象，往往适用于墙体宏观层面的研究。以下将对三种砌体建模方法的研究现状进行梳理。

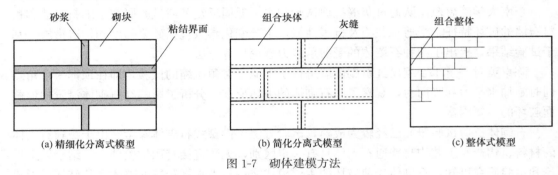

图 1-7　砌体建模方法

1. 精细化分离式建模

Page 最早提出了适用于平面内分析的黏土砖砌体分离式非线性有限元模型，将砖砌体视为弹性砖块连续单元和灰缝联结单元组成的二相材料。Ali 等建立了砖砌体在面内竖向集中荷载作用下的二维有限元模型，将砖块、灰缝、粘结界面分别建模，并考虑了砖块、灰缝的非线性界面的粘结破坏，结果表明该方法能够模拟砌体的局部破坏效应。

随着计算机技术的进步，砌体的数值模拟研究方法取得了较快的发展。越来越多的学者基于 ANSYS、ABAQUS 等通用有限元软件，对砌体进行二维或三维建模，模型的尺寸和计算量也随之增大。岳增国等基于 ANSYS 建立了砌体结构的分离式模型，其中砌块采用实体单元，灰缝采用壳单元，砌块与灰缝之间的相互作用采用由法向弹簧、切向弹簧、接触单元共同组成的联结单元模拟，研究了砖砌体墙在水平推力作用下的性能，获得了极限荷载和相应位移。刘祖运等基于 ABAQUS 软件建立了混凝土砌块填充墙框架结构的数值模型，其中墙体部分采用分离式建模方法，并通过非线性弹簧单元模拟填充墙与框架、灰缝与砌块之间的相互作用，然后进行了面内低周反复加载模拟。

除了运用弹簧单元模拟砌块与灰缝间的界面外，更多的学者选用粘结单元或接触单元来模拟界面作用。Mohammed 对砖砌块和灰缝砂浆分别建模，并采用盖帽模型模拟砌块与砂浆的粘结界面。尚守平等基于 ANSYS 建立了砖墙体三维分离式模型，分别将块体、砂浆、接触作为独立单元设置，并以此进行抗压性能研究。张斯等采用零厚度粘结单元对纤维布加固前后的砖砌体进行有限元建模，并进行往复剪切荷载作用下的模拟。D'Altri等提出了一种分析砖砌体墙在面内和面外力学性能的三维精细化细观数值模型，该模型由基于接触的刚性粘结界面和三维非线性损伤的砂浆层耦合而成。将砌体用一块砖和少量砂浆灰缝组成的集合体表示，其中砂浆灰缝由三维实体单元组成。这一方法可以准确模拟砌体墙在特定荷载条件下的响应，计算效率较高。Naciri等提出了可以模拟小型和大尺度砌体的精细化分离式及多尺度建模方法，用基于面的黏性界面模拟砖-砂浆的接触面，用混凝土损伤塑性模型模拟砖、砂浆和均质砌体的非线性行为，然后基于此模型研究了砖砌体在轴压和压剪作用下的性能。

综上可知，精细化分离式模型能较好地表现砌体中砌块和砂浆各自的受力特性。目前对藏式古建筑石砌体而言，在棱柱砌体层面建立了三维精细化分离式模型，在墙体层面建立了二维精细化分离式模型，但对墙体三维精细化分离式模型的建立尚未开展研究。

2. 简化分离式建模

1994 年 Lotfit 第一次提出了基于非线性界面单元的砌体结构模型，并模拟了结构倒塌；该模型中用零厚度界面单元模拟灰缝，用弥散裂缝单元模拟砌块，同时扩展了砌块尺寸以满足整体尺寸要求，还提出了一种考虑裂缝形成与扩展的压-剪膨胀界面本构模型。1997 年 Lourenço 等在 Lotfit 的基础上提出了一种多线性的二维灰缝界面单元，可将所有的非线性特征集中在界面单元中，提高了计算效率。对应模型中将砌块与其周围灰缝厚度的 1/2 组合起来形成"组合块体"并用连续单元表示，将灰缝和砌块中的潜在裂缝用零厚度界面接触单元表示，该方法在后续的研究中被众多学者所使用。Macorini 等将 Lourenço 的多表面界面模型推广到三维空间，同时考虑了几何非线性和材料非线性，从而允许对更大尺度砌体结构进行非线性分析。Senthivel 等基于简化分离式建模方法，对石块整齐排列砌筑、水泥砂浆和石块整齐排列砌筑、水泥砂浆和石块随机砌筑三种工况下的石砌体在压剪复合作用下的力学性能进行二维非线性分析。孔璟常、王晓虎建立了砖砌体的三维简化分离式模型，分别研究黏土砖砌体填充墙 RC 框架结构平面内和平面外的抗震性能，模型中组合块体与组合块体之间的接触采用基于表面的黏性接触和罚摩擦共同作用。王晓虎指出基于表面的黏性属性与实际情况存在两方面的不同，一是此属性未能考虑砂浆层的剪胀现象，二是在仅有黏性属性发挥作用时，未能考虑竖向压应力对界面剪应力的影响。Bolhassani、Mohamad、丁瑞彬、王春江、牛力军、蒋济同等针对各自的研究对象采用相同的方法建立了基于 ABAQUS 的三维简化分离式模型，砌块采用混凝土损伤塑性模型，灰缝砂浆则用粘结接触界面来表示，并采用牵引-分离行为来模拟粘结接触，研究了各自研究对象在受压、压剪、受拉、低周反复加载等荷载作用下的性能，上述研究均表明这一建模方法对于反映砌体破坏形态和基本力学性能指标的适用性。牛力军等的研究指出，竖向灰缝的饱满程度对砌体抗压强度的影响不大，且若其饱满程度很差，则可在模型中不设置竖向灰缝的界面属性。

综上可知，简化的分离式建模逐渐成为研究砌体结构细观层面砌块与砂浆相互作用关系的主要方法之一。目前对于藏式古建筑石砌体而言，已有的简化分离式数值模型无法准确反映此类墙体的真实构造特征，计算结果准确性不高。因此，需对藏式古建筑石砌体三维简化分离式建模方法展开进一步研究。

3. 整体式建模

1991年，Lotfit等较早评估了整体式模型对于砌体结构数值模拟的有效性和可靠性，指出尽管这种方法在砌体抗弯方面的模拟效果较好，但对脆性抗剪性能的模拟存在一些缺陷，特别是不能真实反映对角裂缝出现的情况。Asteris等基于正交各向异性匀质化整体模型，考虑了墙体材料的非线性特征，对砌体墙在竖向集中荷载下的强度进行了研究。李旭、王蓓蓓、包宇航、高垚等采用整体式建模方法，将砌体结构视为各向同性的均匀连续体，分别模拟了各自研究对象在竖向荷载、面内单调剪切和面内循环剪切作用下的破坏形态，并获得了开裂荷载、极限荷载等指标。

整体式建模也常用于砌体结构房屋的建模。殷园园等基于有限元软件ABAQUS对某二层砌体结构房屋整体式模型进行了模态分析，获得了自振频率和振型。李秋容采用整体式建模方法模拟分析了某藏式石木结构民居在不同地震作用下的位移响应及加速度响应，确定了该民居的薄弱部位，并对藏式石木结构的修复与加固提出了建议。Avci等针对一处在附近地铁建设影响下的五层无筋砌体房屋进行了整体式建模分析，得到了墙体面内和面外的变形，确定了变形较大的位置并提出了加固维修方案。

综上可知，砌体整体式建模方法是大型砌体墙或砌体建筑的力学性能研究中的常用方法，整体式模型可分析砌体宏观层面近似行为，但无法准确反映墙体细观层面的局部行为。

4. 匀质化理论研究

砌体在组合和分布方面存在一定的规律性和周期性，在此前提下，近年来蓬勃发展的匀质化理论为石砌体基本力学参数的获得提供了新的路径。

Salamon最早提出了分层匀质化方法，用于计算多层岩石的等效弹性模量。该方法基于应变能守恒以及各层岩石的变形协调条件，通过一系列推导得到了将分层岩石等效变换为正交各向异性匀质体的方法，获得了匀质体的等效弹性模量、泊松比和剪切模量。

Pande基于Salamon的方法，提出了适用于砌体的"两步匀质化法"，将水平灰缝或者竖向灰缝先与块体进行匀质化，而后再将另一方向的灰缝与已经进行了第一步匀质化的单元进行第二步匀质化。采用这种方法，可得到较为简单的力学体系，且可基于经典的弹性理论得到这一体系的相关公式。两步匀质化方法的顺序有两种，其基本思路见图1-8。

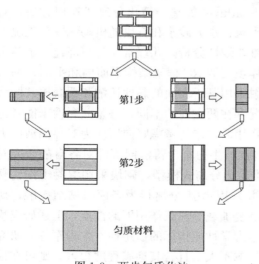

图1-8　两步匀质化法

Pietruszczak对Pande的两步匀质化方法进行了改进，把竖向灰缝看成均匀分散在砌体中的弹性夹杂物，然后采用适于复合材料的Mori-Tanaka方法进行了匀质化处理，将灰缝视为无厚度薄弱界面，进而获得砌体等效弹性模量。

Maier在两步匀质化方法基础上，基于细观结构几何组成和细观-宏观的关系，建立了匀质化后材料的本构关系和破坏模型。

Lee 等通过对墙体模型的匀质化分析和数值模拟，指出匀质化方法能够简化剪力墙数值模拟分析，极限荷载预测值与实测值吻合良好。以上学者的研究将两步匀质化方法扩展到了非线性领域。

Anthoine 通过平面内有限元方法，把砌体作为周期性的连续介质，对平面应力假设下的匀质化砌体进行了严谨推导，计算了 RVE 单元的等效弹性模量，该方法可称为严密匀质化方法。

Ma G 等用有限元方法计算了 RVE 单元等效弹性模量，并得到了 RVE 单元的强度包络线，将 RVE 单元的破坏模式划分为砂浆受拉破坏、砂浆-块体界面受剪破坏及砌块受压破坏三种类型。

Zucchini 等提出了基于匀质化理论的微观力学模型，该方法选取了规则砌体中的基本组元，进行平面内的力学分析，基于力学平衡推导获得了基本组元的等效力学参数。Milani、Lourenco 等将匀质化基本单元应用于砌体墙的有限元分析，验证了各自的可行性。

国内关于匀质化的研究相对较少，主要基于 Anthoine 的严密匀质化方法，研究了以砖砌体为主的周期性砌体以获得其等效力学参数，多数研究工作主要采用通用有限元软件进行模拟。

吴雅颖对匀质化基本单元的选取进行了比较系统的研究，引入契合理论研究了砌体结构的契合解构方法。刘振宇等将砌体结构看成各向异性材料并建立其弹性本构关系，将砖砌体的破坏分为砂浆受拉破坏、砖块压坏、砂浆受剪破坏三种模式，分别进行研究，并应用等效体积单元进行墙体的有限元分析。杨伟军等对匀质化砌体进行有限元模拟，得到了等效体积单元的 DP 破坏准则，并提出了一种考虑砌体剪摩效应的宏观破坏准则。王达诠、徐祖林、彭燕伟、沈继美等分别利用通用有限元软件对砌体等效体积单元进行了一系列的模拟试验，计算了砌体等效弹性模量等力学参数。倪玉双推导了三维匀质化单元等效弹性模量的计算公式，研究了等效后砌体的平面内、平面外性能。

综上所述，匀质化理论有助于获得藏式石砌体的基本力学性能参数。目前国外对于砌体匀质化的研究较多，按方法分类可分为两步匀质化方法、基于有限元的严密匀质化方法、微观力学方法等，国内的研究主要集中在严密匀质化方法的应用方面。目前尚无针对石砌体，尤其是毛石或粗料石砌体的匀质化研究。严密匀质化方法和微观力学方法都基于砌体纹理周期性分布的基本假定。而藏式石砌体块体形状、砂浆分布存在随机性，上述两类方法对藏式石砌体研究具有一定的局限性。分步骤的分层匀质化方法力学概念清晰，考虑了分层材料的协调变形和尺寸贡献，对于藏式石砌体等效力学参数的研究具有一定的应用价值。关于藏式石砌体的结构特征分析，以及分层匀质化方法的研究详见后续章节。

5. 小结

石砌体数值模拟方法有适用于研究单片墙砌体和砂浆各自受力特点的精细化分离式模型和简化分离式模型，有适用于研究整体结构时提高计算效率的整体式墙体模型；而匀质化理论模型的建立，结合了分离式和整体式的优点，既考虑了砌块和砂浆的综合性能，又降低了计算成本。但目前尚未应用于藏式石砌体结构，匀质化方法可以作为新的研究方向。

1.3.5　石砌体随机性问题研究现状

随机性是一种在自然界普遍存在的客观规律。在藏式石砌墙体中，石材的尺寸、形状和分布都具有高离散性特征，在建模过程中需对其随机性和不确定性进行分析。目前，国内外关于石砌墙体随机性的研究较少，对随机性的表述方法也各不相同。

Falsone 等提出了平面不规则砌体结构弹性模量的随机表达方法，将砌块和砂浆视为一种随机复合材料，获得砌体各组分的弹性模量（确定性或随机性），同时描述砌体不规则几何分布的随机场。Spence 等提出了一种生成不规则砌体墙样本的方法，基于各部分的几何尺寸和整体形态两个概率特征来模拟不规则石砌墙。

混凝土结构建模过程中需要考虑钢筋和混凝土的随机性，目前混凝土随机性研究也较为成熟。因此，藏式石砌墙体砌块位置的随机性考虑可以参考关于混凝土随机性的研究。

李朝红等提出的混凝土三维细观随机骨料的力学参数模型，将混凝土看作由砂浆基质、骨料以及两者之间的界面组成的三相复合材料，并采用骨料投影网格法和占位剔除算法实现骨料随机分布，以统计分布加随机赋值的方法表征混凝土各相组分材料参数的非均匀性。宋来忠等基于参数曲线的自由变形技术，将混凝土骨料及黏结界面的轮廓线用确定的、形式统一的参数方程表示，建立了混凝土随机参数化骨料数学模型。朱万成等考虑混凝土各相组分力学特性分布的随机性，按照 Weibull 分布给各组分的材料特性赋值。高政国和刘光廷先后研究了二维混凝土多边形和凸多面体随机骨料的投放算法，在此基础上形成了混凝土凸多边形和凸多面体随机骨料模型。孙立国等提出了一种新的高效投放算法，通过一次性随机投放所有三角形基骨料，在此基础上随机延凸，生成任意形状的随机骨料。侯宇星等在三角形基骨料的基础上提出了随机四边形基骨料。不同于基骨料方法，严兆等提出了块体切割法，引入随机平面，通过随机平面切割初始块体，得到不同料径和形状的随机骨料。

目前，混凝土随机骨料模型生成方法主要适用于二维模型，能较好地反映二维骨料形状的随机性，但对三维骨料形状随机性问题不能很好地表述。

随机有限元法（SFEM）是在传统有限元方法的基础之上发展起来的随机数值分析方法，它是随机分析理论与有限元方法相结合的产物。只要在有限元计算中考虑了不确定因素就可称为随机有限元。但是，严格来说，随机有限元必须包含对随机场的处理即"真正"的随机有限元须考虑随机变量的空间分布特性。

赵冬等把材料参数视为服从某种概率分布形式的随机输入变量，采用基于拉丁超立方抽样的蒙特卡洛随机有限元法基本原理，运用有限元软件 ANSYS 中的概率设计模块（PDS），以开封市延庆观玉皇阁为例进行了随机有限元分析。杨惠晴、李想等人在 ADI-NA 软件中对试验试件进行等比例建模分析，基于有限元离散随机分布的思想，将石砌体标准抗压试件中的石块单元和黄泥单元按 3∶1 进行随机分配，模拟石砌体抗压强度试验。

综上所述，在混凝土骨料的形状、尺寸和空间分布规律的研究中较多考虑了随机性，而对石砌墙体的几何随机特征和建模方法的随机性研究还相对较少，需要提出一套可以直接用于考虑随机性的藏式石砌墙体建模方法。

1.3.6 石砌体内部损伤检测研究现状

1. 古墙体残损研究现状

藏式石砌体墙体作为藏式古建筑中的主要承重结构，几百年来一直处于受荷状态，大部分藏式古建筑还多次经历地震摧残。经调研，我国多地现存古墙体受损严重，亟待采取相应保护措施，故开展古墙体缺陷与残损的研究工作具有重要意义。目前国内针对砖砌和土坯古墙体缺陷与残损进行了相关研究。

周乾、余天和、曲亮等针对故宫墙体的残损现状进行了研究，总结出古建筑墙体典型的残损类型及原因，利用现代技术对砖砌体墙体残损进行分析，对重点城墙部位建立残损有限元模型并进行安全性评估。

雷宏刚和李铁英团队先后对应县木塔、云冈石窟、平遥古城的残损现状进行了研究；该系列研究中通过应县木塔缩尺模型风洞试验，得到了木塔的基础结构状况；通过调研总结了云冈石窟现存的水害、风化、裂隙发育、环境污染、岩体崩塌等多种病害。张中俭、张文革、敖迎阳、徐华等先后对平遥古城墙体残损现状进行分析，对古砖、砌体结构裂缝、结构稳定性、地基基础以及各类病害等问题进行理论、试验和有限元分析，最终给出加固方案和健康监测方案。

韩杰等通过对荆州古城历史建筑砖石墙面损伤进行调研，总结了砖石墙目前存在的残损现状，给出了残损程度等级评定标准。淳庆等通过现场调研对秦州水关遗址中出现的残损种类进行总结，包括基础残损、木桩残损、墙体残损和券体残损等，建立有限元模型分析残损对墙体结构性能的影响，并提出了相应的加固方法。

付晓渝从中国古墙体的起源开始梳理，对古墙体的类型、建筑材料、组成体系、砌筑技术及历史背景等做了归纳总结，针对古墙体现存残损情况讨论了文物保护问题，考虑了现代城市建筑与古墙体保护的相容性与可行性。

国外关于石砌体墙体残损加固也有一定研究，Corradi 等采用注射法和深层重涂法对修复后的石砌体墙板进行了斜压试验，加固后墙板的抗剪强度和刚度均有显著提高。Vintzileou 等通过振动台试验和数值模拟研究了木地板三叶石砌体房屋在通风前后的抗震性能，研究发现所选择的干预措施明显改善了结构的抗震性能，对于未加固模型，破坏是由剪切裂缝和随后的剪切滑动引起的。Vintzileou 等基于保护壁画、装饰元素的需要，同时避免因水泥含量高而出现耐久性问题，通过三元水泥浆试验研究了不同灌浆材料对三叶石砌体抗压强度和抗剪强度的影响，结果表明：三叶石砌体受压破坏机理是外叶墙与内部弱填充材料的早期分离导致砌体发生显著的面外变形，进而发生破坏，灌浆材料可有效提高石砌体墙的抗压强度。

综上，国内目前古墙体残损研究主要集中在砖砌和土坯古墙体、台基等，研究主要集中在残损类型及成因上。古墙体的残损不仅影响建筑外观，更会降低墙体承载力、耐久性和稳定性，是古墙体保护中必须重视的主要影响因素。但上述研究大部分仅停留于古墙体表面，所开展的研究保护工作主要以现场调研所得的残损现状为依据，探究墙体内部残损的成果较少。藏式石砌体墙体的研究工作需要兼顾墙体的外部残损和内部残损，从而更加清楚地了解墙体残损现状，才能更加全面有效地做好墙体保护工作。

2. 探地雷达回波数据属性提取研究现状

探地雷达是利用天线发射和接收高频电磁波来探测介质内部物质特性和分布规律的一种地球物理方法，可作为藏式石砌体墙体内部残损探测的一个重要手段。由于石砌体墙内部信息不可知，需要从探地雷达的回波数据中识别和提取关键信息，因此需要关注回波数据属性提取的研究。目前，传统的探地雷达数据解译工作主要局限在常规的数据处理方面，没有充分利用好回波数据体包含的大量信息，需要在此基础上进一步完成雷达回波数据属性的提取和分析，实现更高的目标物解译精度。

国内外研究学者也积极挖掘雷达回波数据以获取更多的信号特征，进一步提高雷达图像的解译精度。Xie 等在探地雷达正演试验中使用 FDTD 法模拟钢筋混凝土结构中的空洞，然后对雷达回波信号进行反褶积处理以完成对钢筋混凝土中空洞的检测识别。Qader 等在求取雷达单道波信号分维数的过程中利用了分形理论，通过异常反射区域回波信号分维数之间的差异实现对目标体尺寸和形状的初步评估。Marcak 等根据雷达回波的三瞬属性分析了堤坝损坏区域与未损坏区域的含水率。刘成禹通过雷达回波数据研究了球状石头的形状和位置与回波图像中双曲线反射弧之间的关系。魏奎烨等主要分析了雷达回波数据中的能量谱特征，得出了同一埋深下 4 种不同碎石垫层的雷达回波响应特征。李廷军等采用变波速合成孔径成像的方法，研究各向异性的土体介质中不同埋置深度处异常体的回波延时及波动噪声，并对其进行优化处理。

目前关于雷达回波数据属性提取和分析主要存在的问题为：（1）针对雷达回波属性，缺乏对比同一目标体不同属性识别结果。（2）同一种雷达回波属性对不同的被测介质有不同的敏感性，且易受多种因素影响，因此针对特定应用对象应尝试特定属性分析方法。

3. 探地雷达目标识别技术研究现状

目标识别是探地雷达检测识别工作的最后一步，也是该项工作极其重要的环节。虽然探地雷达检测技术已被应用于多个领域，但局限于检测技术，目前雷达图像目标识别主要依靠使用人员的使用经验和主观判断，存在较大的不确定性。尤其当探测环境中存在较多干扰源或者成像效果不理想时，仅仅依靠人工识别往往无法获取目标信息，甚至出现错判的情况。基于此，国内外学者展开了大量关于雷达回波数据的解译和图像识别工作，并取得突破性进展。

Nuaimy 等在探地雷达目标识别领域首次提出了单一独立目标自动识别的技术路线，但目标识别获取的精度较低。Pasoli 等在独立目标识别的研究中引入了遗传算法实现目标识别，也存在干扰过大问题。Xiang 等基于瞬时振幅属性和能量属性完成了雷达回波图像中异常区域的识别，从而可以识别隧道衬砌病害。GambaP 等运用模糊神经网络方法对地下目标介质进行分类识别；Bazi 等比较了支持向量机、高斯过程以及神经网络在遥感图像识别分类中的效果，验证了高斯过程识别效果的准确性。

周辉林等通过 SMV 分类器进行路基病害的识别和分类，并取得较好的实际效果；杨凤娟等人基于钢筋反射在雷达图像中较为突出的特点，采用小波模极大值的方法对钢筋的位置及直径进行识别；廖立坚等针对铁路路基探地雷达图像异常区域病害识别进行研究；项雷通过实际探测试验和正演模拟试验获取了隧道探测的异常反射区域，提取特征向量，使用支持向量机完成隧道病害的识别和分类。

目前，关于探地雷达目标识别技术存在的问题是：（1）现有的研究成果中针对特定目标体的识别精度往往只能得出定性的分析结果，并未将判别误差进行量化；（2）目前的研究成果主要针对雷达反射波异常区域的判定，而关于该异常反射区域种类辨识的研究较少；（3）缺少一套基于雷达回波数据分析且能够对异常反射目标物位置、尺寸、种类进行定量辨识的图谱。

4. 小结

藏式古建筑存在外部残损和内部残损，外部残损检测与传统古墙体外部残损检测方法一致，可采用现场调研的方法。而内部残损的检测则可以采用探地雷达技术，如何使用好探地雷达回波数据，获取更高目标物解译精度，并采用科学手段实现目标图像识别，是目前藏式石砌体墙应用需要克服的要点。

1.3.7　石砌体结构安全评估研究现状

砌体结构尤其是古建筑砌体结构的鉴定与安全性评估一直是研究的热点，同时也面临着较多的挑战，但目前对于石砌体安全性评估的研究较少。国内外学者对于石砌体的安全评估方法可分为标准评定法、状态评定法、数值模拟评估法和模糊综合评价法等。

1. 标准评定法

对于既有建筑的安全性评定，我国已有不少标准可供使用，其中最具代表性的标准为《危险房屋鉴定标准》JGJ 125—2016 和《民用建筑可靠性鉴定标准》GB 50292—2015。该两本标准均采用了分三个层次的鉴定方法，前者的三个层次依次为：构件、楼层和房屋，后者的三个层次依次为构件、子单元和鉴定单元。

《危险房屋鉴定标准》JGJ 125—2016 和《民用建筑可靠性鉴定标准》GB 50292—2015 是以模糊数学综合评定理论为基础，运用层次分析并用模糊数学综合评判方法进行计算的模糊综合评判方法，同时规定了鉴定步骤并对评定指标进行了量化处理，使得一线鉴定人员的操作更加简便、有据可依。

不足的是，虽然这两本标准中均包含了对砌体结构的相关规定，但并未特意规定石砌体结构的评定方法，部分评判指标并不适用于藏式石砌体的安全评估。

2. 状态评定法

近年来，在古建筑和近现代建筑的保护性研究中，基于状态的性能评价方法得到深入的研究和较为广泛的应用，该方法尤其适用于难以采用标准方法进行鉴定和评估的历史建筑，代表性标准为《结构设计基础——已有结构的评估》ISO 13822：2001（E）和《工程结构可靠性设计统一标准》GB 50153—2008。

对于按早期规范设计和施工的结构，或仅依据良好的实践经验建造的结构，国际标准《结构设计基础——已有结构的评估》ISO 13822：2001（E）规定，在符合以下条件的情况下，可认定结构足以抵抗偶然作用（含地震作用）之外的作用：

（1）经检测，结构无明显损坏、危险或性能退化的现象和迹象；

（2）通过对受力路径和关键节点的调查和检查，确定结构体系设置合理；

（3）在过往足够长的时间内，对使用中的极端荷载作用和已出现的环境效应，表现出良好的性能反应；

（4）在当前的状态和维护计划之内，可预料的退化程度能够满足耐久性需求；

（5）在过往足够长的时间内，结构承受的荷载作用没有明显增大，也没有可能影响耐久性的变化，且预计在评估周期内不会发生影响荷载作用和耐久性的改造。

我国现行规范《工程结构可靠性设计统一标准》GB 50153—2008 中附录 G：既有结构的可靠性评定同样采用了基于状态的评定方法。该标准规定，当既有结构满足如下要求时可评定该结构可以抵御偶然荷载以外的作用：（1）结构构件与连接部位未达到正常使用极限状态的限值；（2）在评估使用年限内，结构上的作用不会出现明显的变化。

部分学者采用基于状态的评定方法，对一批历史建筑进行了可靠性鉴定，验证了方法的可行性。但该类方法的局限性在于主观性较强而量化不足，对于评定人员的经验有较高的要求。

3. 数值模拟评估法

国内外部分学者采用数值模拟的方法，同时结合现场检测结果，对特定建筑进行结构安全性评估。在非线性计算水平不断提高的背景下，数值模拟成为一种重要的评估手段，被越来越多的学者所采用。为了取得精准的计算结果，并根据计算结果进行合理的评判，计算模型是数值模拟评估法的关键，本构关系、破坏准则的设定是否合理直接决定结果的准确性，对于砌体这种复合结构来说，不同材料之间的接触、耦合、滑移问题给数值模拟增加了许多挑战。因此，对于藏式石砌体来说，数值模拟是未来研究中非常重要的内容，但仍需对材料和结构有进一步的深刻认识，并需要建立适合的数值模型，方可在评估中参考。

4. 模糊综合评价法

20 世纪 70 年代前后，模糊集合理论和层次分析法相继被提出。模糊综合评价作为模糊数学中的一种应用方法，在系统分析、经济、医学、工程等多个领域得到了广泛的应用。该方法可以将不确定的信息定量表示，并借助广义模糊合成运算得到评价结果，不仅可以得到被评价对象的评价等级，还可以得到各等级的量化信息。

具有独特性、复杂性和不可确定性的建筑结构，如古建筑，以及本文所研究的藏式建筑，采用常规方法进行评估有一定的局限性，而模糊数学恰恰强于处理不确定性问题，因此模糊综合评价法是一种有力的工具，近年来为许多学者所采用。林拥军等结合砌体结构的受力特点，采用三级模糊综合评价法建立了砌体结构模糊综合评价模型，利用层次分析法的基本原理，确定了砌体结构各子单元、子项和检查项的权重值，提出了对应权向量的判断矩阵，以某砖混结构住宅楼为例进行了验证。李炜明等基于层次分析法和灰色理论，提出了一种砌体结构历史建筑健康状态评判方法。秦本东等将模糊层次分析法应用于砖石木结构古建筑的安全评价，利用多级模糊综合评价的原理建立三层次两阶段的砖石木结构古建筑安全评价模型。周长东、潘毅等结合相关规范，将模糊层次分析法分别应用于砌体结构和木结构古建筑的震后鉴定与评估。

5. 小结

综上所述，藏式石砌体的安全性评估，应借鉴以上方法并结合自身结构性能，进行结果安全性评估。在当前研究处于起步阶段的情况下，基于模糊数学的综合评价方法具有一定的应用潜力，同时标准评定法和状态评定法的评判准则也应予以充分的考虑，后续则应补充数值模拟评估方法的研究和应用。

1.4 本书的主要内容

本书主要梳理归纳了北京交通大学古建筑研究所自 2007 年赴藏进行藏式古建筑保护性研究工作后，从 2011 年展开的藏式古建筑石砌体系列研究成果。课题组经过十余年的研究沉淀，对藏式石砌体力学性能、受力机理有了系统把握，特撰写此书。

第 1 章，绪论。主要介绍了藏式古建筑石砌体当前在古建筑保护中的研究背景、目的和意义；藏式石砌体的结构特征，包括构造、材料、历史以及结构在整体结构中起到的作用。

第 2 章，藏式古建筑石砌体材料的基本性能。将材料劣化的研究理论应用于藏式古建筑石砌体各部分材料性能退化当中。分别进行泥浆和砌块的基本力学性能试验，获得其抗压强度、弹性模量、泊松比等基本物理力学性能指标，提出藏式石砌体砌块和泥浆的本构关系。

第 3 章，藏式古建筑石砌体的受压性能。分析藏式石砌体在竖向荷载作用下的应力状态，并开展了缩尺、足尺的棱柱体抗压试验，墙体的原位和实验室抗压试验，系统研究藏式石砌体的受压性能，分析砌体结构在竖向荷载作用下的受力状态和破坏模式。

第 4 章，藏式古建筑石砌体基本单元受剪性能。进行砌缝抗剪试验，根据试验现象总结出砌缝破坏特征。探究砌缝抗剪强度与砌体抗剪强度的关系，明确了砌缝抗剪性能对砌体整体抗剪性能的影响。进行了考虑砌缝几何特征的棱柱体砌缝双剪试验，提出了砌缝抗剪粘结-滑移本构模型，最终提出藏式石砌体整体抗剪强度的表达式。

第 5 章，藏式古建筑石砌体简化模型。梳理了适用于藏式古建筑石砌体细部建模的单元法的研究背景，采用常规建模方法对藏式三叶墙进行模拟；提出了石砌体结构等效力学参数数值的计算方法；引入分层匀质化理论，进行基于 RVE 单元的藏式古建筑石砌体匀质化模拟研究。

第 6 章，藏式古建筑石砌体数值模拟的随机性问题。随机模拟墙体平面内砌块和泥浆的分布，研究材料分布随机性对墙体基本性能的影响，提出藏式石砌墙体随机几何特征及分类标准，形成考虑随机性的藏式石砌墙体数值模拟方法，探讨砌体界面粗糙度的随机表达，提出相应的数值模型。

第 7 章，藏式古建筑石砌体的内部损伤及异常物辨识。将探地雷达引入到藏式石砌体研究中，进行内部残损及已知异常物的辨识模拟试验，确定异常物对应的图谱；对藏式古建筑遗址墙体进行实地探测及识别；建立了藏式古建筑石墙内部残损及异常物辨识图谱，在石砌体墙体结构中进行应用和验证。

第 8 章，藏式石砌体的结构安全评估。将模糊评价方法引入到藏式石砌体状态评估，从构件层次进行安全评价，提出藏式建筑结构安全评估的建议方法。

第2章
藏式古建筑石砌体材料的基本性能

藏式石砌体结构的主要材料在功能性上分为砌块和粘结材料两种，这两种材料力学性能迥异，按照一定的规则排列组合为一个整体，结合后整体力学性能又不同。因此有必要首先对砌体的组成材料进行力学性能方面的研究。

（1）对黄土泥浆开展了立方体、棱柱体抗压试验，旨在获得抗压强度、弹性模量、泊松比等基本力学指标。

（2）对花岗岩石材开展了立方体、棱柱体抗压及棱柱体抗折试验，目的是获得抗压强度、抗折强度、弹性模量等指标。

2.1 石砌体材料的劣化

本节介绍了通过材料微观形貌推断其基本性能和劣化程度的扫描电子显微镜试验。通过现场采样，使用 Phenom XL 场发射高分辨扫描电子显微镜，观测送检样品的微观形貌，通过 EDS 能谱对送检样品进行元素分析，定量分析材料基本元素构成；在此基础上，推断试验材料的基本成分与制备过程，初步判定材料基本性质、材料组成和服役耐久性。

2.1.1 样品状况与试验设备

1. 样品状况

样品为布达拉宫七个不同位置的土块样各一袋，包括五世时期红色粉块、五世时期白色粉块、强庆塔拉姆坡道白色粉块、扎夏地垄粉土、夏金窖厨房大门和对面女儿墙下面灰黑色粉土、德央努地垄粉土、白宫外墙基础粉土，具体样品如图 2-1 所示。

将土块和粉土样品选取少量粉样进行 SEM 制样，并分别编号命名，分别为：五世时期红土 1 号样品（5R1），五世时期白土 2 号样品（5W2），强庆塔拉姆 3 号样品（QQ3），扎夏地垄 4 号样品（ZX4），夏金窖 5 号样品（XJ5），德央努地垄 6 号样品（DY6），白宫外墙 7 号样品（BG7），如图 2-2 所示。

2. 试验目标

所有样品通过扫描电子显微镜 SEM 和能量色散谱 EDS，对样品的微观形貌和基本成分进行分析，推断材料的基本组成，分析材料制备过程与服役耐久性。

扫码看彩图

图 2-1　七件布达拉宫土块和粉土送检样品

扫码看彩图

图 2-2　选取的少量土块和粉土制样样品

3. 试验所用仪器

SEM 和 EDS 分析使用 Phenom XL 场发射高分辨扫描电子显微镜。通过扫描电镜观测送检样品的微观形貌，通过 EDS 能谱对送检样品进行元素分析，判定材料基本元素构成。试验仪器如图 2-3 所示。试验于 2021 年 9 月 15 日、10 月 8 日与 10 月 21 日在飞纳电镜测试中心完成。

扫码看彩图

2.1.2　SEM 扫描电镜分析结果

使用扫描电镜对送检样品进行

图 2-3　分析使用的 Phenom XL 场发射高分辨扫描电子显微镜

形貌分析与判定。采用四分法三次筛选，选取少量样品涂抹在导电胶上，然后使用压缩空气清洁表面，再在样品表面喷涂导电金属铂，制得样品及电镜下的成像如图 2-4 所示。

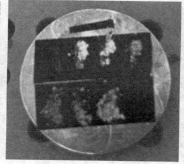

图 2-4　SEM 制样及电镜下的成像

扫码看彩图

以下列出两个样品的详细结果：

（1）5R1 样品 SEM 显微形貌特征如图 2-5 所示，典型的氧化铁部分的微形貌特征和能谱扫描结果如图 2-6 所示，五世时期典型的地表土与氧化铁的混合物的微形貌特征和能谱扫描结果如图 2-7 所示。

图 2-5　5R1 的 SEM 显微形貌特征

从显微形貌来看，五世时期红土样品有主要含有两种形貌的物质：①大量的絮状团聚物相；②疏松的片状聚集相。根据面扫 EDS 分析结果可知，五世时期红块元素组成主要有 O、Fe、Al、Si 以及少量的 C、N、K，絮状体元素以 O、Fe 为主，成簇的片状体元

元素 编号	元素 符号	元素 名称	原子 比例/%	重量 比例/%
8	O	氧	72.80	44.10
26	Fe	铁	26.24	55.47
6	C	碳	0.96	0.43

图 2-6　典型的氧化铁部分的微形貌特征和能谱扫描结果

元素 编号	元素 符号	元素 名称	原子 比例/%	重量 比例/%
8	O	氧	75.58	51.44
26	Fe	铁	16.95	40.25
7	N	氮	5.01	2.99
6	C	碳	1.97	1.00
82	Pb	钯	0.49	4.32

(a) 混合物扫描结果1

元素 编号	元素 符号	元素 名称	原子 比例/%	重量 比例/%
8	O	氧	69.50	50.88
26	Fe	铁	11.69	29.87
14	Si	硅	5.48	7.04
13	Al	铝	5.26	6.50
6	C	碳	3.68	2.02
7	N	氮	3.63	2.33
19	K	钾	0.76	1.36

(b) 混合物扫描结果2

图 2-7　五世时期典型的地表土与氧化铁的混合物的微形貌特征和能谱扫描结果（一）

元素编号	元素符号	元素名称	原子比例/%	重量比例/%
8	O	氧	72.95	58.10
13	Al	铝	10.17	13.66
14	Si	硅	9.15	12.78
26	Fe	铁	3.47	9.64
15	P	磷	3.46	5.34
6	C	碳	0.80	0.48

(c) 混合物扫描结果3

图 2-7　五世时期典型的地表土与氧化铁的混合物的微形貌特征和能谱扫描结果（二）

素以 O、Al、Si 为主。根据元素分析结果，团聚物相为典型的氧化铁颜料，也是红土样品的红色来源；片状聚集相为典型的普通地表土，主要组分为硅酸盐和铝酸盐。从比例上来看，氧化铁颜料的掺量较大，可能达到 30%～50%。

（2）XJ5 样品 SEM 显微形貌特征如图 2-8 所示，夏金窖地垄样品的微形貌特征和能谱扫描结果如图 2-9 所示。

图 2-8　XJ5 的 SEM 显微形貌特征

元素编号	元素符号	元素名称	原子比例/%	重量比例/%
8	O	氧	68.90	48.23
14	Si	硅	11.28	13.86
26	Fe	铁	5.09	12.43
12	Mg	镁	4.50	4.79
35	Br	溴	3.78	13.24
7	N	氮	3.18	1.95
19	K	钾	1.99	3.40
17	Cl	氯	0.70	1.08
20	Ca	钙	0.58	1.02

(a) 样品扫描结果1

元素编号	元素符号	元素名称	原子比例/%	重量比例/%
8	O	氧	66.00	53.00
14	Si	硅	14.21	20.03
13	Al	铝	11.64	15.77
19	K	钾	3.65	7.16
7	N	氮	2.79	1.96
12	Mg	镁	1.71	2.08

(b) 样品扫描结果2

元素编号	元素符号	元素名称	原子比例/%	重量比例/%
8	O	氧	71.66	48.43
14	Si	硅	7.81	9.27
7	N	氮	4.94	2.92
13	Al	铝	3.79	4.32
78	Pt	铂	2.56	20.99
17	Cl	氯	1.92	2.87
19	K	钾	1.78	2.94
20	Ca	钙	1.52	2.57
11	Na	钠	1.45	1.40
12	Mg	镁	1.37	1.41
26	Fe	铁	1.22	2.88

(c) 样品扫描结果3

图 2-9　夏金窖地垄样品的微形貌特征和能谱扫描结果

夏金窖地垄样品形貌主要包括两种：成簇的片状晶体以及块状晶体，进行了 4 个特征点的能谱扫描，块状晶体元素组成主要有 O、Si、C 以及少量的 N，推测为石英以及少量有机物。从 EDS 结果分析可以看出，成簇的片状晶体组成较复杂，除了含量较高的 O、Si 外，还有含量较少的 Al、Fe、Mg、K、Ca、Na 等金属元素以及少量 Br、N、Cl。夏金窖样品基底为多层片状晶体，说明其本身为煅烧后的胶凝材料后加水水化形成；同时伴有部分地表土或黏土的典型颗粒，说明其为胶凝材料与土拌和后制成。元素构成中出现了部分 Ca 和 Mg，说明制备过程使用了部分镁质胶凝材料（石灰类，即煅烧岩石）。

2.1.3 试验结果

通过对七种样品进行 SEM 扫描电子显微镜分析和 EDS 能量色散谱分析，可以给出样品基本的元素构成，初步掌握材料内部的晶型、晶相，并能初步推断出部分材料的制备方法，也可判断材料后期的耐久性与长期性能。试验结果见表 2-1。

样品电镜扫描微形貌分析和能谱分析结果　　　　表 2-1

样品性质	五世时期红色粉块	五世时期白色粉块	强庆塔拉姆坡道白色粉块	扎夏地垄粉土	夏金窖厨房大门和对面女儿墙下灰黑色粉土	德央努地垄粉土	白宫外墙基础粉土
推定的主要组分	富含氧化铁，红色岩石风化后的土材	纯度较高的白色高岭土	高岭土	普通黏土+极少量石灰类材料	普通黏土+石灰类材料	普通黏土+极少量石灰类材料	黏土+砂
特征元素	铁	硅、铝	硅、铝	硅、铝、钙、镁	硅、铝、钙、镁	硅、铝、钙、镁	硅、铝、钙、镁
是否经历煅烧与水化	否	否	部分	少量	部分	少量	部分
材料胶凝性	无	无	有	很低	有	很低	有
长期耐久性（强度保持）	无强度	无强度	强度会逐渐降低	强度低，但长期较稳定	强度低，但长期较稳定	强度低，但长期较稳定	强度会逐渐降低
其他信息	红色来源于铁元素的氧化物	纯净的白色来源于高岭石本身的颜色	煅烧后加水制得，未加黏土	主要是黏土，有少量石灰类材料	石灰类材料+黏土	主要是黏土，有少量石灰类材料	黏土为主，有部分砂子

从试验分析结果可以得到：

（1）五世时期红土样品是富含铁铝氧化物的红色岩石风化后的土材，其氧化铁含量非常高，可以达到 50%～80%；若需要后续模拟实验，可以考虑使用普通地表土与氧化铁红色粉末按比例掺配，制备与红土相同元素组分的土材。

（2）五世时期白色粉块为纯度较高的白色高岭土，其中有部分片状与放射状水化结晶产物，说明其可能是经过煅烧后加水制得，也可能是白色高岭土粉末直接加水压制形成，其纯净的白色也来源于高岭石本身的白色。

（3）强庆塔拉姆坡道样品为由致密片状构成的块状物质，呈自形六方板状、半自形或其他片状晶体，且块状松散堆积，物质组成较单一，是典型的高岭土。从其结晶形态来看，样品为煅烧后的高岭土加水反应后形成，与白土样品成分类似，但制备方式有显著差异。煅烧高岭土形成的胶凝材料容易在有水的情况下分解，强度有所损失，与现代的水硬性胶凝材料性能差异较大。

（4）扎夏地垄粉土样品含块状基底和片状晶体附着物，元素组成与普通黏土的成分较为相似；含有大量片状晶体说明其经历过加水反应后的水化过程，初步推测是黏土直接加水压制形成。

（5）夏金窑厨房大门和对面女儿墙下面灰黑色粉土中有大量成簇的片状晶体以及块状晶体，说明其本身为煅烧后的胶凝材料后加水后制得，制备过程可能还掺入了部分地表土或普通黏土；元素构成中出现了部分钙和镁，说明制备过程使用了部分镁质胶凝材料（石灰类，即煅烧岩石）。

（6）德央努地垄样品与扎夏地垄粉土样品十分相似，但稍微多出了少量的镁质胶凝材料，推测其为大部分地表土或黏土，可能掺有少量煅烧土或者石粉得到的胶凝材料加水制备而成。

（7）白宫外墙样品中有部分成簇的片状晶体以及成块的片状晶体，说明其经历过煅烧并与水反应的过程，从元素构成推测，其主要成分为石英和普通地表黏土，还含有很少量的金属氧化物和有机物。从水化产物形貌来看，推测其胶凝性（强度）与耐久性均不是很好。

2.2　泥浆的基本力学性能

石砌体抗压试验和石砌体砌缝抗剪试验的试件由花岗岩毛石与西藏黄土、布达拉宫夯土墙土、已风化土制备的泥浆组砌而成。其中：

（1）西藏黄土来源于西藏自治区拉萨市区布达拉宫山脚下，为当地人们砌墙普遍使用的泥土，由布达拉宫相关管理处工作人员就地收集邮寄而来，经滚筒碾磨、2.5mm 筛子筛选，过滤去大颗粒石子和杂物，得到较为精细的土体颗粒，如图 2-10 所示。

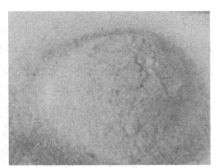

(a) 西藏黄土原状　　　　　　　　　　　(b) 西藏黄土颗粒

图 2-10　西藏黄土

（2）夯土墙土由布达拉宫相关管理处工作人员直接从某夯土墙中取出，经滚筒碾磨、筛子过滤，将其中的碎石和泥土分离，得到粉末状土体颗粒，如图 2-11 所示。

（3）已风化土为布达拉宫地垄墙砌缝脱落到地面上的土体，从地垄墙底部地面收集后直接带回试验室，已风化土颗粒较细，经筛子过滤去除少数石块，即得到较为精细的土体颗粒，如图 2-12 所示。

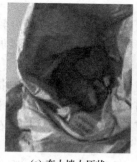  

(a) 夯土墙土原状　　　　　(b) 过滤的碎石和杂物　　　　　(c) 夯土墙土颗粒

图 2-11　夯土墙土

(a) 已风化土过筛　　　　　　　(b) 过滤的碎石和杂物

图 2-12　已风化土

为研究三种土体材料的劣化程度及泥浆不同湿度对石砌体受力性能的影响，先对土体材料进行力学性能试验研究。

2.2.1　试验方案

为探究西藏黄土、夯土墙土及已风化土的材料性能劣化程度、初始含水率、湿度对土体抗压性能的影响，制备三种土体在三种含水率、两种不同湿度变量下的立方体试件并对其进行抗压试验，观察土体试件在抗压过程中的现象和破坏形态，根据试验数据得出土体受压全过程的应力-应变曲线和抗压强度。

从材料性能劣化程度上分析，西藏黄土性能要优于夯土墙土，夯土墙土优于已风化土，主要原因是夯土墙土相对于西藏黄土，位于夯土墙内部，已经历较长时期的荷载作用，土体中的相关材料成分性能退化，导致土体整体力学性能退化；已风化土相对于以上两种土体，长期暴露在自然环境中，承受很大的竖向荷载作用和各种自然因素影响，由于风化等原因，土体中的相关材料成分缺失，仅从观感上表现，已风化土黏土颗粒减少，沙粒性明显。

试验的另一变量为土体立方体试件制备时的初始含水率，初始含水率为试件制备时加入水分与土体的质量比，分为三种情况：15%、20% 和 25%。最后一个变量为土体立方体试件进行抗压试验时的湿度不同，一种是自然状态下的湿度、另一种为含水率 2% 的湿度。表 2-1 为土体材料力学性能试验分组设置，其中"O"表示西藏黄土，"H"表示夯土墙土，"P"表示已风化土，西藏黄土和已风化土在三种不同初始含水率下分别制作了三个试件，这样可以减小离散性对试验造成的误差。由于夯土墙土材料较少，只设置了 20％和 25％两种含水率下的试件，主要是因为夯土墙土在大于 20％的初始含水率下易成型。第 9 组、第 10 组和第 11 组为含水率 2％的试件，此三组试件分别可以与第 1 组、第 2 组和第 6 组自然状态下的试件进行对比。土体材料力学性能试验设置如表 2-2 所示。

粘结材料土体力学性能试验组设置　　　　　　　　　　表 2-2

试验组	试件编号	制备时初始含水率	制备时平均质量/g	拆模时质量/g	试验时质量/g
1	OW15-1	15％	718.33	645	618
	OW15-2			655	620
	OW15-3			650	618
2	OW20-1	20％	708.33	655	588
	OW20-2			665	590
	OW20-3			650	580
3	OW25-1	25％	688.33	625	540
	OW25-2			630	540
	OW25-3			630	544
4	HW20-1	20％	664.30	—	567
	HW20-2			—	571
5	HW25-1	25％	679.30	—	551
	HW25-2			—	550
6	PW15-1	15％	706.66	660	598
	PW15-2			685	620
	PW15-3			680	616
7	PW20-1	20％	700.00	725	590
	PW20-2			710	582
	PW20-3			700	574
8	PW25-1	25％	695.00	645	566
	PW25-2			640	566
	PW25-3			650	566
9	OW15-11	15％	713.67	668	618
	OW15-12			676	618
	OW15-13			668	616
10	OW20-11	20％	701.33	656	584
	OW20-12			656	582
	OW20-13			652	584
11	PW15-11	25％	712.00	690	620
	PW15-12			682	610
	PW15-13			686	618

将土体取置于干燥盆中，按照预定的初始含水率，加入相应质量的水，再对水和土体混合物充分搅拌。在 70.7mm×70.7mm×70.7mm 立方体模具内壁涂油，将合成的泥浆放入模具，边加入泥浆边进行夯实；最后，将凸出模具外的泥浆用工具铲平，擦净模具，记录下试件和模具的质量。由于同一模具中的三个土体试件无法单独测重，以三个土体试件质量的平均值作为制备时平均质量。试件放置 10d 后拆模，再在标准条件下养护 28d，

试件完全干燥，如图 2-13 所示。

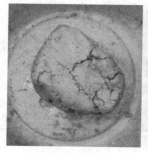

(a) 制备泥浆

(b) 试件装模

(c) 试件养护

图 2-13　试件制备和养护

对于土体含水率 2% 试件的做法是用小型喷雾器向试件表面喷洒水分，在试件的 6 个表面均匀喷洒，使表面被水分打湿，每个试件喷洒 10g 水，喷水完毕即进行称重；然后将喷洒水分后的试件放置于密封袋内，待试件表面水分充分渗入到土体内部且表面干燥后，再进行试验前称重，而后试验，如图 2-14 所示。

(a) 试件养护

(b) 试件喷洒水分

(c) 试件密封

图 2-14　含水率 2% 的试件

土体试件抗压试验加载采用北京交通大学建材实验室 WAW-100 微控电液伺服万能试验机，考虑到泥土试件的抗压强度偏小，试验时加载速率也偏小，以 0.1mm/s 进行位移控制加载直至土体试件发生破坏。

2.2.2　试验现象

1）不同初始含水率的三种土体试件

不同初始含水率的三种土体试件抗压试验现象基本相同，随着竖向压力荷载的不断增大，试件的顶部和底部被急剧压缩，发生较大竖向变形，四周有"小土皮"脱落。而后试件开始出现裂缝，初期裂缝靠近试件侧面表层，在试件高度中间部位为竖直方向，并沿斜向上和斜向下发展至加载面处转向试块角部，形成正、反相连的"八"字形。随着荷载的继续增大，新的裂缝逐渐向里发展，最终为正、倒相连的四角锥。有少数试件一侧边缘处裂缝上下贯通，丧失承载力发生破坏。还有个别试件底部一角处局部压溃破坏，如图 2-15 所示。

(a) 西藏黄土试件破坏形态

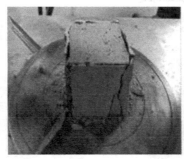

(b) 夯土墙土试件破坏形态

(c) 已风化土试件破坏形态

图 2-15　土体试件破坏形态

2）不同湿度的两种土体试件

含水率为 2％的试件没有上述自然状态下试件的试验现象明显，试验初期压力机作动器与土体试件上表面接触，随着压力增大，试件逐渐被压缩，由于土体含有一定量的水分，刚度较上述自然状态下的试件更低，试件被压缩的过程中竖向变形较大，接近破坏时试件中上部产生细微裂缝，而后裂缝迅速发展至从上到下贯通，试件发生破坏。其中，已风化土含水率 2％的试件产生的变形较自然状态下试件要大很多，加载时间也更长，个别试件在进入荷载下降段后甚至不自动卸载，说明土体试件存在水分后刚度降低明显。试件的破坏形态如图 2-16 所示。

2.2.3　试验结果

由试验实测的荷载-位移曲线对应的数值，利用式（2-1）、式（2-2）进行转化，得到试件受压的应力-应变全过程曲线：

(a) 西藏黄土含水率2%的试件破坏形态

(b) 已风化土含水率2%的试件破坏形态

图 2-16　含水率为 2% 的试件破坏形态

$$\sigma = \frac{N}{A} \tag{2-1}$$

式中，N——试件所受的轴向压力（N）；

$\quad\quad A$——试件受压面积（mm^2），$A = 70.7 \times 70.7 = 4998.49 \mathrm{mm}^2$。

$$\varepsilon = \frac{\Delta h}{h} \tag{2-2}$$

式中，Δh——试件受压过程的压缩位移（mm）；

$\quad\quad h$——试件的高度（mm），在此 $h = 70.7\mathrm{mm}$。

土体抗压试验各个试件的应力-应变曲线如图 2-17 所示。

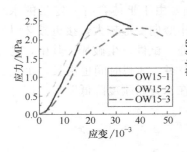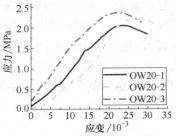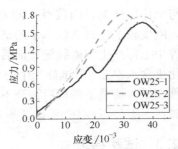

(a) 西藏黄土初始含水率15%、20%、25%试件

图 2-17　土体试件抗压试验应力-应变曲线（一）

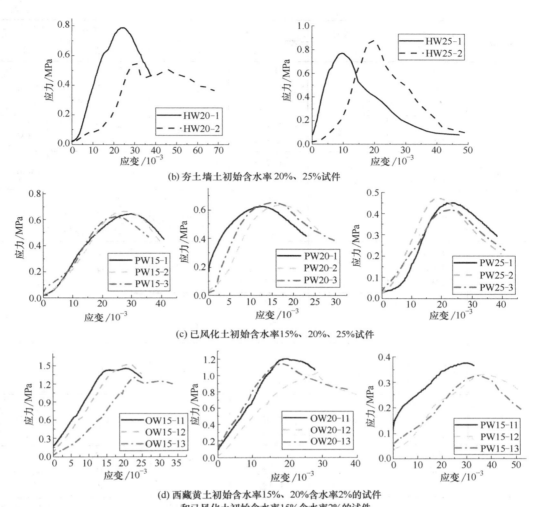

(b) 夯土墙土初始含水率20%、25%试件

(c) 已风化土初始含水率15%、20%、25%试件

(d) 西藏黄土初始含水率15%、20%含水率2%的试件
和已风化土初始含水率15%含水率2%的试件

图 2-17 土体试件抗压试验应力-应变曲线（二）

根据以上应力-应变曲线可以得到各个试件的峰值应力、峰值应变。峰值应力是指整个试验过程中，土体试件所能承受的最大竖向应力，峰值应变是出现最大竖向应力时的应变，如表 2-3 所示。

各个试件的峰值应力、应变值 表 2-3

试验组	试件编号	制备时含水率	峰值应力/MPa		峰值应变/10^{-3}	
			试验值	平均值	试验值	平均值
1	OW15-1	15%	2.60	2.390	25.59	30.67
	OW15-2		2.27		25.88	
	OW15-3		2.30		40.55	
2	OW20-1	20%	2.05	2.213	23.30	24.82
	OW20-2		2.22		28.56	
	OW20-3		2.37		22.60	

续表

试验组	试件编号	制备时含水率	峰值应力/MPa		峰值应变/10⁻³	
			试验值	平均值	试验值	平均值
3	OW25-1	25%	1.66	1.750	36.39	33.68
	OW25-2		1.82		29.25	
	OW25-3		1.77		35.40	
4	HW20-1	20%	0.788	0.788	24.19	24.19
	HW20-2		0.506		46.51	
5	HW25-1	25%	0.770	0.818	9.62	15.07
	HW25-2		0.866		20.52	
6	PW15-1	15%	0.65	0.647	29.75	27.13
	PW15-2		0.67		27.07	
	PW15-3		0.62		24.58	
7	PW20-1	20%	0.62	0.633	12.69	15.21
	PW20-2		0.63		16.66	
	PW20-3		0.65		16.27	
8	PW25-1	25%	0.45	0.447	23.69	21.87
	PW25-2		0.47		18.94	
	PW25-3		0.42		22.99	
9	OW15-11	15%	1.456	1.430	20.622	21.744
	OW15-12		1.530		21.612	
	OW15-13		1.304		22.999	
10	OW20-11	20%	1.206	1.137	20.028	22.574
	OW20-12		1.056		29.151	
	OW20-13		1.148		18.543	
11	PW15-1	15%	0.376	0.345	30.537	34.040
	PW15-2		0.332		37.185	
	PW15-3		0.328		34.399	

注：HW20组的两个试件土体抗压强度之差超过50%，从应力-应变曲线分析 HW20-2 试件存在破坏后应力继续上升现象，确定为异常试件，予以舍去。

由表 2-3 可知，一种土体同一初始含水率下的三个试件峰值应力、峰值应变差别不大，按照《建筑砂浆基本性能试验方法标准》JGJ/T 70—2009 对砂浆立方体抗压强度的规定，以 1.3 倍试验测量值的算术平均值作为该组试件抗压强度平均值，三个测量值的最大值或最小值与中间值的差值不超过中间值的 15%，试验结果准确可靠。借鉴水泥砂浆立方体抗压试验对强度平均值的计算，将三种土体试件在不同初始含水率下的峰值应力平均值乘以 1.3 作为抗压强度，如图 2-18 所示。

将制备时初始含水率相同的不同湿度组的土体试件峰值应力平均值乘以 1.3 作为土体抗压强度，如图 2-19 所示。

2.2.4 试验结论

从以上试验结果可得到下面几条结论：

（1）三种土体材料的抗压强度差距较大，西藏黄土要比其他两种的抗压强度大很多。

试件制备的初始含水率为 15％时，西藏黄土抗压强度为 3.107MPa，已风化土抗压强度为 0.845MPa；试件制备的初始含水率为 20％时，西藏黄土抗压强度为 2.873MPa，夯土墙土抗压强度为 1.027MPa，已风化土抗压强度为 0.819MPa；试件制备的初始含水率为 25％时，西藏黄土抗压强度为 2.275MPa，夯土墙土抗压强度为 1.066MPa，已风化土抗压强度为 0.585MPa。

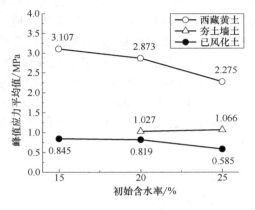

图 2-18　三种土体在不同初始含水率下的抗压强度

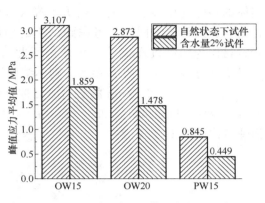

图 2-19　不同湿度组土体试件抗压强度

（2）同一种土体，不同初始含水率下的试件抗压强度不同，且随着试件制备时初始含水率的增大，抗压强度减小。初始含水率为 15％、20％、25％的西藏黄土抗压强度分别为 3.107MPa、2.873MPa、2.275MPa；初始含水率为 15％、20％、25％的已风化土抗压强度分别为 0.845MPa、0.819MPa、0.585MPa；夯土墙土试件数量有限且离散性较大，初始含水率为 20％和 25％的夯土墙土抗压强度较为接近。

（3）对于初始含水率相同的同一种土体材料不同湿度的试件，含水率为 2％的土体试件抗压强度小于自然状态下试件的抗压强度。对于初始含水率为 15％的西藏黄土试件，自然状态下试件的抗压强度为 3.107MPa，含水率为 2％的试件抗压强度为 1.859MPa；初始含水率为 20％的西藏黄土试件，自然状态下试件的抗压强度为 2.873MPa，含水率为 2％试件的抗压强度为 1.478MPa；初始含水率为 15％的已风化土试件，自然状态下试件的抗压强度为 0.845MPa，含水率 2％的试件抗压强度为 0.449MPa。

综合以上土体材料力学性能试验得到的结论，在石砌体抗压试验和砌缝抗剪试验中，西藏黄土和夯土墙土制备泥浆的初始含水率取为 20％，该含水率下制备的泥浆有较高的强度，且相对于 15％的初始含水率，塑性效果好易成型；而已风化土粘结性能差，沙粒性严重，初始含水率为 20％下的泥浆成型时基本处于流动状态，不适合作为粘结材料使用，而初始含水率为 15％下的泥浆塑性好、强度高。

2.3　砌块的基本力学性能

石砌体抗压试验和石砌体砌缝抗剪试验的试件由花岗岩毛石与西藏黄土、布达拉宫夯土墙土、已风化土制备的泥浆组砌而成。

经调研，墙体砌筑所用材料以及试验所用材料主要来自于西藏自治区拉萨市。通过国家地质资料数据中心进行查询，《拉萨幅 H-46-20 1/20 万区域地质调查报告（地质部分）》显示，拉萨的石材主要为花岗岩、闪长岩等。

2.3.1　试验方案

石材砌块作为藏式古建筑石砌体中竖向荷载的主要承载体，其抗压性能会显著影响墙体的整体受压性能。调研表明，藏式古建筑石砌体中所使用的石材多为取自当地的花岗岩、闪长岩。同样，考虑到试验的便捷性和经济性，从北京周边选购了一种花岗岩石材作为墙体抗压试验的砌块。因此，须对这一种类的花岗岩石材进行抗压试验，以确定其基本力学特性。参考《砌体结构设计规范》GB 50003—2011，设计了 6 个尺寸为 70mm×70mm×70mm 的石材立方体抗压试件和 6 个尺寸为 70mm×70mm×140mm 的石材棱柱体抗压试件，如图 2-20 所示，分别测定其抗压强度与弹性模量。试件几何及物理参数见表 2-4、表 2-5。

(a) 石材立方体抗压试件　　　　　(b) 石材棱柱体抗压试件

图 2-20　石材抗压试件

石材立方体抗压试件几何及物理参数　　　　　　　　　　　表 2-4

试件编号	高度 /mm	受压面积 /mm²	质量 /g	密度 /(g/mm³)
SC1			918	0.00268
SC2			926	0.00270
SC3	70	4900	922	0.00269
SC4			951	0.00277
SC5			921	0.00269
SC6			921	0.00269
平均值 （标准差）	—	—	927 (12.28)	0.00270 (0.00004)

试验采用北京交通大学建材实验室 WDW-2000D 微机控制电子式万能试验机进行单调加载，对立方体试件和棱柱体试件均先采用 2kN/s 力加载，达到 150kN 后采用 0.1mm/min 的位移加载控制模式。通过试验机自动采集竖向试验力，通过应变片测定试件在受压过程中的水平向与竖向应变。

石材棱柱体抗压试件几何及物理参数 表 2-5

试件编号	高度 /mm	受压面积 /mm²	质量 /g	密度 /(g/mm³)
SPC1			1856	0.00271
SPC2			1941	0.00283
SPC3	140	4900	1797	0.00262
SPC4			1791	0.00261
SPC5			1884	0.00275
SPC6			1889	0.00275
平均值（标准差）	—	—	1860 (57.83)	0.00271 (0.00008)

2.3.2 试验现象

加载初期，立方体和棱柱体试件并无明显变化，也没有明显的横向膨胀。随着荷载逐步增大，不断发出"咔嚓"的开裂声，试件逐渐有局部脱落并形成若干条贯通上下表面的竖向裂缝，每一次开裂都伴随着强度的突然下降，在应力-应变曲线中呈"尖角"状。当达到极限荷载后，伴随一声较大声响，试件迅速沿裂缝发生分离解体并最终失去承载能力。

对棱柱体试件，在达到峰值荷载后应力-应变曲线存在较多的刚度下降与上升，反复"挣扎"，可能是由于试件裂为若干更小的棱柱体后达到一个新的平衡状态，由数个更小的棱柱体共同承担荷载所致。

石材受压典型破坏现象如图 2-21 所示。

(a) 石材立方体抗压破坏现象　　(b) 石材棱柱体抗压破坏现象

图 2-21 石材受压典型破坏现象

2.3.3 试验结果

石材立方体与棱柱体抗压试验应力-应变曲线如图 2-22、图 2-23 所示，根据式（2-1）计算得到石材抗压极限强度，式中 A 取试件横截面积 4900mm²。抗压试验结果如表 2-6、表 2-7 所示。

需要指出的是，在计算石材弹性模量时，由于试验机位移读数不准确，因此无法直接从图 2-22 中得出准确的应变值，而贴在石材表面的竖向应变片读数受到了试验设备的电磁干扰，数据异常波动，因此石材弹性模量是将 0.4 倍极限强度与相应时刻的竖向应变片读数相除得到的。由表 2-5 和表 2-6 结果可见，石材立方体和棱柱体抗压试件抗压极限强度和弹性模量的标准差均较大，这可能是由于石材本身在形成过程中发育方向不同，呈现

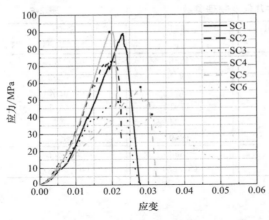

图 2-22　石材立方体试件抗压试验应力-应变曲线　　图 2-23　石材棱柱体试件抗压试验应力-应变曲线

石材立方体试件抗压试验结果　　　　　　　　　　　表 2-6

试件编号	抗压初裂强度 /MPa	抗压极限荷载 /kN	抗压极限强度 /MPa
SC1	10.2	436.0	89.0
SC2	13.9	357.8	73.0
SC3	16.6	238.6	48.7
SC4	3.9	443.3	90.5
SC5	13.9	281.0	57.4
SC6	24.2	202.1	41.2
平均值	13.8	326.5	66.6
（标准差）	(6.74)	(101.86)	(20.79)

石材棱柱体试件抗压试验结果　　　　　　　　　　　表 2-7

试件编号	抗压初裂强度 /MPa	抗压极限荷载 /kN	抗压极限强度 /MPa	弹性模量 /MPa
SPC1	5.4	209.5	42.7	18413
SPC2	22.6	190.9	39.0	21041
SPC3	28.5	246.7	50.4	16671
SPC4	35.1	195.6	39.9	16380
SPC5	18.6	136.0	27.8	26437
SPC6	20.1	195.1	39.8	14671
平均值	21.7	195.6	39.9	18935.5
（标准差）	(10.04)	(35.73)	(7.29)	(4262.12)

各向异性的特点所致，在试件制作过程中，并未考虑不同发育方向，而是随机将开采的石块切割成试件尺寸，因此强度和弹性模量会存在较大的离散性。从试验现象也可看出，SC2 的裂缝开展是典型的沿岩石发育方向，因而会产生大量竖向裂缝，出现被"压酥"的状态，而 SC6 的现象则与之不同，表现出局部剥落的特点，如图 2-24 所示。

在真实藏式古建筑石砌体中，所选用的砌块往往并未考虑石材发育方向，这与本文试验是一致的，因此认为本文试验所观察到的现象能够代表真实墙体中的情况。

由于应变片受到试验机的电磁干扰，其结果出现了严重的波动，因此本试验未能确定

(a) SC2破坏现象　　　　　　　　(b) SC6破坏现象

图 2-24　SC2 与 SC6 破坏现象

出花岗岩石材的泊松比。

本节得到的石材立方体试件极限抗压强度介于 41.2～90.5MPa 之间，平均值为 66.6MPa。滕东宇对于取自拉萨当地石砌体建筑替换下来的 28 个石材立方体试件抗压试验所得极限强度为 41.4～182.6MPa，平均值为 103.2MPa。可见本次所选花岗岩的抗压强度要低于藏式古建筑石砌体中的石材强度。因此可认为本文试验中所选择的石材是比西藏古建筑石砌体中砌块强度略低的材料。

2.4　小结

本章首先通过 SEM 扫描电子显微镜和 EDS 能量色散谱，对采自布达拉宫的土块和粉土样品进行了微观形貌分析与元素分析，推断试验材料的基本成分与制备过程，初步判定材料基本性质、材料组成和服役耐久性；然后分别对藏式石砌体结构的主要材料泥浆与砌块分别进行抗压试验，对藏式石砌体材料的抗压强度、弹性模量和本构关系等基本力学性能进行了充分的研究。

第 **3** 章
藏式古建筑石砌体的受压性能

抗压性能是藏式古建筑石砌体最基本、最重要的力学性能。本章首先介绍了竖向荷载作用下的藏式石墙应力状态，随后从棱柱砌体、墙体入手，进行了抗压试验。

（1）探究藏式墙体在自重和顶部竖向均布荷载作用下的应力状态，并对墙体收分构造特征和发生倾斜综合因素下的应力状态进行表征。

（2）在棱柱砌体方面，进行了片石砌缝层和碎石碴砌缝层棱柱砌体抗压试验，旨在获得两种不同砌缝对砌体抗压初裂强度、极限强度、弹性模量、破坏模式、损伤演化机理的影响。

（3）在墙体方面，实施了实验室和现场环境下的墙体抗压试验，目的是获得藏式古建筑墙体的抗压初裂强度、极限强度、弹性模量、泊松比、应力-应变全曲线、破坏模式等性能。

3.1　藏式石砌体在竖向荷载作用下的应力状态

3.1.1　藏式墙体一般的应力状态

设墙体的长度为 L，高度为 H，宽度为 B，在墙体顶部受竖向均布荷载作用，做出以下基本假定：

（1）墙体整体材质一致且分布均匀，不考虑石材与粘结泥浆之间的细部作用。

（2）墙体的长度方向尺寸比其高度和厚度方向尺寸大很多，且沿着墙体长度方向纵剖截面大小和形状不变。

（3）竖向均布荷载与长度方向轴线垂直且沿长度方向不变，为平面应变问题。

藏式石砌墙体作为主要承受竖向荷载的构件，其顶部竖向荷载主要来源于墙上的梁，梁上荷载来自于放置在梁上的楼板及以上结构自重，同时考虑墙体自重，墙体顶部均布荷载大小设为 q，墙体自重重力系数为 g。处于墙体同一高度横截面上的点受力情况相同，墙体长度方向不同位置的纵剖截面受力情况相同，建立 xOz 坐标系下的匀质力学模型如图 3-1 所示，模型所在平面为墙体的纵剖面如图 3-2 所示。根据以上假设，墙体内高度为 z 处的一点 $P(x,z)$ 竖向应力为：

$$\sigma_{\mathrm{w}}=\frac{BLq+\rho BL(H-z)g}{A} \tag{3-1}$$

式中，ρ——墙体的整体等效密度；

A——P 点所在水平截面的面积，一般情况下 $A=BL$，代入式（3-1）得：

$$\sigma_{\mathrm{w}}=q+\rho g(H-z) \tag{3-2}$$

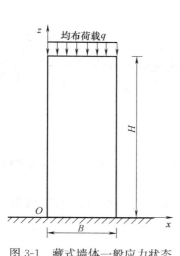

图 3-1　藏式墙体一般应力状态
匀质力学模型

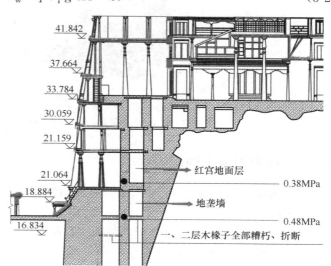

图 3-2　藏式石砌墙体纵剖面

由式（3-2）分析，P 点竖向应力的大小与其所处的高度方向位置 z 和竖向均布荷载 q 的大小相关，P 点在墙体内所处的高度方向位置越高，即 z 越大，应力越小；竖向均布荷载 q 越大，应力越大。

为讨论墙体高度方向位置和均布荷载大小对应力的影响规律，根据调研的实际藏式石木结构墙体的相关参数，墙体的高度 H 和厚度 B 分别取 3.2m 和 0.7m，墙体的长度方向尺寸 L 取 10.0m，密度 ρ 取 2470kg/m³，g 取 9.8N/kg。再根据中国文物研究所提供的布达拉宫红宫建筑图纸，根据《建筑结构荷载规范》GB 50009—2012 确定建筑物楼面和屋面活荷载、雪荷载和恒荷载取值，从上到下计算各部分的竖向荷载并累加，得到布达拉宫红宫地面层的墙体底部所受竖向压应力为 0.38MPa，下一层地垄墙底部所受竖向压应力 0.48MPa，如图 3-2 所示，取 q 的范围为 ［0MPa，1.0MPa］，z 的取值范围为 ［0.0m，3.2m］，则 P 点应力随墙体高度方向位置和均布荷载的变化规律如图 3-3 所示。

图 3-3 中，P_{b} 表示墙体底部一系列点（$z_{P_{\mathrm{b}}}=0$），P_{t} 表示墙体顶部一系列点（$z_{P_{\mathrm{t}}}=H$），分析可知，当墙体高度方向位置一定时，应力随着均布荷载 q 的增大而增大，图中 P_{b0} 至 P_{bq}、P_{t0} 至 P_{tq} 分别对应墙体底部和顶部位置，应力随均布荷载从 0MPa 到 1.0MPa 增大而增大。当均布荷载 q 大小一定时，随着墙体高度方向位置 z 的增大，应力逐渐减小，当 $q=0$MPa 时，墙体底部位置应力为 0.077MPa，对应图中 P_{b0}，墙体顶部位置应力为 0MPa，对应图中 P_{t0}；当 $q=1.0$MPa 时，墙体底部位置应力为 1.077MPa，对应图中 P_{bq}，墙体顶部位置应力为 1.0MPa，对应图中 P_{tq}。

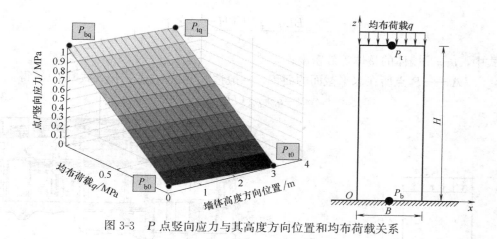

图 3-3　P 点竖向应力与其高度方向位置和均布荷载关系

3.1.2　综合因素下的应力状态

为研究墙体存在收分构造特征和发生倾斜综合因素下的应力状态，建立的力学模型如图 3-4 所示。

对上部隔离体进行受力分析，如图 3-5 所示，下面开始对竖向均布荷载作用下点 P（x，z）的应力表达式进行推导：

1. 建立平衡方程

（1）图 3-5 中所示 OT 长度 x_b 满足：

$$x_b = wH + x_t = H(w + \cot\theta_s) \tag{3-3}$$

式（3-3）中，$x_t = \dfrac{H}{\tan\theta_s}$；

$$w = \dfrac{B-b}{H}。$$

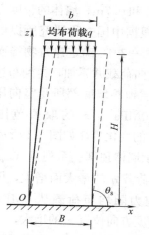

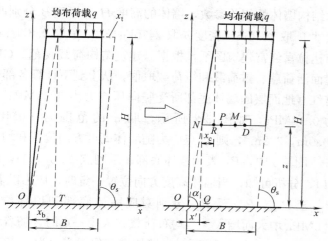

图 3-4　综合因素下墙体的力学模型　　　　　图 3-5　力学模型分析图

墙体发生倾斜后，墙体收分面与水平地面之间的夹角 α 满足：

$$\tan\alpha = \frac{H}{x_b} = \frac{H}{H(w+\cot\theta_s)} = \frac{1}{w+\cot\theta_s} \tag{3-4}$$

图中所示 OQ 长度 x' 为：

$$x' = \frac{z}{\tan\alpha} = z(w+\cot\theta_s) \tag{3-5}$$

图中所示 NR 长度 x_c 为：

$$x_c = \frac{H-z}{\tan\alpha} = (H-z)(w+\cot\theta_s) \tag{3-6}$$

（2）取墙体的 P 点以上部分作为隔离体建立平衡方程，如图3-6所示，图中 N 点坐标为（x'，z），M 点和 D 点的 x 坐标满足：

$$x_D = x_b + \frac{b}{2} = H(w+\cot\theta_s) + \frac{b}{2} \tag{3-7}$$

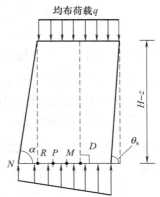

图3-6 P 点所在截面以上隔离体

$$x_M = x' + \frac{x_c + b - (H-z)\cot\theta_s}{2} = z(w+\cot\theta_s) + \frac{w(H-z)+b}{2} \tag{3-8}$$

故墙体顶部均布荷载合力作用点在 P 点所在截面上的投影点 D 和 M 点之间的距离 e_q 为：

$$e_q = x_D - x_M = (H-z)(w+\cot\theta_s) - \frac{w(H-z)}{2} = x_c - \frac{w(H-z)}{2} \tag{3-9}$$

另外，P 点所处截面以上隔离体自重重心与 P 点所处截面 x 方向中点 M 之间的距离 e_G 为：

$$e_G = x_G - x_M = \frac{x_c + 3b - (H-z)\cot\theta_s}{3[x_c + 2b - (H-z)\cot\theta_s]} \cdot \frac{x_c + (H-z)\cot\theta_s}{2} \tag{3-10}$$

2. 通过建立力学平衡方程，得到 P 点竖向应力的表达式

$$\sigma(x) = \frac{2qb + \rho g(H-z)[w(H-z)+2b]}{2[w(H-z)+b]} + \frac{6qb(H-z)(w+2\tan\theta)(x-x_M)}{[w(H-z)+b]^3} +$$

$$\frac{\rho g(H-z)^2(w+2\tan\theta)[w(H-z)+3b](x-x_M)}{[w(H-z)+b]^3} \tag{3-11}$$

式中，$x_M = z(w+\tan\theta) + \frac{w(H-z)+b}{2}$。

3. 存在收分墙体发生倾斜时非受压区的判断

与前文相同，当存在收分构造的墙体发生倾斜的角度超过一定限值时也会导致墙体内出现拉应力，令式（3-11）为零，得到应力为零的墙体厚度方向位置 x_0 为：

$$x_0 = z(w+\tan\theta) + \frac{w(H-z)+b}{2} - \frac{[w(H-z)+b]^2\{2qb + \rho g(H-z)[w(H-z)+2b]\}}{2(w+2\tan\theta)(H-z)\{6qb + \rho g(H-z)[w(H-z)+3b]\}} \tag{3-12}$$

当墙体高度方向位置 z、墙体收分比例 w 及墙体发生的倾斜角度 θ（$\theta = 90° - \theta_s$）一定时，厚度方向位置 $x = x_0$ 便是压应力为零处。若 $x > x_0$，则各处所受应力为正，墙体在该部分处于受压状态；若 $x < x_0$，则各处所受应力为负，墙体在该部分处于受拉状态。从图3-6中可以得到 P 点坐标 x 的最小值为 x'，若 $x' > x_0$，则 P 点所处截面保持完全受压状态。因此，$x_0 = x'$ 是 P 点所处截面保持完全受压状态的临界条件，将式（3-5）代入式（3-12）可得 P 点所处截面存在非受压区的墙体临界倾斜角度 $\widetilde{\theta}$ 满足：

$$\tan\widetilde{\theta} = \frac{[w(H-z)+b]\{2qb+\rho g(H-z)[w(H-z)+2b]\}}{2(H-z)\{6qb+\rho g(H-z)[w(H-z)+3b]\}} - \frac{w}{2} \qquad (3-13)$$

所以，当墙体发生的倾斜角度小于等于 $\widetilde{\theta}$ 时，P 点所处截面为完全受压状态，当墙体发生的倾斜角度大于 $\widetilde{\theta}$ 时，P 点所处截面存在非受压区。

4. 墙体在完全受压状态下的应力状态

由式（3-13）分析可知，当墙体收分比例 w 一定时，墙体临界倾斜角度随着 P 点在墙体高度方向位置 z 的变化而变化，且 z 值越小，$\widetilde{\theta}$ 越小，当 $z=0$ 时（P 点位于墙体底部位置），$\widetilde{\theta}$ 取得最小值，即在墙体底部位置最先出现拉应力。将各参数代入式（3-13），其中 $b=0.7\mathrm{m}$，$H=3.2\mathrm{m}$，墙体密度 $\rho=2470\mathrm{kg/m^3}$，g 取 $9.8\mathrm{N/kg}$，竖向均布荷载 q 取 $0.5\mathrm{MPa}$，墙体收分比例在 $5\% \sim 10\%$ 依次取整数值，得到不同收分比例下墙体发生倾斜存在非受压区的临界倾斜角度 $\widetilde{\theta}$，如表 3-1 所示。

不同收分比例下墙体发生倾斜存在非受压区的临界倾斜角度　　　　　表 3-1

墙体收分比例	0	5%	6%	7%	8%	9%	10%
$\tan\widetilde{\theta}$	0.0384	0.0235	0.0204	0.0173	0.0142	0.0111	0.0081
$\widetilde{\theta}/°$	2.2	1.4	1.2	1.0	0.8	0.6	0.5

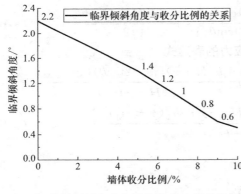

图 3-7　临界倾斜角度与墙体收分比例的关系

从表 3-1 中分析可知，当墙体的收分比例在 $5\% \sim 10\%$ 范围内时，墙体发生倾斜，非受压区的临界倾斜角度随着收分比例的增大而减小，如图 3-7 所示，墙体的收分比例每增大 1%，临界倾斜角度大致减小 $0.2°$。与前文无收分构造墙体发生倾斜存在非受压区的临界倾斜角度 $2.2°$ 相比，存在收分墙体的临界倾斜角度逐渐减小，其中收分比例 5% 的墙体相对于无收分墙体的临界倾斜角度减小了 $0.8°$，造成这一现象的主要原因是随着墙体收分比例的增大，墙体底部截面增大，在上部均布荷载和墙体自重产生的附加弯矩作用下，墙体底部左端受拉作用增大。

下面以收分比例 7% 为例，通过式（3-11）研究墙体在完全受压状态下应力随 P 点在墙体高度方向位置 z、厚度方向位置 x 和倾斜角度 θ 的变化规律。

当墙体收分比例为 7% 时，取墙体的倾斜角度为 $1.0°$，P 点应力随其在墙体高度方向位置 z 和厚度方向位置 x 的变化规律如图 3-8 所示。

在图 3-8 中，P_1、P_2、P_3、P_4 四个点为墙体底部的两个端点和墙体顶部的两个端点，与应力变化图中的标注相对应，应力大小分别为 $0.02\mathrm{MPa}$、$0.48\mathrm{MPa}$、$0.49\mathrm{MPa}$、

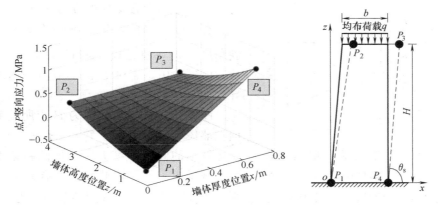

图 3-8　应力随高度方向位置和厚度方向位置的变化规律

0.66MPa，分析可知，随着墙体厚度方向位置 x 的增大，应力逐渐增大，对应 P_1 到 P_4、P_2 到 P_3 的应力变化。

应力随墙体高度方向位置 z 的变化分为两个阶段：当 P 点处于截面的左半部，应力随着墙体高度方向位置 z 的增大而增大，对应 P_1 到 P_2 的应力变化；当 P 点处于截面的右半部，应力随墙体高度方向位置 z 的增大而减小。在墙体底部的右端点 P_4 处应力达到最大值 0.66MPa，与前文无收分墙体该处应力的最大值 1.15MPa 相比，减小了 42.6%，由此可见，墙体的收分构造有利于减小墙体底部的应力。

通过以上分析，墙体的最大应力在墙体高度方向位置 $z=0$，可得 P 点应力随其厚度方向位置 x 和墙体倾斜角度 θ 的变化规律，如图 3-9 所示。

图 3-9 中，P_1、P_r 两个点分别为墙体底部的左、右端点。应力随墙体厚度方向位置 x 的增大而增大，对应 P_{10} 到 P_{r0}、$P_{1\theta}$ 到 $P_{r\theta}$ 的应力变化。在墙体的右半底部，应力随墙体发生倾斜角度的增大而增大，对应 P_{r0} 到 $P_{r\theta}$ 的应力变化，图中 P_r 处倾斜角度为 1° 时的应力最大，为 0.66MPa；在墙体的左半底部，应力随墙体发生倾斜角度的增大而减小，对应 P_{10} 到 $P_{1\theta}$ 的应力变化。

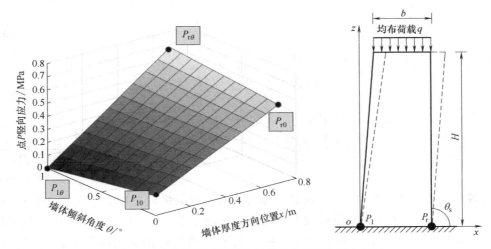

图 3-9　应力随倾斜角度和厚度方向位置的变化规律

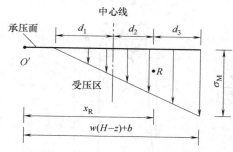

图 3-10　倾斜角度大于临界倾斜角度的
受力分析图

5. 存在非受压区时的应力状态

存在收分墙体发生的倾斜角度大于临界倾斜角度 $\widetilde{\theta}$ 时，通过式（3-11）求解 P 点的竖向应力已不适用，需对 P 点的应力表达式继续推导，如图 3-10 所示。

图 3-10 中的承压面即为 P 点所处截面，截面在墙体厚度方向尺寸为 $w(H-z)+b$，由于墙体发生的倾斜角度大于临界倾斜角度，拉应力区域退出工作，该截面处的有效承压面积减小，R 为受压区竖向应力的合力作用点，则 R 与截面左端 O' 之间的距离 x_R 为：

$$x_R=\dfrac{qbL(x_D-x')+\dfrac{1}{2}\rho L(H-z)[w(H-z)+2b]g(x_G-x')}{qbL+\dfrac{1}{2}\rho L(H-z)[w(H-z)+2b]},\ \theta>\widetilde{\theta} \tag{3-14}$$

式（3-14）中，$x_G=z(w+\tan\theta)+\dfrac{w(H-z)+b}{2}+\dfrac{[w(H-z)+3b][(H-z)(w+2\tan\theta)]}{6[w(H-z)+2b]}$；

$x'=z(w+\tan\theta)$；

$x_D=H(w+\tan\theta)+\dfrac{b}{2}$。

则图 3-10 所示，中心线与 R 之间的距离 d_2 为：

$$d_2=x_R-\dfrac{w(H-z)+b}{2} \tag{3-15}$$

将式（3-14）代入式（3-15）得：

$$d_2=\dfrac{6qb(w+2\tan\theta)(H-z)+\rho g(H-z)^2(w+2\tan\theta)[w(H-z)+3b]}{12qb+6\rho g(H-z)[w(H-z)+2b]} \tag{3-16}$$

在图 3-10 中，由于受压区竖向应力的合力作用点 R 位于墙体厚度方向距右边缘 $(d_1+d_2+d_3)/3$ 处，可得 $d_1+d_2+d_3$ 为：

$$d_1+d_2+d_3=3\left[\dfrac{w(H-z)+b}{2}-d_2\right] \tag{3-17}$$

则墙体厚度方向右边缘处的应力最大值 σ_M 为：

$$\sigma_M=\dfrac{2qb+\rho g(H-z)[w(H-z)+2b]}{d_1+d_2+d_3} \tag{3-18}$$

将式（3-18）转换，得到下式：

$$\sigma_M=\dfrac{[2qb+\rho gw(H-z)^2+2\rho gb(H-z)]^2}{3qb[b-2(H-z)\tan\theta]+\rho g(H-z)^2(w-\tan\theta)[w(H-z)+3b]+3\rho gb^2(H-z)} \tag{3-19}$$

将各参数代入式（3-19）中，假设墙体底部右端处的极限抗压强度为 2.5MPa，根据墙体底部 $z=0$ 处最先达到极限承载力，取收分比例 7%，求出此时墙体发生的倾斜角度为 4.8°，墙体底部右端处达到极限抗压强度的倾斜角度比前文无收分墙体的倾斜角度 4.6°要大，说明收分构造有利于提高墙体在最不利位置的极限承载力。

此时 P 点位于墙体厚度方向右边缘的不利位置，θ 的范围取为 [1°，4.8°]，得到 P 点应力随其高度方向位置 z 和墙体发生倾斜的角度 θ 的变化规律，如图 3-11 所示。

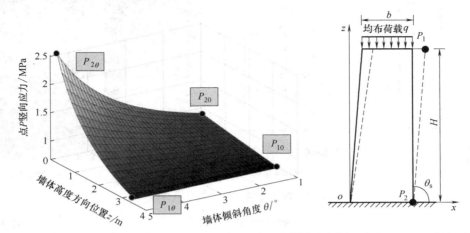

图 3-11　P 点应力高度方向位置和倾斜角度的变化关系

在图 3-11 中，P_1 和 P_2 两点位于墙体厚度方向右边缘处，P_{10} 和 P_{20} 分别表示两点墙体倾斜角度为 1°时的应力，$P_{1\theta}$ 和 $P_{2\theta}$ 分别表示两点在墙体倾斜角度为 4.8°时的应力。应力随 P 点高度方向位置接近墙体底部，即 z 越小，应力增大（对应图中 P_{10} 到 P_{20}、$P_{1\theta}$ 到 $P_{2\theta}$ 的应力变化）；应力随墙体发生倾斜角度的增大而增大，对应图中 P_{20} 到 $P_{2\theta}$ 的应力变化，P_{10} 和 $P_{1\theta}$ 的应力均为 0.66MPa，但墙体右边缘处高度方向 P_1 和 P_2 之间的点应力均随倾斜角度的增大而增大。

3.2　缩尺棱柱砌体抗压试验

为了观察藏式石砌体在细观尺度下的破坏现象，获得石材-泥浆的相互作用机理和藏式石砌体的破坏形式以及本构关系表达式，设计了适配于试验设备的缩尺棱柱砌体试验，进行了轴心受压试验。

3.2.1　试验方案

设计制作了 2 组各 4 个不同类型的试件进行轴心抗压试验。第一组试件采用三块形状大小接近的石块垂直叠砌而成，该试件类型与国外部分学者采用的试验方案相似，为便于区分，将其命名为常规棱柱体试件组，即后文 NP 组（normal prism 组）试件；第二组试件的区别在于，将夹在中间的石块替换为较扁的片石，后文统一称之为 SP 组（special prism 组）试件。第二组特种棱柱体试件（SP 组）的砌筑特征体现了藏式石砌体中块石层与片石层交替分布的特点。石材采用取自西藏拉萨的花岗闪长岩，利用石工锤加工成表面粗糙、大致为立方体的石块，泥浆采用取自西藏拉萨的黄泥加水拌制而成。

为保证加载方向与试验机主轴方向一致同时试件与试验机加载平台充分接触，对预备置于顶部和底部的石块进行处理，用钢锯将其一个侧面锯平。试件砌筑时不断调整水平砌缝的局部厚度，并用水平尺进行测量，试件成型时即达到上下表面平行。试件尺寸示意图和照片见图 3-12，试件的细部尺寸统计见表 3-2。

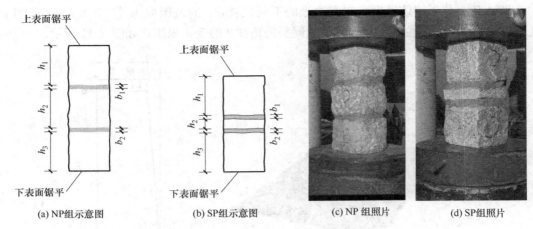

图 3-12 棱柱体试件尺寸示意图和照片

(a) NP组示意图　　　(b) SP组示意图　　　(c) NP组照片　　　(d) SP组照片

棱柱体试件细部尺寸　　　　　　　　　表 3-2

试件类型	试件编号	块材高度/mm			泥浆层厚度/mm		总高度 /mm	截面尺寸 /mm	高宽比
		h_1	h_2	h_3	b_1	b_2			
常规棱柱体	NP1	100	100	100	10	10	320	100×100	3.20
	NP2	105	105	105	10	10	335	100×100	3.35
	NP3	100	100	90	10	10	310	100×110	3.10
	NP4	95	90	90	10	10	295	100×110	2.95
特种棱柱体	SP1	100	30	115	10	10	265	100×100	2.65
	SP2	90	25	95	10	10	230	110×110	2.09
	SP3	100	25	100	10	10	245	110×110	2.23
	SP4	100	20	100	10	10	250	100×110	2.50

　　各试件总高度在 230～335mm 之间，高宽比在 2.09～3.35 之间，试件高宽比设置参考了部分学者的研究和相关规范的规定，同时考虑适配加载设备。混凝土领域的研究同样表明，当高宽比大于 2.0 时，边界效应的影响已经不大。

　　轴心受压试验中采集受压全过程应力-应变曲线的下降段，一般有两种方法：一种是采用电液伺服阀控制的刚性试验机，以等应变速度方式加载；第二种是在普通试验机上附加刚性元件。本次试验选用的试验机有较大的刚度，并采用等应变速率慢速加载方式进行加载，除 NP1 试件采用 0.2mm/min 的加载速度外，其余试件均采用 0.3mm/min 的加载速度。

　　棱柱体试件置于压力机的上下加载平台板中间，开始加载后，上平台板保持不动，下平台板向上运行，加载系统内置压力传感系统，实时采集记录试件承受的压力以及下平台的位移值，该位移值即为棱柱体试件的垂向压缩变形。

3.2.2　试验现象

　　两种试件的受压性能表现并没有本质区别，各试件的开裂和破坏过程较为类似。结合试验现象和对应力-应变曲线数据，可发现试件受压全过程可分为四个阶段：砌缝压缩阶段、石块与泥浆共同承力阶段、裂缝产生及扩展阶段、峰后阶段。典型的试件（NP3）受压全过程应力-应变曲线以及对应各阶段损伤特征见图 3-13，图中的应力值为垂直向压力除以试件横截面面积，应变为试件垂直向压缩量除以初始高度。其余试件各阶段受压现象和受力阶段划分类似。

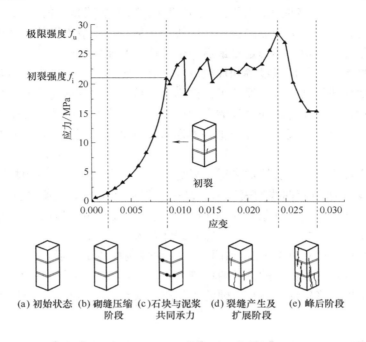

图 3-13 试件 NP3 的全过程应力-应变曲线及各阶段损伤特征

试件 NP3 受压过程的四个阶段为：

第一阶段为砌缝压缩阶段。各试件均有两道固化泥浆组成的水平砌缝，泥浆的压缩性很强，加载初期随着荷载的增大，泥浆层出现肉眼可见的厚度减小现象，同时边缘有泥浆被挤出并掉落，该阶段石块没有明显现象。在第一阶段中，试件的受压应力-应变曲线形状接近于上凸的二次抛物线，与常见的砌体粘结材料受压曲线类似。在很短的时间内，即可发现应力-应变曲线出现反弯点，此时可认为试件已进入第二个受压阶段。

第二阶段为石块与泥浆共同承力阶段。试件开始发出石块受挤压的响声，泥浆层的厚度变化不再明显。分析此时泥浆的受力状态，垂直向被压缩的同时产生水平向扩张，而该水平向扩张会受到石块的约束。当泥浆已被压缩到很薄同时横向扩张被石块约束时，最终将达到"硬化"的状态，不仅将传递垂直向荷载到石块，还会对石块施加了很大的水平向荷载。由于石块的上下表面（除去与加载平台接触的试件顶面和底面）都是粗糙不平的，各点的合力方向各异，石块表面处于复杂受力状态，并伴有局部接触引起的应力集中，试件将于某一时刻发生初次开裂，初裂压应力远低于石材本身的抗压强度（石材抗压强度约为 100MPa，各试件的初裂压应力在 13.5～34.1MPa 之间），初次开裂的位置位于水平砌缝附近的石块表面。受压应力-应变曲线方面，该阶段曲线的斜率随荷载增大而增大，曲线形状上扬，代表试件的刚度有所提高。初次开裂的瞬间，由于能量被释放掉一部分，受压曲线出现应力值骤降。初裂发生后试件即进入第三受压阶段。

第三阶段为裂缝产生及扩展阶段。第一条裂缝沿纵向发展且宽度增大，同时伴有新裂缝产生，在原有砌缝附近随机出现。部分裂缝会持续上下延伸，形成不稳定裂缝，甚至贯穿多个石块，该类不稳定的裂缝成为试件的主裂缝。每次有新裂缝出现时，除了会有明显的响声外，受压应力-应变曲线均出现应力值骤降、随后继续爬升的现象，本阶段应力-应变曲线多次震荡是一个较为明显的特征。曲线上一般有数个应力极值，其中最大值即为试件的极限抗压强度，该值并不一定是最后一个极值。受压曲线的反复骤降现象不仅反映出岩石材料的脆性特征，与加载设备和加载方式也有一定的关系：试验设备具有较大的刚度且采用了等速率慢速加载方式，保证了试件不至于被积蓄的变形能瞬间破坏，但由于未设置辅助压力缓冲设备，能量瞬间释放的影响还是不可忽略的。砌体试件受持续增大的压力荷载瞬间开裂的工况，与现实情况类似，本阶段受压现象和应力-应变曲线特征有一定的参考价值。

第四阶段为峰后阶段。石块被多道主裂缝分割为多个短柱，部分短柱发生倾斜并有失稳迹象。本阶段应力-应变曲线的表现为出现平直段或下降段，表明试件承受的压力不再增大。当试件出现离析塌落迹象或应力-应变曲线出现较长平直段时，视为试件已接近极限状态，应终止试验以保护试验设施，即使试件并未完全破坏。

典型的试验过程照片见图 3-14 和图 3-15。常规棱柱体试验后，三块石块基本都裂成多个较大石块。特种石棱柱体的上下两块较大石块基本裂成多块，中间片石呈粉碎状态。两组试件中的水平泥浆砌缝最终呈较硬的泥浆薄片状态，大小不一，厚度不均，厚度多在5～8mm 之间。

图 3-14　普通棱柱体典型试验过程照片

图 3-15　特种棱柱体典型试验过程照片

3.2.3　试验结果

1. 应力-应变全曲线

两组试件的受压全过程应力-应变曲线见图 3-16，如前所述，图中应力值和应变值为平均应力值和平均应变值。

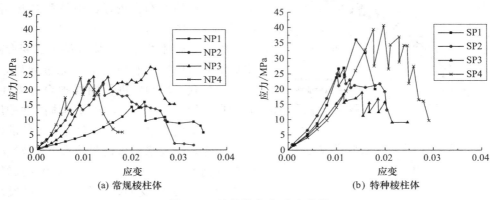

图 3-16　棱柱体应力-应变曲线

从形状来看，各试件的受压应力-应变曲线差异较大，但均有以下特征：在第一次应力骤降发生以前，曲线的斜率先减小后增大，存在反弯点，另外曲线斜率减小的区段明显短于斜率增大的区段。曲线斜率的变化趋势表明，在受压过程中，试件刚度先有短时间的下降，随后有较长时间的增长，试件被"压实"。当第一道裂缝出现、应力出现骤降后，试件迅速进入不稳定的曲线震荡阶段，每次震荡即表明有裂缝出现。

各个试件初次开裂对应的初裂强度、代表最大承载能力的极限强度以及对应的应变值均有较大差异。分析该差异存在的原因，发现泥浆厚度等局部尺度的差异具有一定影响；另外，各试件中石块粗糙面的随机性造成了不同复杂应力状态的随机性，导致了初裂强度和极限强度的差异。上述随机性对应力-应变曲线的影响均可通过归一化的方式进行削弱。在划分了受力阶段并对数据进行适当的归一化处理后，可发现各试件开裂前的应力-应变曲线形状较为接近，有明显的规律性。

2. 归一化本构关系

从各试件的实测受压应力-应变全曲线（图 3-16）可以看出，受压的第一和第二阶段的压应力随应变单调上升，第三阶段表现为上升—骤降—再次上升的反复过程，第四阶段为平直段或下降段。后两个阶段中砌体试件裂缝处于不稳定发展状态，有较强的随机性。实际工程中，石砌体承受的压力荷载很少能达到后两阶段的应力水平，研究价值较小，因此着重分析石块开裂前的藏式石砌体两阶段本构关系。

（1）第一阶段（砌缝压缩）的本构关系表达式

在缩尺棱柱砌体的试验中，进行了同批次泥浆的平行受压试验。参考《建筑砂浆基本性能试验方法标准》JGJ/T 70—2009，用同批次泥浆制作了棱柱体试件进行轴心受压试验，泥浆试件在达到极限状态前的应力-应变曲线形状接近于上凸的二次抛物线。对应力和应变进行无量纲化处理，采用二次多项式表达式对泥浆上升段本构关系进行拟合：

$$y = Ax^2 + Bx \qquad (3-20)$$

式中，$y = \sigma/\sigma_{2,u}$，$x = \varepsilon/\varepsilon_{2,u}$，$\sigma$ 由轴向压力除以横截面面积得到，ε 由压缩量除以初始高度得到。$\sigma_{2,u}$、$\varepsilon_{2,u}$ 为泥浆试件的极限压应力和极限压缩应变，平均值分别为 1.7MPa 和 6.5×10^{-3}。该批次泥浆试件的极限压应力与 2.2 节中砌缝泥浆压缩阶段的应力终值建议值 1.5MPa 基本相符。采用二次多项式对泥浆上升段应力-应变曲线进行拟合所获结果与试验值吻合较好，相关系数 R^2 值为 0.9575，见图 3-17。

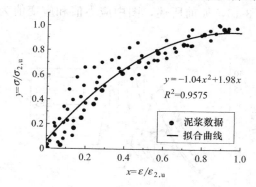

图 3-17 体试件达到极限前归一化应力-应变曲线

假定石砌体试件在本阶段的全部变形由泥浆提供。对压应力和应变进行无量纲化处理，并利用公式（3-20）进行曲线拟合。需注意，此时自变量 $x = \varepsilon'/\varepsilon_{2,u}$，$\varepsilon'$ 为砌体试件的压缩量除以泥浆层总厚度，$\varepsilon_{2,u}$ 为泥浆试件的极限压缩应变，由泥浆试件的轴心受压试验获得。因变量仍为 $y = \sigma/\sigma_{2,u}$。对同一类型的砌体构件的受压应力-应变曲线进行拟合，可发现二次多项式拟合效果较好，相关系数 R^2 值分别为 0.9529 和 0.9476，见图 3-18。

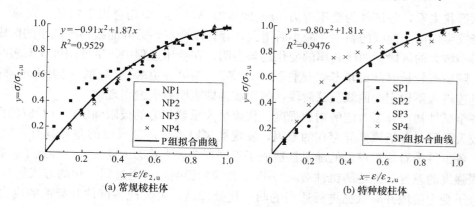

图 3-18 第一阶段常规棱柱体和特种棱柱体归一化应力-应变曲线

国内外学者已有较多对砌体粘结材料或砌体本身在压力作用下本构关系的研究成果，本试验的结果与其他研究结果的对比见表 3-3。由表 3-3 可见，藏式石砌体在初始阶段的应力-应变曲线与其他类型砌体是类似的。

其他研究者提出的本构关系公式及对比   表 3-3

研究来源	试件类型	上升段应力-应变曲线形状	公式表达式	A	B
本书试验	纯泥浆	上凸曲线	$y = Ax^2 + Bx$	−1.04	1.98
	普通棱柱体	上凸曲线		−0.91	1.87
	特种棱柱体	上凸曲线		−0.80	1.81
中国地震局工程力学研究所	黏土砂浆	上凸曲线	—	—	—

续表

研究来源	试件 类型	上升段应力-应变 曲线形状	公式表达式	A	B
长沙理工大学	水泥砂浆	上凸曲线	$y=Ax^2+Bx$	-0.93	1.91
葡萄牙 米尼奥大学	石砌棱柱体 (水泥砂浆)	直线(刚度随荷 载增大略降低)	—	—	—
印度理工学院	砖砌体 (水泥砂浆)	上凸曲线	$y=Ax^2+Bx$	-1	2
同济大学	砖砌体 (水泥砂浆)	上凸曲线	$y=\dfrac{x}{0.3x^2+0.4x+0.3}$	—	—

基于前述假定，本阶段泥浆压缩变形（局部尺度）与砌体试件整体压缩变形（整体尺度）可建立联系：

$$\Delta d=\varepsilon'\times\textstyle\sum b=\varepsilon\times(\textstyle\sum b+\textstyle\sum h) \tag{3-21}$$

式中，　　　Δd——试件压缩量；

ε' 和 ε——分别为泥浆和砌体试件的平均压缩应变；

$\sum b$ 和 $(\sum b+\sum h)$——分别为泥浆层总高度和试件总高度。

通过对公式（3-21）进行变形，即可获得用藏式石砌棱柱体整体压缩平均应变表示的本构关系表达式：

$$\frac{\sigma}{\sigma_{2,u}}=A\left(\frac{\sum b+\sum h}{\sum b}\right)^2\left(\frac{\varepsilon}{\varepsilon_{2,u}}\right)^2+B\left(\frac{\sum b+\sum h}{\sum b}\right)\left(\frac{\varepsilon}{\varepsilon_{2,u}}\right) \tag{3-22}$$

根据本文试验结果（图 3-18），A、B 可以取为 -1、2 或 -0.8、1.8。$\varepsilon_{2,u}$ 与 $\sigma_{2,u}$ 为泥浆的固有参数，可取泥浆轴心受压试验获得的结果。

（2）第二阶段（石块与泥浆共同受力）的本构关系表达式

对试件从泥浆达到受压极限应变开始、直到首道裂缝出现的受压应力-应变数据进行归一化处理，自变量变为 $\varepsilon/\varepsilon_m$，因变量变为 σ/σ_m。ε 为试件的受压应变，由试件的压缩量除以试件初始高度得到，ε_m 为试件初裂时的压应变。σ 为试件承受的平均压应力，σ_m 为试件初裂时的平均压应力，其数值等于初裂强度值 f_i。分别对两种试件的受压应力-应变数据进行归一化处理，结果与同类试件的曲线形状类似，且均类似于下凸的二次抛物线。采用 $y=Ax^2+Bx$ 类型的二次多项式进行拟合，效果较好，相关系数 R^2 值分别为 0.9395 和 0.9719，见图 3-19。

由无量纲化处理的基本原理可知，本阶段的上扬曲线表达式在理想状态下应有 $y(0)=0$，$y(1)=1$，即 $A+B=1$，A、$B\in(0,1)$。常规棱柱体组（NP 组）拟合获得的 A、B 值为 0.40 和 0.54，特种棱柱体组（SP 组）则为 0.60 和 0.36。$A+B\approx1$，差值主要由试验数据拟合的系统误差造成。A、B 值对曲线类型的显著影响表现为，A/B 值越小，则曲线越接近于直线。实际上本文试验中获得的两组参数，其应力-应变曲线非常接近，见图 3-20。

由于第一阶段历经的时间较短，实际工程中的藏式石砌体砌筑施工过程，就基本涵盖了砌缝压缩阶段，因此在数值计算中建议以下列公式（3-23）作为藏式石砌体的初裂前本构关系表达式：

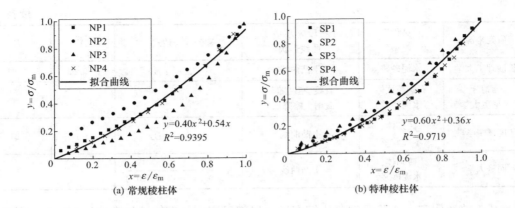

(a) 常规棱柱体　　　　　　　　(b) 特种棱柱体

图 3-19　第二阶段常规棱柱体和特种棱柱体归一化应力-应变曲线

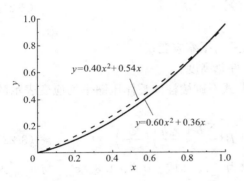

图 3-20　两种表达式曲线对比

$$\frac{\sigma}{\sigma_m} = 0.60\left(\frac{\varepsilon}{\varepsilon_m}\right)^2 + 0.36\left(\frac{\varepsilon}{\varepsilon_m}\right) \quad (3\text{-}23)$$

本阶段的试验现象和拟合结果可通过与其他学者的研究成果对比获得验证。葡萄牙学者 Vasconcelos 制作了多种三石叠放棱柱体试件进行轴心受压试验，其中最接近本书试件的类型为 3 块锯切立方体花岗岩夹两道水平黏土砌缝（图 3-21 中 PR_SS 曲线）。该试件在受压试验中同样获得了具有明显上扬特征的应力-应变曲线上升段，与其他对照组砌体试件有着显著差别。本文试验和 Vasconcelos 的试验均表明，当砌体中块材与粘结材料的刚度相差巨大、粘结材料

具有较强压缩性时，随着压力荷载的增大，块材和粘结材料协同受力变形且相互作用，应力-应变曲线和本构关系表达式会与其他类型砌体（如最典型的砖砌体）存在明显差异。藏式石砌体的构成恰好符合上述特征，再次说明对藏式石砌体进行单独、系统研究是必要且迫切的。

3. 弹性模量和抗压强度

通过轴心受压试验获取砌体弹性模量的方法主要有两种：取 0.4 倍抗压强度对应的应力-应变点和原点的割线正切值，或应力-应变曲线中 0.6 倍抗压强度和 0.3 倍抗压强度所对应的两点割线正切值。将上述两种方法计算得到的结果一并列出，强度与弹性模量的结果汇总见表 3-4。各试件的初裂强度与抗压强度比值 f_i/f_u 基本大于 0.6，即表明试件压应力达到 0.6 倍抗压强度时基本未出现开裂，避

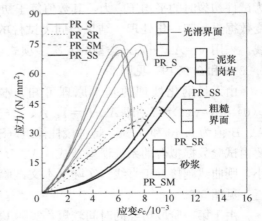

图 3-21　文献中各种石砌棱柱体的受压应力-应变曲线

免了割线取值区域包含曲线震荡阶段的应力突变从而造成数值计算偏差。

石砌棱柱体试件的强度和弹性模量试验结果

表 3-4

试件类型	试件编号	初裂强度 f_i/MPa	抗压强度 f_u/MPa	f_i/f_u	弹性模量 $E_{0,0.4}$/MPa	弹性模量 $E_{0.3,0.6}$/MPa
常规棱柱体	NP1	14.3	16.2	0.88	546	731
	NP2	13.5	23.6	0.57	1764	2131
	NP3	20.8	28.6	0.73	1491	3647
	NP4	17.9	24.3	0.74	2537	4084
	平均值 (标准差)	16.6 (3.38)	23.2 (5.15)	0.73 (0.13)	1584 (822.04)	2648 (1527.98)
特种 棱柱体	SP1	26.3	36.2	0.73	1868	3966
	SP2	25.0	25.2	0.99	1781	2445
	SP3	18.3	19.2	0.95	1297	1707
	SP4	34.1	41.2	0.83	1513	2754
	平均值 (标准差)	25.9 (6.48)	30.5 (10.05)	0.85 (0.12)	1615 (260.48)	2718 (940.71)

试验结果表明，即使各组试件中的块材和泥浆强度基本一致，各试件的强度和弹性模量仍然存在较明显的离散性。该现象产生的原因为：藏式石砌体中石块的表面粗糙不平，石材的开裂主要是由不同材料接触面的复杂应力状态和应力集中引起的，因此有较明显的离散性。

两种方法计算得到的弹性模量结果中，$E_{0.3,0.6}$ 明显高于 $E_{0,0.4}$。不难分析其中原因：在试件受力的初期，主要是泥浆发生压缩变形，$E_{0,0.4}$ 包含了该阶段的影响；$E_{0.3,0.6}$ 所处的阶段石块和泥浆共同受力，曲线斜率增大。真实砌体在砌筑完成后很可能已完成了泥浆压缩过程，因此 $E_{0.3,0.6}$ 更适合表征藏式石砌体的弹性模量。

需要特别指出的是，藏式石砌体的弹性模量与各材料层厚度和相对比例密切相关。显然棱柱砌体试件在泥浆砌缝形态、块材与泥浆层的体积比例等方面与真实墙体存在出入，因此此处对弹性模量的探讨主要是一种定性的规律性研究。

带有片石层的特种棱柱体（SP组）试件在试验结束后，中间片石基本呈粉碎状态。由此推断，藏式石砌体的块石叠压片石的分布特征可以使岩石破裂的能量释放方向更趋近于片石，片石的形状特征和厚泥浆层的存在又对试件的稳定性有利，因此藏式石砌体特有的块石叠压片石的分布特征对整体受力有利。

3.3 足尺棱柱砌体抗压试验

缩尺棱柱砌体试件受压试验精度高，但由于不含竖向砌缝，对于真实砌体的受压性能模拟存在局限性。为了验证缩尺棱柱砌体试验所获得的石材-泥浆受压相互作用机理，同时探寻足尺墙体试验的替代试验方案，以弥补墙体试验难度大、代价大的不足，进行了三个不同类型的足尺棱柱砌体抗压试验。此处足尺的含义为石材选用了与真实墙体中块材接近的尺寸规格。

3.3.1 试验方案

试件中石材和泥浆层的尺寸设计原则为尽量接近真实情况，具体为：石材选择机器切割的花岗岩，块石为 400mm×200mm×150mm 的正六面体，片石为厚 15mm 的片状石料。石材上下表面凿毛以模拟毛石表面。选择泥浆层厚度时优先考虑砌筑工艺和试件成型，厚度不小于 10mm，泥浆的制备与前述试验相同，采用西藏拉萨原生黄土，以 15% 的含水率进行配制。

试件共三个，编号分别为 FP1、FP2、FP3。FP1 为三石叠砌试件，共设置两道水平砌缝；FP2 为五石叠砌试件，其中最中间层的石块中间设置了一道竖向砌缝；FP3 为五层叠砌试件，底层至顶层分别为"块石—块石—片石—带竖缝的块石—块石"。试件示意图和成型后照片见图 3-22。

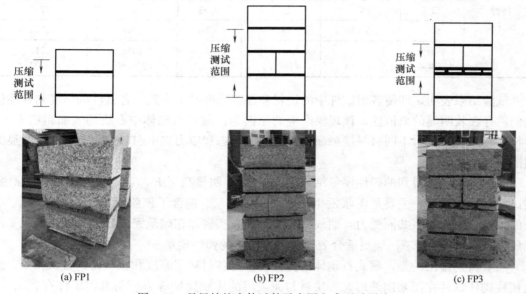

(a) FP1　　　　　　　　　　(b) FP2　　　　　　　　　　(c) FP3

图 3-22　足尺棱柱砌体试件示意图和成型后照片

采用千斤顶进行垂直向的轴心加压，加载速度保持缓慢且匀速；采用相对设置的百分表测量试件的压缩量，FP1 的百分表设置于顶层及底层块石的中间部位，FP2 的百分表设置于从上数第二层块石的上边缘和下数第二层块石的下边缘，即测试中间三层块石的压缩；FP3 的百分表设置原则与 FP2 相仿，只是由于从上数第二层的块石有两块，为保持上百分表的稳固将其设置于最顶层块石的下边缘位置。

FP2、FP3 试件及测点设计有以下考虑：

（1）由于石块和泥浆彼此约束，作用力和反作用力的存在使得在二者交界的位置泥浆水平受压，而石块水平受拉；石块与试验机上下表面接触的表面上，试验机对于石块主要施加水平扩张的约束（水平方向内的内聚力），因此对于三石试件来说，最上层石材的顶面和最下层石材的底面所承受的约束作用与真实情况相反，为了减小与真实工况的差异，设置了五石试件，利用最上层和最下层石材以及相邻的泥浆层作为约束条件，而以中间三层石材和两道水平砌缝的砌体作为考察的对象，进行观察和测量。

（2）由于砌体砌筑时不同水平层间会有错缝，因此单块块石的上方往往会有竖向砌缝的存在。由于竖向砌缝空隙较小，很难保证其内部泥浆的饱满。竖向砌缝的存在对于砌体受压的性能表现影响是不可忽略的，FP2 和 FP3 设置两块石材间竖向砌缝主要是为了模拟竖向砌缝的影响。

（3）FP3 在 FP2 的基础上进一步设置了片石层，是为了模拟藏式石砌体的分布。FP3 试件从底部向上分别为：块石（约束用）—泥浆层（约束用）—块石层—泥浆层—片石层—泥浆层—带竖缝的块石层—泥浆层（约束用）—块石（约束用）；除起约束作用的部分，其他部分实际上代表了藏式石砌体的基本组成单元。

3.3.2　试验现象

FP1、FP2、FP3 试件的受压应力-应变曲线见图 3-23。

结合应力-应变曲线，可发现如下试验现象：

FP1 在受压过程中的现象与缩尺棱柱砌体试件试验现象较为类似。首先是泥浆层出现肉眼可见的压缩，受压应力随着受压应变的增大单调递增，且曲线斜率有先变小后变大的趋势。当达到初裂荷载时，石块与砌缝相邻处出现第一道竖向裂缝，初裂发生的时刻在受压应力-应变曲线中出现压应力的骤降突变，随后

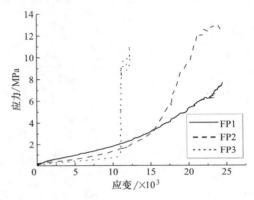

图 3-23　FP1、FP2、FP3 试件的
受压应力-应变曲线

荷载值继续增大。压力荷载继续增大，第一道裂缝会发生横向扩张和竖向的延展，后续也有更多的竖向裂缝出现。FP1 试件在加载到压应力 8MPa 时加载仪器出现了故障，中止了加载，此时该试件已有多道竖向裂缝出现，上层和中间层石块已断裂为两段，见图 3-24。

(a) 初始裂缝　　　　　　　　　(b) 开裂分离的石块

图 3-24　FP1 的受压损伤现象

　　FP2 试件在承载的早期阶段同样先出现肉眼可见的砌缝压缩现象，可观察到应力-应变曲线斜率逐渐增大；裂缝的出现和发展与缩尺棱柱体以及 FP1 试件的规律相同，界面交界处先后出现多道竖向裂缝并上下延伸，最后会贯通整块石材，反映在应力-应变曲线上为压应力骤降；另外，竖向砌缝作为预先设置的"裂缝"，会出现横向扩张现象，到试验终止时竖向砌缝的宽度增大了 5mm，同时竖向砌缝上方块石的对应位置开裂。当到达某一压力荷载值后，竖向变形发展变快，荷载的增大明显放缓且出现多次震荡，此时试件已存在数条贯通多层块石的竖向裂缝，综合分析试件状态与应力-应变曲线，可认为 FP2 试件已经达到了受压极限状态，见图 3-25。

(a) 正面　　　　　　　　　　　(b) 背面　　　　　　　　　　　(c) 侧面

图 3-25　FP2 的受压损伤现象

　　FP3 试件在受压前期的应力-应变曲线斜率小于其他两个试件，即压缩量快速增长而荷载的增大相对缓慢。经分析发现该现象和以下两个因素有关：（1）FP3 测点设置跨越了 3 道水平砌缝，而 FP1 和 FP2 试件的测试区域均只包含 2 道水平砌缝；（2）块石层及其上下相邻的两道砌缝可以视作一道较厚的、包含了部分片石的特殊水平砌缝，该水平砌缝更易产生压缩变形。FP3 最早出现的损伤是片石的开裂，然后很快石材和泥浆的界面处出现竖向裂缝，同时竖向砌缝也明显扩张。随着荷载的增大，以上三种形态的损伤同时发展，且裂缝的数量和宽度均大于其他试件。试件的最终状态和缩尺棱柱砌体中的 SP 组夹心棱柱体试件的受压破坏现象类似，片石基本呈粉碎状态，块石基本裂成多块。整个受压过程中竖向砌缝的宽度增大了 9mm，且上下方的块石对应位置均有开裂，见图 3-26。

3.3.3　试验结果

　　由图可见，三种不同类型的足尺叠砌试件的受压变形在受力的早期阶段较为类似，随着荷载的增大多出现应力-应变曲线斜率增大的现象，该现象表明试件整体被压实，刚度增大。各试件随后的曲线上扬形状有明显的差异，其中 FP3 试件的特征最为鲜明，几乎表现为垂直向上的直线形式。各试件受压性能表现的差异显然与各自不同的组成方式有一定的关系。三个试件的强度和弹性模量结果见表 3-5。足尺棱柱体试件的抗压强度明显小于缩尺棱柱体试件。

| (a) 正面 | (b) 背面 | (c) 侧面 |

图 3-26 FP3 的受压损伤现象

石砌棱柱体试件的强度和弹性模量试验结果 表 3-5

试件编号	初裂强度 f_i/MPa	抗压强度 f_u/MPa	f_i/f_u
FP1	6.25	>7.66*	—
FP2	5.80	12.93	0.45
FP3	5.14	11.08	0.46

注: * 由于设备故障未加载到极限状态。

FP1 试件的形式是可以与 3.2 节中缩尺棱柱砌体类比的, 采用同样的归一化处理和数据拟合方法, 即利用二次多项式 $y=Ax^2+Bx$ 类型的方程对无量纲化的两阶段应力-应变曲线进行拟合, 获得本构关系表达式, 所得两条拟合曲线的 A、B 值分别为 -0.75、1.72 和 0.62、0.38, 相关系数 R^2 值分别为 0.9872 和 0.9956。该结果与前述缩尺棱柱砌体相当接近, 一定程度上验证了通过棱柱体试验获得石材-土体相互作用机理和本构关系的可行性。FP1 试件受压两阶段归一化应力-应变曲线拟合结果见图 3-27。

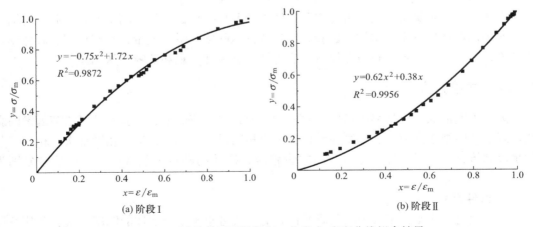

图 3-27 FP1 试件受压两阶段归一化应力-应变曲线拟合结果

  FP2 试件的应力-应变曲线的第一阶段泥浆压缩不明显，可能与该试件为保证平直度进行了预压有关。利用二次多项式 $y=Ax^2+Bx$ 类型的方程对无量纲化的应力-应变曲线进行拟合，获得本构关系表达式的 A、B 值分别为 0.50、0.43，相关系数 R^2 值为 0.9830。FP2 试件受压第二阶段归一化应力-应变曲线拟合结果见图 3-28。至此，通过缩尺叠砌棱柱和足尺棱柱砌体的受压全过程试验已得到多组第二阶段的 A、B 值，虽然各有差异，但实际上曲线形状较为接近，见图 3-29。以上研究表明，通过不同试验获得的本构关系表达式具有较强的规律性和一致性。

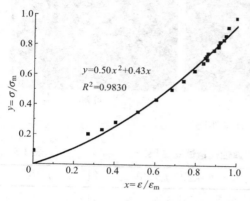

图 3-28 FP2 试件曲线拟合结果

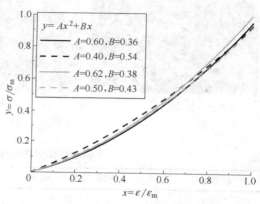

图 3-29 不同拟合曲线对比

  FP3 试件的受压表现与其他试件均有明显差异，这主要由于片石层的存在带来了较大的不确定性。需要说明的是，对于真实墙体中片石层的模拟，在目前尺寸的棱柱砌体试件中还有较大的困难，这主要是因为片石尺寸的随机性以及在较小截面砌体中砌筑效果未必可以反映真实情况导致。但 FP3 试件所获得的受压表现和极限强度与同类试件的类比性较好，验证了对于藏式石砌体受压损伤机理的分析；同时，其整体的受压变形曲线与相应的砌缝泥浆一致性较强，体现了泥浆对于藏式石砌体受压性能的重要贡献。

3.4 实验室石墙抗压试验

  由于目前尚不具备对藏式古建筑石砌体本体开展抗压试验研究的条件，因此，对缩尺藏式石砌体墙体进行实验室抗压试验，以获得抗压强度、弹性模量、破坏机理、破坏模式等性能，从而对藏式古建筑石砌体抗压静力性能有更加直观和清晰的认知。

3.4.1 试验方案

  为尽可能消除组成材料、试件尺寸、构造形式、砌筑水平、试验条件等诸多因素的影响，降低试验结果离散性。本试验设计了 3 个相同尺寸、相同构造、相同批次、相同工艺的足尺墙体试件，尽可能地还原了藏式古建筑石砌体的砌筑工艺特征。试件编号分别为CW1、CW2、CW3。

1. 试件尺寸

  参考规范、文献并结合现场调研所得到的藏式古建筑石砌墙体的厚度、块石及片石尺寸、砌缝厚度等数据，设计了长×厚×高＝1150mm×600mm×1350mm 的试件，如

图 3-30 所示。《砌体基本力学性能试验方法标准》GB/T 50129—2011 中对石砌体标准抗压试件尺寸的规定是针对单叶墙的，对于藏式古建筑石砌体这种较厚的墙体不适用。下文中称墙体长度方向为"纵向"，厚度方向为"横向"，高度方向为"竖向"，纵向与横向统称为"水平向"。

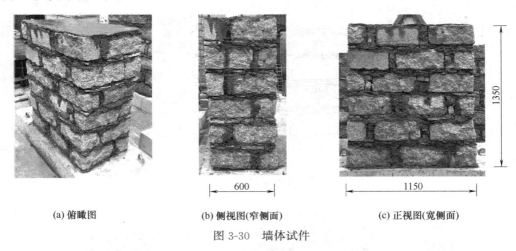

| (a) 俯瞰图 | (b) 侧视图(窄侧面) | (c) 正视图(宽侧面) |

图 3-30 墙体试件

因砌筑时所用石材尺寸具有较大随机性，无法精确控制各方向达到精确尺寸，墙体砌筑完工后的尺寸与设计尺寸略有差异，分别测量长、厚、高 3 个方向实际值，实测尺寸见表 3-6。为了在竖向加载过程中确保竖向荷载均匀分布，需令墙体上表面保持平整，因此在砌筑完工后于墙体上表面敷设 5～30mm 的 M20 水泥砂浆找平层。砌筑完成后，在室内常温条件下养护 4 个月后再进行试验。

墙体试件实测尺寸   表 3-6

编号	长度/mm			厚度/mm			高度/mm		
	L_1	L_2	L_3	T_1	T_2	T_3	H_1	H_2	H_3
CW1	1145	1140	1150	600	615	625	1350(1380)	1380(1395)	1360(1390)
CW2	1160	1135	1155	600	590	600	1360(1380)	1340(1365)	1370(1390)
CW3	1125	1150	1145	615	600	600	1380(1385)	1350(1365)	1360(1375)

注：( ) 内为包含墙体上表面水泥砂浆找平层的墙体高度。

由于藏式古建筑石砌体具有特殊的构造及工艺，对于试件中各组成部分，需根据试验条件选择相应的材料来替代。其中，块石选用毛面花岗岩石块、片石选用板岩、碎石碴选用鹅卵碎石、碎石块选用 50mm 花岗岩板、砌缝泥浆选用黄土加水拌制而成，所有材料均取自北京及周边地区，如图 3-31 所示。

2. 加载制度与测点布置

本试验通过北京交通大学工程结构实验室 PWS-10000KN 电液伺服大型结构多功能试验系统实现，试验照片及示意图如图 3-32 所示。

试验过程中，通过三方面措施确保所施加的竖向荷载不偏心。分别是：试件砌筑完毕后上表面用水泥砂浆找平；试验前于试件顶部敷设一层细砂二次找平；将压盘、分配梁与试件各侧面对中。

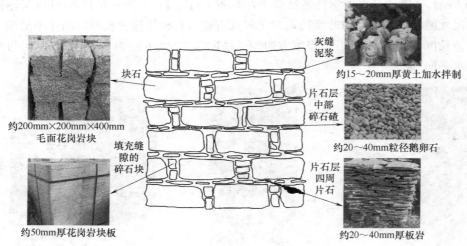

图 3-31 试件各组成部分选用材料及尺寸

(a) 试验照片   (b) 试验示意图

图 3-32 试验照片及示意图

根据《砌体基本力学性能试验方法标准》GB/T 50129—2011 的建议，正式加载前，先以 50kN 荷载预加载三次，用以检查仪表的灵敏性，找平细砂并压实试件内部空隙。正式加载采用逐级加载方式，前期采用荷载控制加载，接近峰值时改用位移控制加载。荷载控制加载以 100kN 为一级，当荷载达到 1500kN 后切换为以 0.5mm 为一级的位移控制加载，直至荷载-位移曲线出现下降段。每一级加载后保持 3～5min，观察并记录试验现象。为保证试验设备和试验人员的安全，防止墙体倒塌，当荷载-位移曲线出现下降段且墙体接近破坏时，停止加载，结束试验。

为了测定墙体的竖向、纵向与横向变形，在窄侧面顶部和四个侧面中部分别布置 6 个顶针式位移计，编号 S1～S6，位置如图 3-33 所示，其中 S1、S2 测量竖向位移，S3、S4 测量横向位移，S5、S6 测量纵向位移。

3.4.2 试验现象

1. 整体破坏现象

CW3 各侧面的典型破坏现象如图 3-34 所示。由于墙体的离散性，三个试件的试验现象虽略有区别，但具有较多共同特点，可依据损伤出现的位置及演化过程将受压过程大致

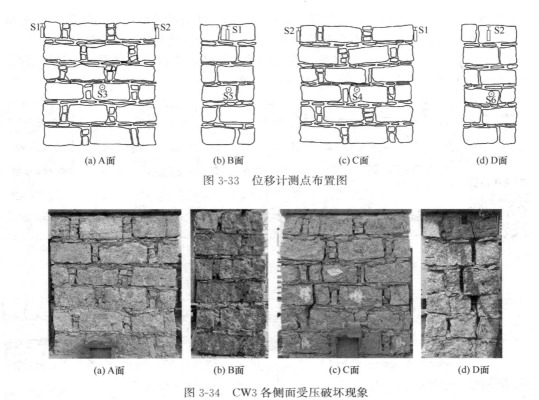

(a) A面   (b) B面   (c) C面   (d) D面

图 3-33　位移计测点布置图

(a) A面   (b) B面   (c) C面   (d) D面

图 3-34　CW3 各侧面受压破坏现象

分为三个阶段：（1）水平砌缝压缩阶段；（2）片石、块石开裂阶段；（3）裂缝贯通破坏阶段。三阶段具体现象描述如下：

（1）水平砌缝压缩阶段。初期加载过程中，水平砌缝层被逐渐压实，并伴有少量的砌缝泥浆被挤出掉落。由于泊松效应，试件四个侧面会有不同程度的膨胀。窄侧面上，部分竖向砌缝与块石的交界面发生分离；宽侧面上，部分碎石块与竖向砌缝交界面也发生了分离。随着荷载的增大，界面分离宽度持续变大。

（2）片石、块石开裂阶段。荷载继续增大，当大约达到峰值荷载的 18%～44% 时，有片石或块石开始产生裂缝，形成竖向或斜向的微裂缝。其中，块石开裂往往伴随沉闷的"砰"声，而片石开裂则没有明显声响。当块石开裂时，可以在荷载-位移曲线上观察到明显的荷载短暂下降，而后随着试件进一步被压缩而达到新的平衡状态，刚度恢复，曲线继续攀升。同时，块石开裂大多存在一个典型现象，即刚发生开裂时裂缝并非均匀贯通整个块石，而是一端宽一端窄，随着荷载的继续增大，竖向裂缝会贯穿整个块石。其中，块石开裂的位置往往位于竖向砌缝向上或向下延伸处，且在窄侧面表现得尤为明显。片石和块石的开裂并无明显先后顺序，主要取决于其所处位置的具体应力分布情况。此外，此阶段也伴随竖向砌缝与砌块交界面的分离现象。

（3）裂缝贯通破坏阶段。此阶段约从峰值荷载的 89%～92% 开始，至停止加载结束。此阶段会有大量的片石发生开裂，而块石在此过程中往往并未产生更多新的裂缝，主要表现为之前已开展裂缝的竖向延伸和水平扩展。当达到峰值荷载时，在墙体的窄侧面会形成明显的自上而下的由"块石裂缝、分离的竖向砌缝界面"所组成的竖向贯通裂缝，裂缝一侧的砌体有横向外鼓分离的现象，呈现出失稳的趋势。此时继续增大竖向位移，荷载-位移曲线上荷载值不再增大，荷载-位移曲线进入下降段，可认为墙体已发生破坏。

图 3-35～图 3-37 为三个试件各侧面在每一阶段荷载范围内的裂缝形成与扩展情况。虽然三个试件的整体现象较为一致，但仍略有差别。

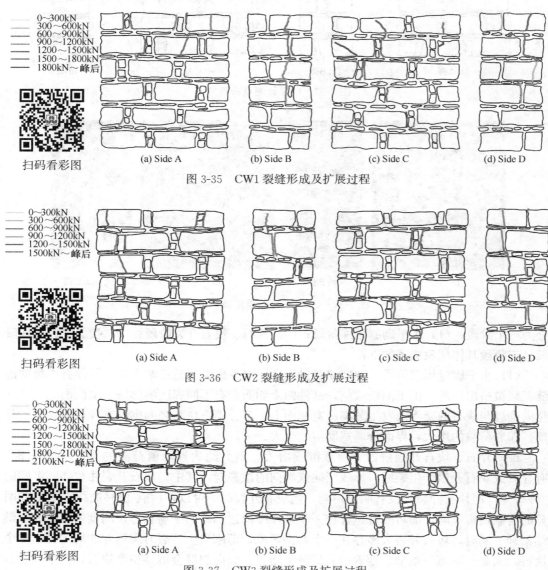

图 3-35　CW1 裂缝形成及扩展过程

图 3-36　CW2 裂缝形成及扩展过程

图 3-37　CW3 裂缝形成及扩展过程

CW1 在两个窄侧面（B、D 面）均形成了竖向贯通裂缝，而 CW2、CW3 只在 D 面形成贯通裂缝，B 面的开裂现象不明显。此外，CW3 在宽侧面 C 面也形成了贯通裂缝。贯通裂缝的位置常沿竖向砌缝开展，但也可能因片石分布位置和块石不均匀而出现例外，如 CW1 的 D 面和 CW3 的 D 面。从表面裂缝来看，CW1 发生块石开裂时的荷载较小，当荷载为 300～600kN 时便在 D 面块石处出现了裂缝，而 CW2、CW3 直至 900～1200kN 时才出现块石开裂现象。总的来看，片石和块石开裂、竖向砌缝界面分离的位置较为随机，但整体上更多地出现在墙体的中上部。

2. 典型局部破坏现象

观察发现，片石开裂、块石开裂、竖向砌缝与块石粘结界面分离、形成贯通裂缝是墙体受压破坏的四种典型局部破坏现象，如图3-38、图3-39所示。

(a) 应力集中导致开裂　　　　　　　　　(b) 受弯开裂

图 3-38　片石开裂

（1）片石开裂

片石的开裂情况与棱柱砌体抗压试验中基本一致，多为竖向或斜向裂缝。往往发生于与片石相邻的上下块石表面有明显凹凸不平处（图3-38a）和竖向砌缝上下延伸处（图3-38b）。

（2）块石开裂

块石裂缝多形成于竖向砌缝延伸处（图3-39a、图3-39b），以及两块片石的间隔处（图3-39c、图3-39d），且呈"上宽下窄"或"上窄下宽"状。

(a) 在宽侧面碎石块上下延伸处开裂　　　(b) 在窄侧面竖向砌缝上下延伸处开裂

(c) 在宽侧面片石间隔处开裂　　　　　(d) 在窄侧面片石间隔处开裂

图 3-39　块石开裂

经统计，三个墙体试件中，单独在竖向砌缝延伸处形成的块石裂缝有 7 处，单独在片石间隔处形成的块石裂缝有 12 处，既在竖向砌缝延伸处同时又在片石间隔处的块石裂缝有 7 处，其余位置的块石裂缝有 6 处。在竖向砌缝延伸处或片石间隔处形成的块石裂缝占到块石总裂缝的 81.3%。

（3）竖向砌缝与块石粘结界面分离

竖向砌缝与块石粘结界面的分离宽度可达 2~3cm 左右。墙体在竖向受压过程中，横向膨胀变形大于纵向膨胀变形，因此竖向砌缝与块石粘结界面的分离多产生于墙体试件的窄侧面。竖向砌缝是块石层中最薄弱的位置，因此当发生膨胀时，首先在竖向砌缝处发生粘结破坏，形成分离裂缝，如图 3-40 所示。

(a) 窄侧面界面分离情况1   (b) 窄侧面界面分离情况2

图 3-40 竖向砌缝与块石粘结界面分离

（4）形成贯通裂缝

贯通裂缝的形成，特别是在窄侧面形成超过三个块石的贯通裂缝，往往是墙体达到受压峰值荷载，即将发生破坏的前兆。贯通裂缝的形成多为"竖向砌缝粘结分离—片石间隔处砌缝开裂—片石间隔处对应的块石裂缝或竖向砌缝延伸处块石裂缝"，如图 3-41 所示，以此类推，直至贯通裂缝一侧砌体发生横向外鼓，发生失稳破坏。贯通裂缝多形成于墙体试件窄侧面是因为墙体的横向约束相比纵向约束更小。

 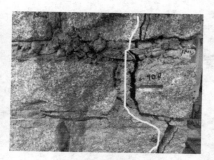

(a) CW2窄侧面D面贯通裂缝   (b) CW1窄侧面D面贯通裂缝

图 3-41 贯通裂缝

3.4.3 试验结果

1. 全过程曲线与抗压强度

试验所得到的墙体试件受压荷载-位移曲线如图 3-42 所示。可见，三个试件的荷载-位移曲线虽略有不同，但总体趋势和特征较为一致。

以 CW3 为例，可将曲线大致分为四段，如图 3-43 所示。第一阶段 OA 呈现略微下凹的形状，这是由水平砌缝被压缩导致墙体刚度不断增大所致。第二阶段 AC 随着第一个明显"尖角"的出现块石发生初裂，曲线进入震荡上升段。荷载进一步增大，第三阶段 CB 墙体的抗压刚度逐渐减小，渐渐趋近于零，直至曲线到达峰值荷载。第四阶段 BD 试件失去受压承载能力，曲线进入下降段。

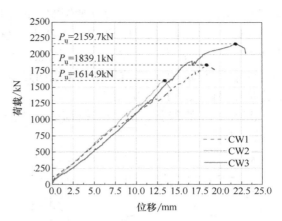

图 3-42　墙体试件受压荷载-位移曲线

根据每个试件的横截面积与初始高度换算的应力-应变曲线如图 3-44 所示。其中，将曲线出现第一个明显"尖角"处定义为块石出现第一条明显裂缝，对应墙体抗压初裂点，点 $A1$、$A2$、$A3$ 的纵坐标分别表示试件 CW1、CW2、CW3 的初裂强度 $\sigma_{1,cr}$，点 $B1$、$B2$、$B3$ 的纵坐标为对应三个试件的抗压极限强度 σ_u，点 $C1$、$C2$、$C3$ 分别为刚度发生明显变化的点。试验结果见表 3-7、图 3-45。

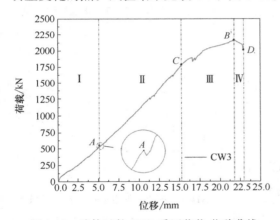

图 3-43　墙体试件 CW3 受压荷载-位移曲线

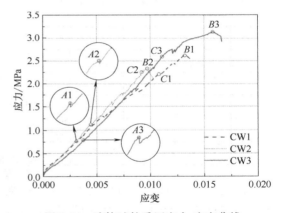

图 3-44　墙体试件受压应力-应变曲线

墙体试件抗压试验结果 　　　　　　　　　　　　表 3-7

试件	极限荷载 P_u/kN	初裂（点 A）		刚度变化（点 C）		极限（点 B）		破坏（点 D）		$\sigma_{1,cr}/\sigma_u$
		强度 $\sigma_{1,cr}$/MPa	应变 $\varepsilon_{1,cr}$	强度/MPa	应变	强度 σ_u/MPa	应变 ε_u	强度/MPa	应变	
CW1	1839.1	0.76	0.0031	2.21	0.0108	2.62	0.0135	2.52	0.0139	29.0%
CW2	1614.9	1.11	0.0045	2.26	0.0092	2.35	0.0098	2.10	0.0103	47.2%
CW3	2159.7	0.79	0.0037	2.59	0.0111	3.13	0.0161	2.93	0.0167	25.2%
平均值（标准差）	1871.2 (273.82)	0.89 (0.19)	0.0038 (0.001)	2.35 (0.03)	0.0104 (0.001)	2.70 (0.40)	0.0131 (0.003)	2.52 (0.41)	0.0136 (0.003)	33.0% (—)

将图 3-44 中三条曲线分别进行归一化处理，将应力除以极限强度 σ_u，应变除以极限

强度对应的应变 ε_u，以消除尺寸的影响。根据图 3-43 中曲线的特征点，可将藏式古建筑石砌墙体受压应力-应变归一化曲线概括为如图 3-46 所示的四折线模型。其中，OA 段代表初裂发生前的部分；A 点为块石初裂点，AC 段为初裂发生后，抗压刚度未发生明显减小的稳定上升段；C 点为抗压刚度发生明显减小的点；CB 段代表抗压刚度减小阶段；B 点为抗压极限强度点，BD 段为下降段。

由图 3-46 的四折线模型，根据表 3-7 的数据，可以得到四条折线的表达式如式（3-24）所示。

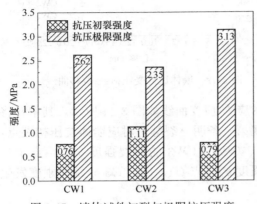

图 3-45　墙体试件初裂与极限抗压强度

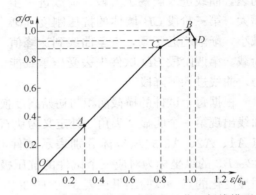

图 3-46　墙体受压应力-应变归一化四折线模型

$$\frac{\sigma}{\sigma_u}=\begin{cases} 1.10\dfrac{\varepsilon}{\varepsilon_u} & 0\leqslant\dfrac{\varepsilon}{\varepsilon_u}<0.31 \\[2mm] 1.07\dfrac{\varepsilon}{\varepsilon_u}+0.01 & 0.31\leqslant\dfrac{\varepsilon}{\varepsilon_u}<0.81 \\[2mm] 0.64\dfrac{\varepsilon}{\varepsilon_u}+0.36 & 0.81\leqslant\dfrac{\varepsilon}{\varepsilon_u}<1 \\[2mm] -1.82\dfrac{\varepsilon}{\varepsilon_u}+2.82 & 1\leqslant\dfrac{\varepsilon}{\varepsilon_u}<1.04 \end{cases} \tag{3-24}$$

由表 3-7 可知，三个试件的抗压初裂强度约为 0.89MPa，极限强度约为 2.70MPa，第一条明显裂缝大约在达到极限强度的 33.9% 时出现。

《砌体结构设计规范》GB 50003—2011 附录 B 中对各类砌体轴心抗压强度平均值 f_m 的计算公式如式（3-25）所示。

$$f_m=k_1 f_1^{\alpha}(1+0.07 f_2)k_2 \tag{3-25}$$

式中，f_1——块体的强度等级值，MPa；

f_2——砂浆抗压强度平均值，MPa；

k_1——0.79（毛料石砌体）、0.22（毛石砌体）；

α——0.5（毛料石砌体、毛石砌体）；

k_2——当 $f_2<1$ 时，$k_2=0.6+0.4f_2$（毛料石砌体）；当 $f_2<2.5$ 时，$k_2=0.4+0.24f_2$（毛石砌体）；其余情况 k_2 取 1。

分别按毛料石和毛石砌体公式计算得到藏式古建筑石砌墙体抗压强度为 7.98MPa 和 2.22MPa，与试验结果对比见表 3-8。可以发现，按照毛石砌体计算得到的砌体抗压强度略小于试验结果，因此可以按照《砌体结构设计规范》GB 50003—2011 中对于毛石砌体抗压强度的计算公式来保守预测藏式古建筑石砌墙体的抗压强度下限值。

规范计算墙体抗压强度与试验结果对比   表 3-8

试件编号	试验结果/MPa	公式计算（按毛石）结果/MPa	公式计算（按毛料石）结果/MPa
CW1	2.62		
CW2	2.35	2.22	7.98
CW3	3.13		
平均值	2.70		

2. 弹性模量与泊松比

弹性模量、泊松比是砌体的重要力学参数。根据式（3-26）、式（3-27）计算墙体弹性模量。

$$E_{0,0.4} = \frac{\sigma_{0.4}}{\varepsilon_{0.4}} \tag{3-26}$$

$$E_{0.3,0.6} = \frac{\sigma_{0.6} - \sigma_{0.3}}{\varepsilon_{0.6} - \varepsilon_{0.3}} \tag{3-27}$$

式中，$E_{0,0.4}$、$E_{0.3,0.6}$——分别为两种不同的弹性模量取值；

$\varepsilon_{0.4}$——应力应变曲线上 0.4 倍抗压强度所对应点的应变；

$\varepsilon_{0.3}$——应力应变曲线上 0.3 倍抗压强度所对应点的应变；

$\varepsilon_{0.6}$——应力应变曲线上 0.6 倍抗压强度所对应点的应变。

并按《砌体基本力学性能试验方法标准》GB/T 50129—2011 中建议取 $\sigma = 0.4\sigma_u$ 时刻的泊松比作为砌体试件的泊松比。以试件 CW1 应力-应变曲线为例，弹性模量取值方法见图 3-47。A、B、C 点分别为 $\sigma = 0.3\sigma_u$、$\sigma = 0.4\sigma_u$、$\sigma = 0.6\sigma_u$ 的对应点，用以确定弹性模量。

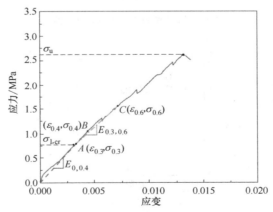

图 3-47 墙体试件 CW1 应力-应变曲线中弹性模量的取值

由表 3-9 可知，$E_{0,0.4}$ 平均值略大于 $E_{0.3,0.6}$ 平均值，这是由于加载前期墙体刚度较大，随着荷载增大，试件进入塑性后刚度逐渐减小。但从本文试验曲线看出，墙体受压的塑性段不明显且较短，说明墙体延性较差，破坏现象类似于脆性破坏。

墙体试件弹性模量及泊松比 表 3-9

试件	弹性模量 $E_{0,0.4}$ /MPa	弹性模量 $E_{0.3,0.6}$ /MPa	纵向泊松比 v_L	横向泊松比 v_T
CW1	239	204	0.34	1.06
CW2	255	245	0.15	0.74
CW3	214	235	0.08	0.86
平均值（标准差）	236 (20.47)	228 (21.56)	0.19 (0.13)	0.89 (0.16)

图 3-48、图 3-49 分别为在 CW1、CW2、CW3 竖向加载的过程中，布置在墙体四个侧面中部的水平位移计所记录到的位移值，其中，U3 和 U4 为横向位移，U5 和 U6 为纵向位移，正向代表面外方向，即位移正值代表横向膨胀变形。虽然位移计顶针与凹凸不平的块石表面直接接触导致读数表现出震荡的现象，但可以看出，随着轴压荷载的施加，四个方向的水平位移总体均呈上升趋势，即四个侧面均发生了不同程度的外鼓。且不论是横向变形还是纵向变形，总是一侧大一侧小，而非两侧均匀变形。从图中亦可看出，对每个试件而言，究竟哪一侧的变形更大并无确定关系，这是由于不同试件的差异所致，同时也反映出藏式古建筑石砌体构造形式的非均匀特性。

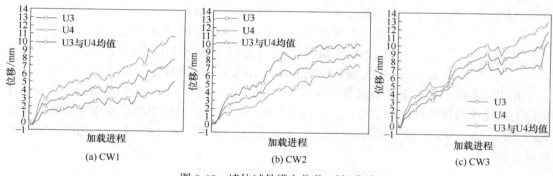

图 3-48 墙体试件横向位移-时间曲线

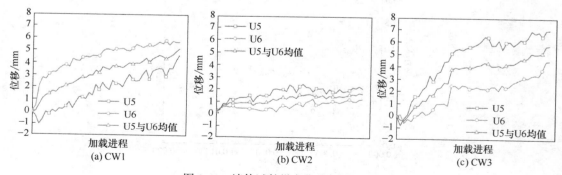

图 3-49 墙体试件纵向位移-时间曲线

将竖向位移与水平位移对照可以直观地观察到墙体在被压缩的过程中水平方向的膨胀外鼓变化情况，如图 3-50 所示。可以看出，U3 与 U4 均值均大于 U5 与 U6 均值，即墙体在竖向压缩过程中的横向变形大于纵向变形，这是由于试件的受压破坏模式为沿窄侧面

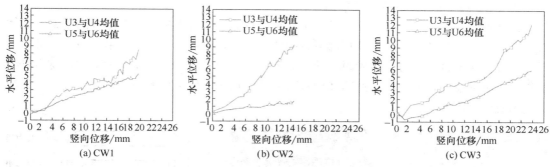

图 3-50 墙体试件竖向位移与水平位移关系曲线

竖向贯通裂缝所形成的横向外鼓分离。而曲线的斜率则反映了泊松比的变化趋势。可以发现，三个试件的横向泊松比均存在前期变化较小，后期增大趋势较为明显的特征，而纵向泊松比在全过程的变化则相对较小。

3. 破坏模式

研究发现，藏式古建筑石砌体的受压破坏模式可以概括为：墙体窄侧面形成竖向贯通裂缝，进而发生局部砌体外鼓失稳。虽然墙体由抗压强度较大的花岗岩石材和抗压强度较小的泥浆组成，但得到的砌体抗压极限强度比这两种组成材料更小。这也再次说明墙体的受压破坏主要是由失稳所致，而非其组成材料被压溃，组成材料并未充分发挥其抗压性能。

需要指出的是，试验得到的破坏现象仅为受压承载力出现下降时的现象。根据参考文献和以往的试验经验，继续加载墙体大概率会发生失稳倒塌，为保证人员和设备的安全，终止试验。

3.5 现场环境下的足尺墙体抗压试验

鉴于藏式石砌体结构形式以及所处环境的特殊性，对原状墙体或等同于原状墙体的试件进行抗压试验具有较大的参考价值，其结果也是最为真实可信的，本节内容为两道石墙的原位抗压试验。试验在西藏室外环境中进行，材料、砌筑工艺均与原状墙体一致，可视为等同于原状墙体的同条件试验。

3.5.1 试验方案

采用传统砌墙工艺，由具有砌墙经验的藏族工匠砌筑两道试验墙体，墙体尺寸（长度×厚度×高度）分别为 1.0m×0.6m×1.4m 和 0.9m×0.5m×1.4m，以下分别称为 W1 和 W2 试件。本次试验的墙体未设置收分，更接近于低层普通民宅石砌墙体。W1 和 W2 的砌筑工艺相同，视觉观察上 W2 砌筑得更为规整和紧密。

试件尺寸由规范建议值和现场实际条件确定。《砌体基本力学性能试验方法标准》GB/T 50129—2011 建议，毛石砌体抗压试验的试件厚度宜为 400mm，宽度宜为 700～800mm，高厚比应为 3～5。实际上藏式石砌体的厚度一般大于上述建议值，综合考虑模拟真实墙体以及现场实际条件的限制，采用了前述的试件尺寸，本次试验中墙体的高厚比分别为 2.33 和 2.8，接近规范建议值。

　　试验所用仪器设备为简易反力架、千斤顶和百分表。反力架为一个闭合的刚架，墙体直接砌筑于反力架的地梁上，墙顶部放置两块厚钢板，钢板上方放置一根分载梁，最后将千斤顶放置于分载梁上方。试验时千斤顶向上顶起，顶升力作用于反力梁下方，反力梁继而提供向下的反力，并通过分载梁和钢板形成了施加于墙体顶部的均布荷载。墙体试件和简化示意图见图 3-51。

(a) W1墙　　　　　　(b) W2墙　　　　　　(c) 简化示意图

图 3-51　墙体试件和简化示意图

　　试验采用分级加载，每到达一级荷载至少持荷 5min，待百分表读数稳定后继续加载。因墙体的抗压强度未知，为保证安全，每个墙体进行多次分级加卸载过程。具体如下：

　　1）W1（长度×厚度×高度为 1.0m×0.6m×1.4m）

　　过程（1）　0→15kN→30kN→0；

　　过程（2）　0→15kN→30kN→45kN→60kN→75kN→90kN→110kN→120kN→0；

　　过程（3）　0→45kN→100kN→135kN→150kN→180kN→195kN→210kN→225kN→240kN→250kN→260kN→0。

　　2）W2（长度×厚度×高度为 0.9m×0.5m×1.4m）

　　过程（1）　0→15kN→30kN→45kN→60kN→75kN→90kN→0；

　　过程（2）　0→30kN→60kN→90kN→120kN→150kN→180kN→0；

　　过程（3）　0→30kN→60kN→90kN→120kN→150kN→180kN→210kN→240kN→270kN→0；

　　过程（4）　0→60kN→90kN→120kN→150kN→180kN→210kN→240kN→270kN→300kN→330kN→360kN→370kN→0。

　　W1 以及 W2 的前三次加载均在墙体砌筑完成后约一个月后进行；由于 W2 经过三次加载后未发现明显损伤，为观察墙体经过较长的一段时间后的性能变化，间隔约 8 个月后进行了第 4 次加载。

　　采用百分表对垂直向和水平向的变形进行采集，将两块百分表支顶于墙体顶部分载钢板的底面，将二者的平均值视为墙体顶面的垂直向位移值。在地梁处设置百分表，测量墙体底部的位移值，同时监测是否有平面外倾覆的趋势，以保证试验安全。墙体顶部和底部的相对变形量可通过计算得到，即为墙体的压缩量。在 W1 的试验中，将 4 块百分表顶在墙体四个表面的中心位置，测量了墙体在两个正交方向的膨胀量。试件测点布置见图 3-52。

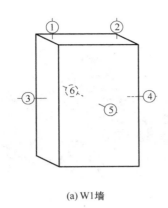
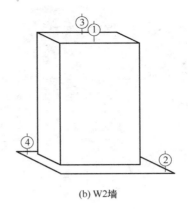

(a) W1墙   (b) W2墙

图 3-52　试件测点布置图

3.5.2　试验现象

1. W1 试验现象

1）过程（1）（0→30kN→0）

从初始状态加载到 30kN（0.05MPa），然后卸载回到初始状态。墙体未发生明显变化，卸载后有 1.73mm 的竖向残余变形。

2）过程（2）（0→120kN→0）

当加载到 45kN（0.075MPa）时，墙体由于石头之间的挤压而发出小的响声；

当加载到 120kN（0.208MPa）时，墙体表面的部分泥浆脱落，在墙体左下区域的一块片石上出现了第一道裂缝，见图 3-53；

卸载后产生了 10.54mm 的竖向残余变形。

图 3-53　W1 的首道片石开裂

3）过程（3）（0→260kN→0）

当加载到 150kN（0.25MPa）时，墙体发出的响声开始变大；

当加载到 180kN（0.3MPa）时，墙体左上区域的一块片石上出现了裂缝，见图 3-54；

图 3-54 W1 的第二处片石开裂

当加载到 250kN（0.417MPa）时，墙体发出一声很大的响声，伴随着较多的泥块掉落；

加载到 260kN（0.433MPa）时，由于千斤顶接近最大量程，试验终止并卸载。试验结束后，观察发现大量片石出现开裂，最终还有 22.13mm 的竖向残余变形。

2. W2 试验现象

（1）第一次试验

过程（1）（0→90kN→0）：当加载到 75kN（0.17MPa）时，墙体由于石头之间的挤压开始发出小的响声。卸载后墙体未发现有明显变化，有 1.13mm 的竖向残余变形。

过程（2）（0→180kN→0）：当加载到 180kN（0.40MPa）时，竖向砌缝表面贴着的石膏饼开始出现与缝隙走向一致的裂缝，表明石头之间的缝隙发生了横向的扩张。卸载后还有 3.61mm 的竖向残余变形。

过程（3）（0→270kN→0）：当加载到 210kN（0.47MPa）时，局部的小块片石被挤出；加载到 270kN（0.60MPa）时由于千斤顶接近最大量程，试验终止并卸载。试验结束后观察发现部分片石出现开裂，最终还有 6.31mm 的竖向残余变形。

（2）第二次试验（过程 4）

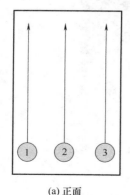
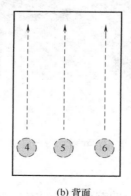

(a) 正面　　　　　　　　(b) 背面

图 3-55　探地雷达扫描路径

本次试验与第二次试验的墙体为同一片墙，但本次试验为了使用探地雷达检测墙体内部变化情况，在墙体表面涂抹了一层泥浆，因此未能观察墙体表面的变化。

探地雷达采用 OKO 手持式雷达，天线频率为 1700MHz。雷达行走路径为从下至上，共在前后两个平面设置了 6 条扫描路径，见图 3-55。分别对初始状态、承压 120kN、承压 300kN 和卸载后 4 个状态下的墙体进行了扫描，结果见图 3-56。

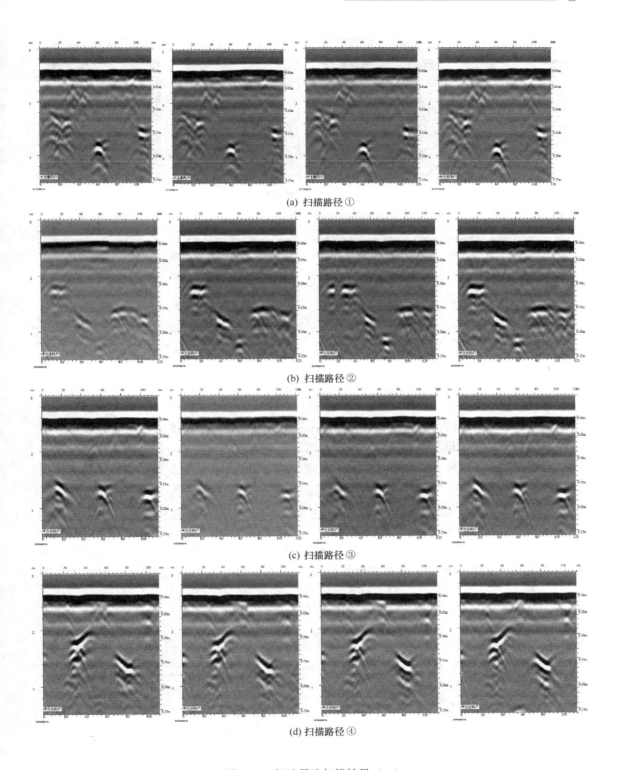

(a) 扫描路径 ①

(b) 扫描路径 ②

(c) 扫描路径 ③

(d) 扫描路径 ④

图 3-56　探地雷达扫描结果（一）

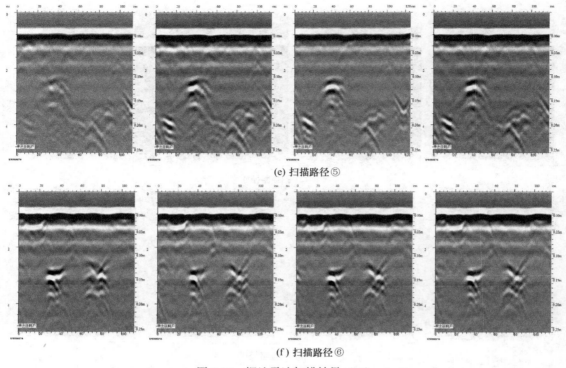

(e) 扫描路径⑤

(f) 扫描路径⑥

图 3-56　探地雷达扫描结果（二）

图 3-56 中的灰白明亮处表明内部存在不同介质的分层，按墙体的自身属性分析，即为内部的孔洞。从扫描结果来看，四次扫描的图像并没有明显变化，说明除了砌墙时造成的初始孔洞以外，墙体在试验过程中并未出现新的内部孔洞，再次验证了该墙体仍未达到极限状态。

3.5.3　试验结果

W1 与 W2 的实测垂直向受力-变形曲线见图 3-57。由曲线可以看出，同一道墙体在不同加载过程中，受力-变形曲线均近似于直线，且直线的斜率有增大的趋势，即墙体的刚

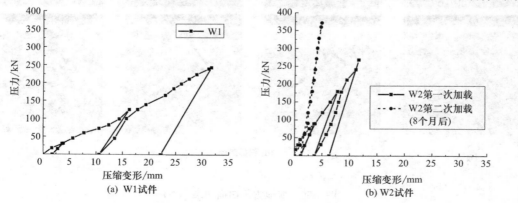

(a) W1试件　　　　　　　　(b) W2试件

图 3-57　墙体垂直向受力-变形曲线

度有所增大。每次加载过程中止后的墙体部分垂直向变形会恢复，表明加载过程中墙体的变形并不是完全塑性的。

　　将该相对位移（即压缩量）除以墙体的总高度，获得平均压应变；将压力值除以墙体的横截面积，获得平均压应力。对试验数据进行分阶段线性数值拟合，拟合效果较好，将直线的斜率视为该阶段应力相对于应变的线性增长率，该值实际上可视为每次加载过程所获得的弹性模量 E。结果见图 3-58、图 3-59 及表 3-10。

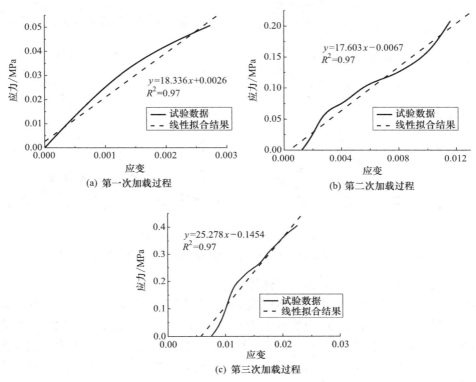

图 3-58　W1 分次加载应力-应变曲线和线性拟合结果

墙体不同加载过程的弹性模量 E（单位：MPa）　　　　　表 3-10

墙体	过程（1）	过程（2）	过程（3）	过程（4）
W1	18.34	17.60	25.28	—
W2	66.29	81.15	108.15	263.10

　　从试验结果可见，两道试验墙体的阶段线弹性模量分别在 $17.60 \sim 25.28$MPa 和 $66.29 \sim 263.10$MPa 之间，W1 的弹性模量小于 W2，该现象与 W2 更为规整紧密的外观表现是一致的。上述的阶段线弹性模量远低于《砌体结构设计规范》GB 50003—2011 对于毛石砌体弹性模量的规定值（$2250 \sim 7300$MPa）。该现象产生的原因为：墙体的变形主要由泥浆提供，藏式石砌体中含有较多具有高压缩性的泥浆，因此藏式石砌墙体比一般石砌体的变形能力更强，弹性模量更低。另外，试验墙体在多次加载过程中显示出弹性模量增大的趋势，这是由于在加载过程中，在泥浆压缩的同时，墙体被"压实"。两道试验墙体的结果也有较大差异，这是因为藏式石砌墙体的砌筑具有较大的随机性，两道墙体的泥

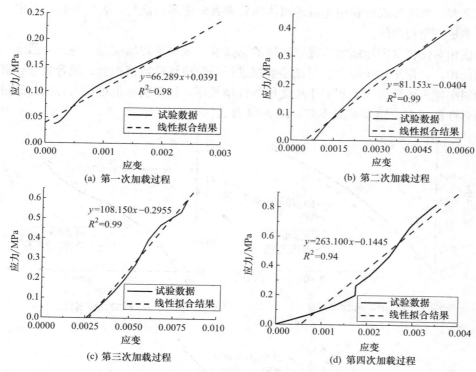

图 3-59　W2 分次加载应力-应变曲线和线性拟合结果

浆的厚度、均匀程度差异较大，造成了弹性模量的差异。

到中止加载、试验结束为止，墙体的应力-应变基本处于线性增长阶段。受加载设备限制，三次试验施加的最大压应力值分别为 0.41MPa、0.60MPa 和 0.83MPa，结合试验现象判断，墙体尚未达到极限状态。即 W1 和 W2 分别在承受平均压应力为 0.41MPa（线荷载 244kN/m）和 0.83MPa（线荷载 412kN/m）时，尚处于线弹性阶段。上述结果可作为墙体的抗压强度的下限参考值。

W1 的试验中测试了墙体边界在两个水平方向的位移变化，分别为墙体的长度方向（墙长 1.0m）和厚度方向（墙厚 0.6m）。墙体的相对侧面在加载过程中的位移变化见图 3-60。

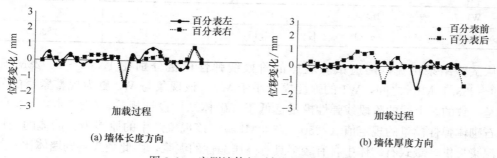

图 3-60　实测墙体相对侧面的位移变化

由图 3-60 可见，两个侧边的横向运动方向不一定一致，也不一定连续发展。产生这种现象的原因为：墙体内石头之间原本就存有较大空隙，有变形的空间，因此横向的膨胀和均质体有明显区别，膨胀主要是由于边界处的石头错动、移位产生的，因此该膨胀值很小。在水平方向的长方向（墙长 1.0m），最大的变化幅值约为 2mm，膨胀值为墙体长度的 2‰；在水平方向的短方向（墙厚 0.6m），卸载后的最终横向膨胀值为 5mm，膨胀值为墙体厚度的 8‰。该结果表明，由于墙体砌筑缝隙的存在，墙体由于受压产生的膨胀变形可以忽略不计。

3.6　小结

本章首先介绍了藏式墙体在自重和顶部竖向均布荷载作用下的应力状态，并对墙体收分构造特征和发生倾斜综合因素下的应力状态进行表征。然后分别对缩尺棱柱砌体、足尺棱柱砌体、试验室石墙、现场环境下的足尺墙体进行抗压试验，获得了抗压强度、弹性模量、破坏机理、破坏模式等性能，对藏式古建筑石砌体抗压静力性能研究有了更加直观和清晰的认知。

第 **4** 章
藏式古建筑石砌体基本单元受剪性能

砌体结构在使用周期中，除承压外，另一个重要功能是抵抗水平荷载；与大多数砌体结构相似，石砌体对于地震作用的抵抗能力较差，因此其抗剪性能很可能成为其承载能力的下限。砌缝的抗剪性能是研究石砌体抗震性能的基础。

（1）进行了石砌棱柱体砌缝抗剪试验，考虑了多种参数影响：不同压应力水平、砌缝不同饱满程度、土体材料性能劣化程度、泥浆层的湿度及砌缝干砌方式。

（2）将剪应力-位移曲线斜率变化规律作为界限判定依据，将试验全过程曲线在界限处分为三阶段，通过数据的标准化处理，建立了砌缝抗剪粘结-滑移本构统一模型。

（3）进行了多组大比例三石试件的抗剪试验，研究藏式石砌体的砌缝抗剪性能。基于两种理论模型分析了砌缝抗剪强度与整体抗剪强度的关系。

4.1 石砌棱柱体砌缝抗剪试验

藏式石砌墙体的实际受力状态较为复杂，不仅长期承受较大的竖向荷载，且提供主要水平方向刚度。影响石砌体抗剪性能的因素很多，本节主要通过石砌体砌缝抗剪试验，研究不同压应力大小、砌缝不同饱满程度、土体材料性能劣化程度、泥浆层的湿度、砌缝干砌形式等因素对砌缝抗剪性能的影响，观察试件的破坏特征，分析试验全过程的受力、变形行为并总结破坏机理，得出砌缝的抗剪强度和各个影响因素之间的关系。

4.1.1 试验设置

本部分设计了压应力水平、砌缝饱满程度、泥浆层土体材料性能劣化程度、泥浆层湿度及砌缝干砌形式 5 种工况下共 12 组 36 个试件，每种工况下各组分编号分别为 SC0～SC4，SM2，SM3，SH，SO2，SN2，SX1、SX2。其中 SC0～SC4 表示同等条件下压应力水平从 0 等差增大到 1.0MPa 的试件，SM2、SM3 分别表示同等条件下砌缝饱满程度为 80%、65% 的试件，SH、SO2 分别表示同等条件下材料性能为夯土墙土和已风化土的试件，SN2 表示同等条件下试件泥浆含水率为 2% 的试件，SX1、SX2 分别表示同等条件下采用西藏黄土和已风化土的干砌试件。如表 4-1～表 4-5 所示。

压应力不同的工况　　　　　　　　　　　　　　　表 4-1

试验组	压应力	试件个数	编号	土体类别	砌缝饱满程度
1	0	3	SC0-1 SC0-2 SC0-3	西藏黄土	95％
2	0.25MPa	3	SC1-1 SC1-2 SC1-3	西藏黄土	95％
3	0.50MPa	3	SC2-1 SC2-2 SC2-3	西藏黄土	95％
4	0.75MPa	3	SC3-1 SC3-2 SC3-3	西藏黄土	95％
5	1.00MPa	3	SC4-1 SC4-2 SC4-3	西藏黄土	95％

砌缝的饱满程度不同的工况　　　　　　　　　　　表 4-2

试验组	压应力	试件个数	编号	土体类别	砌缝饱满程度
3	0.50MPa	3	SC2-1 SC2-2 SC2-3	西藏黄土	95％
6	0.50MPa	3	SM2-1 SM2-2 SM2-3	西藏黄土	80％
7	0.50MPa	3	SM3-1 SM3-2 SM3-3	西藏黄土	65％

泥浆层土体材料性能劣化程度不同的工况　　　　　表 4-3

试验组	压应力	试件个数	编号	土体类别	砌缝饱满程度
3	0.50MPa	3	SC2-1 SC2-2 SC2-3	西藏黄土	95％
8	0.50MPa	3	SH-1 SH-2 SH-3	夯土墙土	95％
9	0.50MPa	3	SO2-1 SO2-2 SO2-3	已风化土	95％

泥浆湿度不同的工况　　　　　　　　　　　　　　表 4-4

试验组	压应力	试件个数	编号	土体类别	砌缝饱满程度	喷洒水
3	0.50MPa	3	SC2-1 SC2-2 SC2-3	西藏黄土	95％	否
10	0.50MPa	3	SN2-1 SN2-2 SN2-3	西藏黄土	95％	是

砌缝干砌组 表 4-5

试验组	压应力	试件个数	编号	土体类别	砌缝饱满程度	砌筑方式
3	0.50MPa	3	SC2-1 SC2-2 SC2-3	西藏黄土	95%	普通砌筑
11	0.50MPa	3	SX1-1 SX1-2 SX1-3	西藏黄土	95%	干砌
9	0.50MPa	3	SO2-1 SO2-2 SO2-3	已风化土	95%	普通砌筑
12	0.50MPa	3	SX2-1 SX2-2 SX2-3	已风化土	95%	干砌

石砌体砌缝抗剪试验所用设备为 WAW-200 万能压力机，该压力机量程为200kN，试验台空间充足，满足本试验需求。石砌体砌缝抗剪试验需在试件两侧的石块表面处施加一定水平的压应力，使试件处于剪压复合状态，在此设计了一种夹具装置以提供压应力，该装置提供的压应力在整个试验过程中都能得到测量。夹具装置的左边有两块平行放置的250mm×250mm×20mm 的 Q235 材质钢板，两块钢板之间放有一个膜盒式压力传感器，右边设有一块同尺寸的钢板，三块钢板在四个角部打 20mm 圆孔。圆孔穿过四根 45 号碳素钢 M20 螺杆以连接三块钢板，通过拧紧装置右端螺母可以给试件施加压应力，如图 4-1 所示。

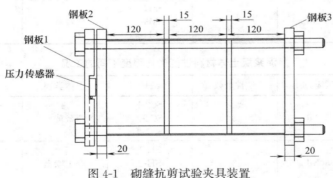

图 4-1 砌缝抗剪试验夹具装置

加载制度：石砌体的砌缝由泥浆层与石块粘结而成，抗剪强度较小，加载速率不能过快，全程采用 2mm/min 速度的位移控制加载，直至试件发生破坏，压力机加载会自动停止。

4.1.2 石砌体砌缝抗剪试验结果

先将石砌体三石试件放在压力机承台上，调准其方向、位置，使压力机作动器置于中间石块顶部中央，两侧的石块底部放置在钢板支座上。手动操作使压力机作动器下移至与中间石块顶部接近，而后压力机连接的计算机终端 Max Test 按照预设的加载制度进行设置加载，如图 4-2 所示。

图 4-2　石砌体砌缝抗剪试验图

试验现象：随着压力机启动加载，其作动器以较为缓慢的速率下移，逐渐与中间石块顶部接触，计算机端开始显示荷载-位移曲线。

（1）无压应力的 SC0 组试件，随着作动器下移与中间石块顶部接触，剪切荷载逐渐增大，试件沿泥浆与石块接触界面发生相互错动，中间石块被压落，两道砌缝处的泥浆没有破裂，而在泥浆与石块接触界面处发生整体滑移破坏，且滑移面明显，呈现典型的脆性破坏特征。

（2）施加压应力的试件，压应力的存在使砌缝处于剪-压复合状态，在压力机作动器与中间石块顶部接触后，剪切荷载从零逐渐增大。首先出现的现象是砌缝处泥土由于加载受到扰动有少许"土皮"掉落，中间石块产生向下的缓慢位移，这一过程荷载增大比较迅速。

随着荷载继续增大，砌缝开始有细微裂缝产生，且裂缝不断扩展，宽度和长度变大，裂缝数目也增多，掉落的泥土量增大，期间伴随着轻微的泥土开裂声和掉落声。该过程荷载增加较上一过程变缓，而中间石块向下的位移增大较快。

当剪切荷载达到荷载-位移曲线最高点后，观察到砌缝在泥浆层与中间石块界面处裂缝贯通，两道砌缝基本同时发生相互错动，中间石块与两侧石块在上下两端有明显的位移差，且露出的泥浆层表面能观察到清晰的滑移擦痕，滑移面出现泥浆层与中间石块接触的界面，另外泥浆层在局部区域变成碎裂小块。该过程中，荷载开始从最高点下降，极个别试件也会保持水平不下降，而位移不断增大至加载自动结束，试验停止，如图 4-3 所示。

砌缝抗剪破坏机理：砌缝抗剪性能主要通过各组试件在剪切荷载作用下的剪应力-剪切位移曲线来体现，即可以根据砌缝抗剪试验的剪应力-剪切位移曲线分析其在承受剪切荷载过程中的受力与变形能力。石砌体砌缝抗剪试验破坏过程呈现出明显的粘结滑移特征，将整个过程划分为三个阶段：近弹性阶段、砌缝开裂阶段、滑移耗能阶段。

第一阶段：近弹性阶段。该阶段为加载初始至砌缝处出现开裂，剪应力-位移曲线斜率较大，剪应力增长迅速而剪切位移增长缓慢，砌缝主要由泥浆层与石块接触界面间的摩擦力和泥浆的粘结力抵抗剪切荷载，其中泥浆的粘结力包括泥浆石块界面的粘结和泥浆层土体颗粒之间的粘结。

第二阶段：开裂阶段。砌缝的开裂主要包括砌缝处石块与泥浆接触界面出现开裂和泥浆层土体颗粒之间分离开裂，两方面的开裂贯穿整个开裂阶段，直至裂缝不断发展至界面处贯通发生滑移。本阶段相对上一阶段，剪应力-位移曲线斜率逐渐变小，剪应力增长变

(a) 试验过程

(b) 砌缝处开裂贯通、界面滑移

图 4-3　试验过程中试件形态

缓而剪切位移增长迅速，抵抗剪切荷载的力主要是泥浆层与石块接触界面间的摩擦力和泥浆的粘结力，当发生滑移时粘结力就消失了；剪切位移主要由两方面组成，中间石块自身产生向下为主的位移和泥浆层与石块接触界面局部开裂分离向下产生的位移，这两方面位移也贯穿下一个阶段。

第三阶段：滑移耗能阶段。该阶段为滑移阶段，剪应力-位移曲线的位移增加迅速，剪应力并非急剧退化，而是缓慢下降，体现出石砌体砌缝滑移阶段的耗能能力，且在一定程度上压应力越大，滑移出现越晚，该阶段抵抗剪切荷载的只有泥浆层和石块接触界面处的摩擦力。

4.1.3　砌缝抗剪强度及影响因素

通过砌缝抗剪试验的破坏机理分析，以位移增加速率最大时的剪切荷载（即操控软件 Max Test 显示的荷载-位移曲线峰值处荷载）作为砌缝抗剪的极限承载力，除以两道砌缝的实际剪切面积之和得到砌缝抗剪强度。试验获得的砌缝抗剪强度如表 4-6 所示，各工况下的剪应力-位移曲线及砌缝抗剪强度与各因素关系曲线见图 4-4～图 4-9。

（1）不同压应力水平

将不同压应力水平组砌缝抗剪试验的三个试件剪应力-位移曲线和对应的压应力-位移曲线通过均值计算（已舍去的曲线不计），其余组试验的剪应力-位移曲线处理方法相同，分析砌缝抗剪强度和压应力的关系，如图 4-4 所示。

砌缝抗剪强度试验结果　　　　　　　　　　　表 4-6

试件编号	P_u/kN	$f_{v,si}$/MPa	$f_{v,st}$/MPa	试件编号	P_u/kN	$f_{v,si}$/MPa	$f_{v,st}$/MPa
SC0-1	0.650	0.015		SM3-1	13.573	0.427	
SC0-2	0.775	0.016	0.016	SM3-2	13.314	0.421	0.423
SC0-3	1.200	0.026		SM3-3	13.916	0.422	
SC1-1	25.505	0.543		SH1-1	20.595	0.417	
SC1-2	23.110	0.481	0.494	SH1-2	18.184	0.435	0.443
SC1-3	21.819	0.456		SH1-3	22.907	0.477	
SC2-1	31.809	0.643		SO2-1	21.440	0.431	
SC2-2	31.904	0.610	0.644	SO2-2	15.515	0.319	0.341
SC2-3	32.297	0.679		SO2-3	16.145	0.362	
SC3-1	33.477	0.712		SN2-1	14.839	0.331	
SC3-2	32.428	0.680	0.680	SN2-2	12.906	0.276	0.294
SC3-3	32.647	0.739		SN2-3	13.679	0.274	
SC4-1	33.477	0.743		SX1-1	6.107	0.139	
SC4-2	32.428	0.744	0.739	SX1-2	6.802	0.155	0.145
SC4-3	33.690	0.730		SX1-3	6.255	0.142	
SM2-1	23.515	0.556		SX2-1	5.876	0.134	
SM2-2	18.101	0.491	0.499	SX2-2	5.531	0.126	0.127
SM2-3	17.666	0.450		SX2-3	5.376	0.122	

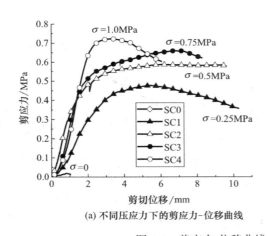

(a) 不同压应力下的剪应力-位移曲线

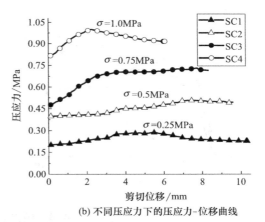

(b) 不同压应力下的压应力-位移曲线

图 4-4　剪应力-位移曲线与压应力-位移曲线的关系

　　分析图 4-4，压应力作为影响砌缝剪应力的主要因素之一，随着压应力的增大，剪应力也增大，且二者的变化趋势基本一致，剪应力在压应力最大时达到峰值，即为抗剪强度。

　　砌体在剪压复合状态下的破坏形态大致分为三种：剪摩破坏、剪压破坏、斜压破坏。砌体所受的压应力与剪应力比值较小时，发生剪摩破坏，粘结材料与块材间的粘结强度不能满足抗剪强度而发生剪切滑移破坏，砌体的抗剪强度随着压应力的增大而增大。剪压破坏是因为砌体单元所受的主拉应力大于砌体的抗拉强度而导致的，一般砌体剪压复合试验中常出现的阶梯形斜裂缝就属于剪压破坏，砌体抗剪强度随着压应力的增大而趋于平稳。斜压破坏具有受压破坏的性质，砌体的抗剪强度随着竖向压应力的增大而降低。根据试验过程中观察到的现象，剪切荷载对石块基本没有影响，主要引起砌缝处的开裂、剪切滑移

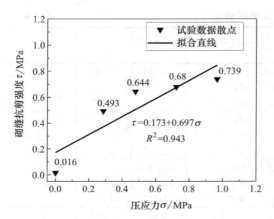

图 4-5   不同压应力组各试件抗剪
强度试验结果和回归曲线

破坏，石砌体砌缝抗剪试验属于剪摩破坏形式。双剪砌缝试验一般采用库仑破坏理论来计算砌缝的抗剪强度，库仑理论表达式的基本形式为 $\tau = c + \mu\sigma$，其中 c 为粘结强度，σ 为砌缝抗剪所受到的压应力，μ 为砌缝与石块之间的摩擦系数，从表达式中可以看出砌缝抗剪强度由粘结强度和摩擦强度两个方面组成。根据不同压应力水平下的石砌体砌缝抗剪强度和图 4-4 中应力峰值点对应的压应力，即达到砌缝受剪极限承载能力时的压应力实际值，通过回归分析的方法求解表达式中的 c 和 μ，如图 4-5 所示。

通过图 4-5 回归分析得到 $c = 0.173$，$\mu = 0.697$，相关系数为 0.943，c 值较小表明泥浆提供的粘结强度较小，库仑理论公式为：

$$\tau_1 = 0.173 + 0.697\sigma \tag{4-1}$$

（2）砌缝不同饱满程度

砌缝抗剪强度和砌缝饱满程度间关系如图 4-6 所示。

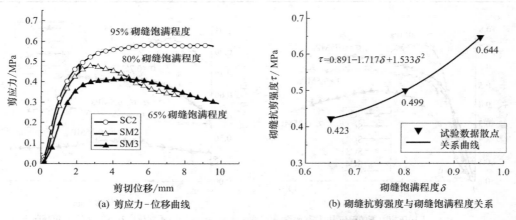

(a) 剪应力-位移曲线   (b) 砌缝抗剪强度与砌缝饱满程度关系

图 4-6   砌缝饱满程度对砌缝抗剪强度影响

由图 4-6 得到砌缝抗剪强度与砌缝饱满程度 δ 之间的关系为：

$$\tau_2 = 0.891 - 1.717\delta + 1.533\delta^2 \tag{4-2}$$

（3）土体材料性能劣化程度

砌缝抗剪强度和土体材料性能间关系如图 4-7 所示。

由图 4-7 得到砌缝抗剪强度与土体抗压强度 λ 之间的关系为：

$$\tau_3 = 0.265 + 0.133\lambda \tag{4-3}$$

（4）泥浆层湿度

砌缝抗剪强度与泥浆层湿度的关系曲线如图 4-8 所示。

由图 4-8 得到砌缝抗剪强度与泥浆层湿度 χ 之间的关系为：

$$\tau_4 = 0.930 - 31.8\chi \tag{4-4}$$

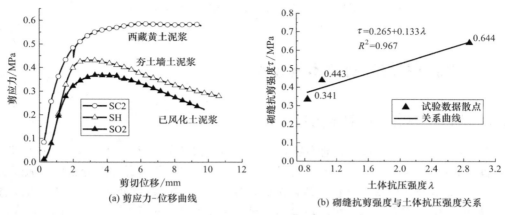

图 4-7　泥浆层土体材料性能劣化对砌缝抗剪强度影响

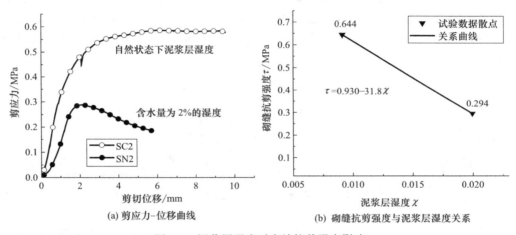

图 4-8　泥浆层湿度对砌缝抗剪强度影响

（5）砌缝干砌

f 为泥浆对应土体材料的抗压强度，可通过线性回归的方法得到砌缝抗剪强度相关的变量 τ/f 与泥浆制备时含水率 η 的关系曲线图，如图 4-9 所示。

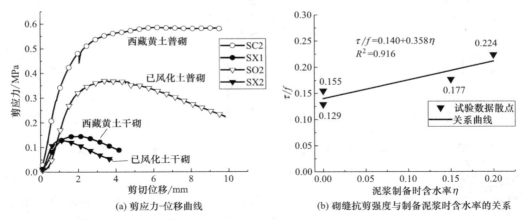

图 4-9　砌缝方式对砌缝抗剪强度的影响

由图 4-9 得到砌缝抗剪强度与泥浆制备时含水率 η 之间的关系为：

$$\tau_5/f=0.140+0.358\eta \tag{4-5}$$

4.2 砌缝抗剪粘结-滑移本构模型

4.2.1 砌缝抗剪三阶段界限判定

根据砌缝抗剪试验的破坏机理分析，将整个试验过程划分为三个阶段：近弹性阶段、开裂阶段和滑移耗能阶段，其中开裂阶段和滑移耗能阶段的界限是砌缝处石块与泥浆层的接触界面裂缝贯通开始发生滑移。结合试验现象，在滑移起始点处剪应力-位移曲线剪应力到达峰值，位移增大速率最快，观察到中间石块开始迅速向下滑移，石块顶部和底部露出的泥浆层表面有明显的擦痕。而近弹性阶段和开裂阶段的界限在剪应力-位移曲线上却无法精准判定，若建立砌缝抗剪粘结-滑移的本构模型需对三个阶段的界限定量判定。斜率是反映一条曲线变化的重要特征值，求得各个试件剪应力-位移曲线的各点切线斜率曲线，如图 4-10 所示。

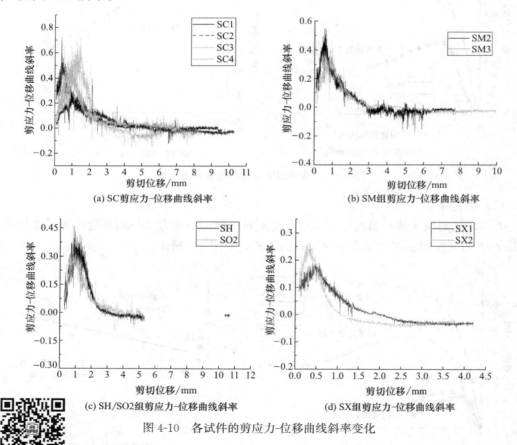

(a) SC剪应力-位移曲线斜率

(b) SM组剪应力-位移曲线斜率

(c) SH/SO2组剪应力-位移曲线斜率

(d) SX组剪应力-位移曲线斜率

图 4-10 各试件的剪应力-位移曲线斜率变化

扫码看彩图

从图 4-10 可知，砌缝抗剪试验各个试件的剪应力-位移曲线斜率变化具有明显的规律性，先是单调增加到达峰值，对应的剪切位移在 0.5～

1.5mm 之间，不同试验组的斜率峰值不同，不同压应力水平 SC 组的斜率峰值在 0.5~0.6 范围内，砌缝不同饱满程度 SM 组的斜率峰值在 0.35~0.5 范围内，土体材料性能劣化程度 SH/SO2 组的斜率峰值在 0.3~0.4 范围内，砌缝干砌 SX 组的斜率峰值在 0.15~0.25 范围内，泥浆层湿度组 SN2 的斜率峰值在 0.3~0.4 范围内。而后剪应力-位移曲线的斜率开始从峰值处单调下降，越过斜率为零的水平线，进入小于零的范围且在零以下变化较为平缓。剪应力-位移曲线斜率图中出现的一些"毛刺"则表明斜率在一些位置发生了突变，这也与剪应力-位移曲线在某些位置发生小范围内的波动有很好的对应关系，不影响斜率曲线的整体变化趋势。以 SN2 组试件为例具体分析砌缝抗剪试验三个阶段界限的判定，如图 4-11 所示。

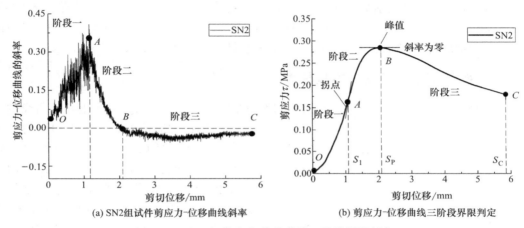

(a) SN2组试件剪应力-位移曲线斜率　　(b) 剪应力-位移曲线三阶段界限判定

图 4-11　SN2 组剪应力-位移曲线三阶段界限判定

在图 4-11 上，第一阶段与第二阶段的划分依据是剪应力-位移曲线斜率是否达到峰值并开始下降，对应的斜率曲线峰值 A 点定义为第一阶段和第二阶段的界限，在剪应力-位移曲线图上 A 点为一个拐点，剪应力-位移曲线在该点处从凹向上变为凸向上，结合破坏机理分析，第一阶段内的位移增加缓慢且曲线过（0，0），剪应力增加迅速，A 点的位移值定义为 S_1。

第二阶段与第三阶段的划分依据是剪应力-位移曲线斜率的正负，其界限对应斜率曲线上的 B 点，在 B 点处曲线斜率为零；在剪应力-位移曲线上，B 点为峰值点，剪应力达到最大，位移增大的速率最快，试验时能明显观察到中间石块开始发生滑移，B 点的位移值定义为 S_P。

第三阶段为滑移耗能阶段，斜率曲线进入负值范围内且变化平稳，剪应力-位移曲线开始从峰值点 B 缓慢倾斜下降，将该阶段的末尾点 C 定义为第三阶段终点，对应的位移值为 S_C。

4.2.2　剪应力-位移曲线标准化处理

根据前文已得到砌缝抗剪试验的剪应力-位移曲线三阶段界限判定的标准，现将五个试验组各个试件剪应力-位移曲线的拐点和峰值点分别在界限（S_1，τ_1）、（S_P，τ_P）处统一定点叠放。为实现三阶段数据对应的曲线能够在界限处统一叠放，对数据进行标准化处理，分成如下两步进行。

第一步：数据的归一化处理，将各组试验各个试件的剪应力-位移曲线点的横、纵坐标分别除以峰值剪应力和与其对应的位移，即用曲线上各点的纵坐标除以峰值剪应力（$y_i = \tau/\tau_{MAXi}$）、横坐标除以峰值剪应力对应的位移 S_{Pi}（$x_i = S/S_{Pi}$），i 为一种变量各组试验的曲线数。通过对剪应力-位移曲线的归一化处理，能够降低数据的部分离散性和试验过程中存在的偶然误差，统一曲线第二阶段和第三阶段的界限，这是因为曲线的峰值点正是第二阶段和第三阶段划分的界限，叠放点 B 的坐标为（1，1）。

第二步：分阶段将归一化后的剪应力-位移曲线进行横纵坐标的拉伸及平移变换。首先将第一阶段的曲线拐点叠放到 A，A 点的坐标为各组剪应力-位移曲线拐点（S_1，τ_1）对应的归一化后横、纵坐标均值数对（x_{1M}，y_{1M}），再将第二阶段曲线的拐点和峰值点分别叠放到 A 点和 B 点，B 点坐标为（1，1）。最后，第三阶段数据的处理方法同第二阶段，C 点的坐标为各组剪应力-位移曲线末尾点对应的归一化后横、纵坐标均值数对（x_{CM}，y_{CM}）。

4.2.3 砌缝粘结-滑移统一本构模型

在完成五组剪应力-位移曲线标准化处理基础上，再将五组试验标准化后的曲线进行

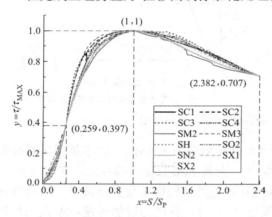

图 4-12 标准化的剪应力-位移曲线

扫码看彩图

统一，即将砌缝抗剪试验各组相同的三个试件（已舍去的试件不计，SC0 组试验破坏机理和其余组不同，亦不计入）取均值后得到的剪应力-位移曲线进行标准化处理，如图 4-12 所示，其中拐点坐标为（0.259，0.397），末尾点坐标为（2.382，0.707）。下面在分析曲线特点的基础上，对曲线分三个阶段进行解析，以得到各阶段描述剪应力与剪切位移之间关系的表达式。

图 4-12 中所有曲线具有以下几个方面的特点：

（1）一直连续，从起点出发依次通过三个定点；

（2）第一阶段从（0，0）出发凹向上单调增加，到达拐点（0.259，0.397）处与第二阶段曲线有公共切线；

（3）第二阶段从拐点（0.259，0.397）出发凸向上单调增大，$\dfrac{dy}{dx} > 0$，而曲线的斜率逐渐减小，$\dfrac{d^2y}{d^2x} < 0$，且到达（1，1）时斜率为 0，即 $\left.\dfrac{dy}{dx}\right|_{x=1} = 0$；

（4）第三阶段曲线基本接近线性，逐渐下降，在末尾点（2.382，0.707）结束。

1）第二阶段表达式求解

根据图 4-12 中第二阶段曲线的特点，采用 CEB/FIP 公式，如式（4-6）所示。

$$y = \frac{Nx - x^2}{1 + (N-2)x} \tag{4-6}$$

式中，$x=\varepsilon/\varepsilon_c$，$\varepsilon$ 为混凝土单轴受压的应变，ε_c 为混凝土抗压强度对应的峰值应变；

　　　　$y=\sigma/f_c$，σ 为混凝土单轴受压的应力，f_c 为混凝土抗压强度；

　　　　N——混凝土抗压试验相关的参数。

由于二者的曲线特征一致，可通过坐标变换将图 4-12 中第二阶段曲线置于 （0，0）～（1，1）范围内，得到：

$$\begin{cases} x^* = [1/(1-0.259)]x - 0.3495 = 1.3495x - 0.3495 \\ y^* = [1/(1-0.397)]y - 0.6584 = 1.6584y - 0.6584 \end{cases} \tag{4-7}$$

式中，x^* 和 y^* 满足式（4-1），$x=S/S_P$，$y=\tau/\tau_{MAX}$，则图 4-12 中第二阶段曲线满足：

$$1.6584y - 0.6584 = \frac{\gamma(1.3495x - 0.3495) - (1.3495x - 0.3495)^2}{1 + (\gamma - 2)(1.3495x - 0.3495)} \tag{4-8}$$

式中，γ 为大于 1 的参数，与试验有关，显然该式曲线通过拐点 （0.259，0.397）和峰值点 （1，1）。当 x 在 （0.259，1）区间时，表达式的一阶导数满足 $\dfrac{dy}{dx}>0$，表达式的二阶导数满足：$\dfrac{d^2 y}{d^2 x}<0$，且表达式的一阶导数在 $x=1$ 处满足：

$$\left.\frac{dy}{dx}\right|_{x=1} = \frac{1.3495}{1.6584} \times \frac{(\gamma-2)(\gamma-1) - (\gamma-1)(\gamma-2)}{(\gamma-1)^2} = 0 \tag{4-9}$$

在数据分析与处理软件 Origin 中输入第二阶段曲线散点的数据并自定义式（4-8）函数，将 γ 作为未知参数进行拟合，如图 4-13 所示，拟合得出的 γ 值为 3.721，$R^2 = 0.995$，拟合效果较好。

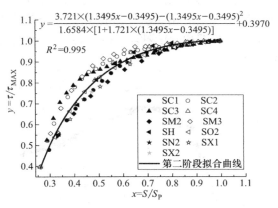

图 4-13　第二阶段曲线拟合

故可得第二阶段曲线的表达式：

$$y = \frac{3.721 \times (1.3495x - 0.3495) - (1.3495x - 0.3495)^2}{1.6584 \times [1 + 1.721 \times (1.3495x - 0.3495)]} + 0.3970 \tag{4-10}$$

2）第一阶段表达式求解

由于第一阶段的曲线过 （0，0）且与第二阶段曲线在拐点 （0.259，0.397）处相切，将表达式定为 $y=Ax^2+Bx$，可通过一个拐点坐标和拐点处斜率 3.0279 求得 A、B，表达式为：

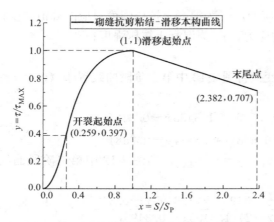

图 4-14　砌缝抗剪粘结-滑移本构统一模型

$$y = 5.773x^2 + 0.0377x \qquad (4-11)$$

3) 第三阶段表达式求解

对于第三阶段曲线，根据前文斜率-位移曲线分析，其基本接近斜向下直线下降，可表示为 $y = Cx + D$，直接取峰值点（1，1）和末尾点（2.382，0.707），得到其表达式为：

$$y = -0.212x + 1.212 \qquad (4-12)$$

综上所述，砌缝抗剪粘结-滑移本构统一模型的表达式见式（4-13），模型的曲线如图 4-14 所示，（0.259，0.397）为砌缝开裂起始点，（1，1）为砌缝的滑移起始点。

$$y = \begin{cases} 5.773x^2 + 0.0377x, & 0 \leqslant x < 0.259 \\ \dfrac{3.721 \times (1.3495x - 0.3495) - (1.3495x - 0.3495)^2}{1.6584 \times [1 + 1.721 \times (1.3495x - 0.3495)]} + 0.3970, & 0.259 \leqslant x < 1 \\ -0.212x + 1.212, & 1 \leqslant x \leqslant 2.382 \end{cases}$$

$$(4-13)$$

4.2.4　粘结-滑移本构统一模型与试验对比

本节建立的砌缝抗剪粘结-滑移本构统一模型和试验得到的剪应力-位移曲线标准化散点图对比如图 4-15 所示，图中可以看出试验结果散点在三个阶段都基本分布在砌缝抗剪粘结-滑移本构统一模型上下，说明建立的粘结-滑移本构统一模型能较好地反映砌缝抗剪试验过程中的粘结-滑移特性。

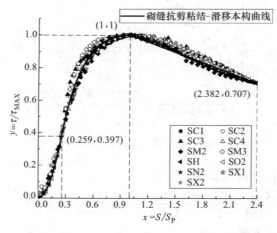

图 4-15　砌缝抗剪粘结-滑移本构统一模型和试验曲线对比

砌缝抗剪粘结-滑移本构统一模型过（1，1）点，S_P 已与试验一致，另外还要比较模型中的关键控制参数 τ_{MAX} 试验值与理论值之间的误差，如表 4-7 所示，其中 τ_{MAX} 为砌缝抗剪试验剪应力-位移曲线的峰值剪应力，τ_{MAX} 的理论值计算公式前文已给出（砌缝抗剪强度与各影响因素之间的关系曲线）。

τ_{MAX} 试验值与理论值对比　　　　　　　　　　　　　　表 4-7

试件	试验值 τ_{MAX}/MPa	理论值 τ_{MAX}/MPa	误差
SC1	0.494	0.347	29.8%
SC2	0.644	0.522	18.9%
SC3	0.680	0.696	−2.4%
SC4	0.739	0.870	−17.7%
SM2	0.499	0.511	−2.4%
SM3	0.423	0.420	0.7%
SH	0.443	0.402	9.3%
SO2	0.341	0.377	−10.6%
SN2	0.294	0.294	0.0%
SX1	0.145	0.169	−16.6%
SX2	0.127	0.118	7.1%

注：表中误差以试验值为基准取百分比。

由表 4-7 中数据对比可知，除 SC1 外，τ_{MAX} 理论值相对试验值误差都在 20% 以内，SC 组误差较大的原因是该组砌缝抗剪强度散点与线性拟合得到的砌缝抗剪强度关系曲线偏离较大。为减小 SC 组理论值与试验值之间的误差，对不同压应力 SC 组砌缝抗剪强度关系曲线进行修正，如图 4-16 所示。

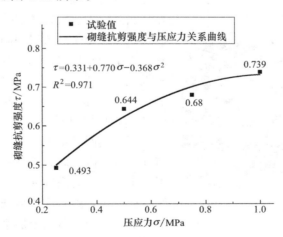

图 4-16　不同压应力组砌缝抗剪强度关系曲线修正

修正后的不同压应力组砌缝抗剪强度关系曲线的表达式为：
$$\tau = 0.331 + 0.770\sigma - 0.368\sigma^2 \tag{4-14}$$

由式（4-14）计算的不同压应力组 τ_{MAX} 理论值分别为：0.501MPa、0.624MPa、0.702MPa、0.733MPa，相对试验值的误差分别为 1.3%、3.1%、3.2%、0.8%，修正后的 SC 组 τ_{MAX} 理论值与试验值的误差均在 10% 以内。

4.3 大比例三石试件砌缝抗剪试验

4.3.1 试验设置

藏式古建筑石砌体的典型砌筑方式为块石和片石交替分布,其中块石一般为花岗岩毛石,砌筑时石匠用石工锤等工具简单处理,制作成近似的六面体,短边长度一般不小于0.2m,长边长度0.2~0.5m不等,重量基本以一人能背运的重量为限。为方便加载,并保证试件一致性条件,本次试验所用的石块均为机器切割花岗岩,尺寸统一为400mm×200mm×150mm。为了模拟手开毛石的粗糙面,对石块上下表面进行了凿毛处理,处理后采用塞尺对粗糙度进行了测量,最大不平整度约为2.0mm。需要说明的是,当摩擦力成为影响抗剪强度的主要因素时,界面的粗糙程度将成为决定性因素;藏式石砌体采用的毛石千差万别,本试验显然不能代表所有的藏式石砌体。但是,为了得到具有足够规律性和可应用性的研究成果,本次试验对石块表面进行了统一的凿毛处理,处理后的石块表面粗糙程度与西藏地区某文物建筑在日常修理中所用的砌筑用毛石块大致相仿,可以作为一种典型的砌筑工况,即使并不是普适性的。

共进行了4组总计13个试件的双剪试验,主要区别在于垂向压应力不同,以及砌缝

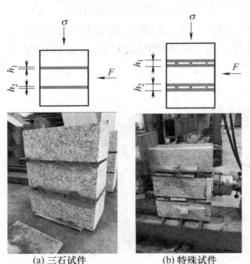

(a) 三石试件   (b) 特殊试件

图 4-17 试件示意图和典型照片

形态不同,试件示意图和典型照片见图4-17,试件参数及主要结果汇总见表4-8。本次试验中主要以三石试件为主,是因为该试件只包含两道水平泥浆砌缝,试验结果清晰直观。三石试件的制作方法为:先放置好底层块石,在其上满铺一层泥浆,手工整平后放置中间石块,然后以同样方式完成中间石块之上的泥浆层和顶端块石。在第一批试验完成发现试件破坏模式为界面滑移后,制作了2个特殊试件(表4-8中的S1.0-4S和S1.5-4S试件)模拟藏式石砌体带有片石层的分布特征,其两道水平砌缝可视为中间夹有片石的特殊砌缝,砌筑时先满铺一层泥浆,然后将多块形状不一的片石满铺在第一道水平砌缝上,再满铺一层泥浆,然后放置特殊砌缝上层的块石。砌缝处的泥浆由西藏黄土加水搅拌制作而成,制作方法参考典型的藏族工匠砌墙工艺。黏土泥浆的配合比(水质量∶土质量)为15%。

试验参数及主要结果汇总   表 4-8

试件	h_1/mm	h_2/mm	σ/MPa	试验值 $f_{v,i}$/MPa	计算值 $f_{v,计算}$/MPa	试验值/计算值	试验值−计算值/MPa	Δ_{cr}/mm
S0-1	13	14	0	≈0	≈0	1.00	—	4.5
S0-2	14	14	0	≈0	≈0	1.00	—	4.7

试件	h_1 /mm	h_2 /mm	σ /MPa	试验值 $f_{v,i}$/MPa	计算值 $f_{v,计算}$/MPa	试验值/ 计算值	试验值一计算值/MPa	Δ_{cr} /mm
S0.5-1	15	15	0.5	0.28	0.28	0.98	0.00	9.9
S0.5-2	13	12	0.5	0.35	0.28	1.23	0.07	12.8
S0.5-3	13	13	0.5	0.33	0.28	1.16	0.05	12.0
S1.0-1	15	15	1.0	0.53	0.52	1.01	0.01	11.8
S1.0-2	15	15	1.0	0.57	0.52	1.09	0.05	13.4
S1.0-3	11	11	1.0	0.43	0.52	0.82	—0.09	8.7
S1.5-1	15	20	1.5	0.74	0.76	0.97	—0.02	13.9
S1.5-2	11	13	1.5	0.84	0.76	1.10	0.08	—
S1.5-3	14	14	1.5	0.73	0.76	0.96	—0.03	11.6
S1.0-4S	42	44	1.0	0.59	0.52	1.13	0.07	7.9
S1.5-4S	38	43	1.5	0.69	0.76	0.90	—0.07	12.0

注：S10试件试验中有整体移位，未能采集到中间石块的有效位移数据。

为了减小弯曲应力的影响，并避免翻动重量较大的石块损坏设备，试验采用平推双剪的加载方式。上下两块石材的侧面通过反力架顶紧，中间石材的一侧受推。为减小加载过程中上下压板摩擦力对理想剪切试验边界条件的不利影响，在试件的上下压板上各安装一套滚轴滑板。加载时试件中心和加载的千斤顶中心对齐，同时保证上下钢压板与试件紧密接触，避免偏心受压。

压力荷载由竖向液压千斤顶一次性加载完毕。水平荷载通过液压千斤顶进行加载，采用连续加荷方法，缓慢加载并减小冲击。采用百分表对中间受推石块的水平位移以及整体试件的压缩进行采集。

共进行了4组不同压应力工况的双剪试验，无压应力组包括2个试件，其他组至少包括3个试件的试验，压应力 σ 分别为0、0.5MPa、1.0MPa和1.5MPa。试验装置图见图4-18。

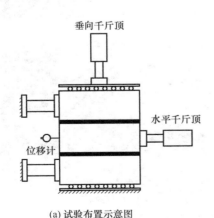

(a) 试验布置示意图

(b) 试验装置照片

图4-18　试验装置图

4.3.2 试验现象

水平荷载开始施加后，无压应力的试件几乎立即发生了中间石块的滑移，两道水平砌缝的顶面与中间石块的水平面分离，形成滑移面。有压应力的试件，在水平荷载逐渐增大的过程中，首先是砌缝由于受到扰动而有部分土体掉落；然后受推的中间石块会发生细微和缓慢的位移，在此过程中砌缝并无剧烈的现象和变化；当水平荷载达到某一量值时，中间的石块的水平运动迅速加快，两道水平砌缝和中间石块的交界面基本同时发生分离，形成清晰可见的滑移表面，该水平荷载的量值即为砌缝抗剪的极限承载力。所有有压应力试件的两道滑移表面均出现在砌缝的顶面。砌缝抗剪的极限承载力随着压应力的提高而增大，该规律与其他学者的试验结果一致。

藏式石砌体结构特征的特殊砌缝试件（S1.0-4S 和 S1.5-4S）试验中的破坏现象以及剪切应力-位移曲线与普通试件并无显著区别，同样为砌缝顶面形成滑移面，特殊砌缝中的片石有肉眼可见的轻微移位，表明特殊砌缝由于厚度较大，自身的水平方向变形更大。特殊砌缝试件的极限剪切应力与相同压应力的普通试件较为接近。上述情况说明，从工程应用的角度可以将特殊砌缝视为与普通水平砌缝同等的粘结层，在剪切荷载作用下发生界面滑移破坏。这样，藏式石砌体的受剪破坏分析可得到大大简化。需要说明的是，目前的研究手段为静力试验，仍需要拟静力或动力试验等方法予以验证。

典型试件的极限破坏状态见图 4-19，图中可清晰地看到砌缝顶面所形成的滑移界面。

(a) S0-1试件（$\sigma=0$）

(b) S0.5-1试件（$\sigma=0.5$MPa）

图 4-19 典型极限破坏状态（一）

(c) S1.0-4S试件 (σ=1.0MPa)

图 4-19 典型极限破坏状态（二）

1. 砌缝抗剪损伤机理

各试件的剪切应力-位移曲线见图 4-20。

中间石块的受剪荷载-位移曲线表现为，水平位移首先单调增加，曲线的斜率有一定的变化，斜率变化并无明显规律；当达到砌缝受剪的极限承载力时，多数试件的剪切应力会有少量的下降，部分试件在后续加载过程中剪切应力又有所增大。进入滑移状态后，位移值的增长速度显著加快。试验的表观现象和数据曲线有较好的对应关系。

石砌体在双剪试验中所承受的压力荷载远小于其极限强度，因此其剪切破坏形式为剪摩破坏，是沿着特定的滑移面发生的材料相互错动。双剪试验中普遍采用库仑理论类型的表达式来计算石砌体的砌缝抗剪强度，表达式的基本形式为 $\tau=c+\mu\sigma$。式中 c 为粘结强度，σ 为竖向压应力，μ 为砌缝与块材间的摩擦系数。上式清楚地表示出抗剪强度由粘结和摩擦两个方面组成。

在未施加压力情况下进行的抗剪试验中，抵抗滑移主要由泥浆的粘结力提供。该工况中试件的剪切应力-位移曲线几乎立刻进入平直段，结合砌缝中土体的状态分析，泥浆所组成的水平砌缝的粘结强度极低，小于 0.1MPa，从工程应用的角度来看是可以忽略不计的，即 $c\approx0$。

众所周知，物体的水平运动只有在克服了最大静摩擦力时才会发生位移。当试件的竖向压应力恒定时，最大静摩擦力也保持不变，但承受水平推力的中间石块却持续产生水平向位移，即使在水平推力小于最大静摩擦力的前期阶段。通过对试验现象的观察和荷载-位移曲线的分析可知，前期的水平位移来自两方面：首先是石材-泥浆界面的不断扩大的局部分离，其次是泥浆砌缝自身发生了以水平向为主的变形。两方面因素都贯穿于整个承载过程，各自导致的石块间相对位移做代数和即为位移计所采集到的水平位移。完全进入滑移阶段之前，该水平位移的量值就已达到毫米级，表明土体颗粒相互错动与作用有较大的变形潜力。该现象与泥浆体的土体颗粒聚集性质、粘结力较弱以及不均匀分布等因素有着密切的关联。在界面完全裂通、进入纯滑移阶段后，试件承受的水平荷载也没有出现急剧退化的现象，说明藏式石砌体具备一定的耗能性能。试件达到极限状态、开始进入完全滑移时对应的变形特征值 Δ_{cr} 和压应力有一定的正相关性，表明最大静摩擦力增大时，会延缓完全滑移面的出现，对抗剪是有利的。

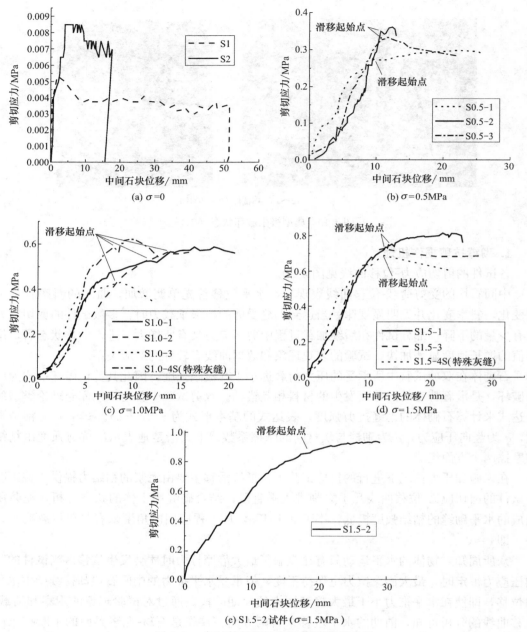

图 4-20　各试件的剪切应力-剪切位移曲线

2. 砌缝抗剪强度

砌缝抗剪强度通过试验获得，以发生快速滑移时的水平推力除以 2 倍的试件水平截面面积得到。有压力的各工况中，砌缝抗剪强度随着压应力的增大而增大，与库仑理论表达式 $\tau = c + \mu\sigma$ 相吻合。c 和 μ 可通过对数据的统计回归得到，回归分析得到的量值为：$c = 0.046$，$\mu = 0.48$。试验结果和回归曲线见图 4-21，相关系数为 0.95。回归所得的 $c \approx 0$，与试验现象相符，验证了前面所述的猜想，泥浆提供的粘结力可忽略不计。

据此得到了藏式石砌体砌缝抗剪强度平均值的表达式：

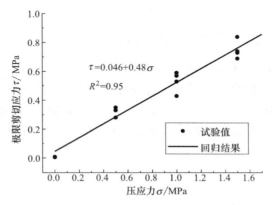

图 4-21　各试件的极限剪切应力试验结果和回归曲线

$$f_v = 0.046 + 0.48\sigma \tag{4-15}$$

根据公式（4-15）对试件的砌缝抗剪强度进行计算，对比结果见表 4-8。表中 σ 为压应力，$f_{v,i}$ 为各试件的砌缝抗剪强度试验值，$f_{计算}$ 为通过式（4-15）所得的计算值。试验值和计算值符合得较好，所有试件试验值与计算值的比值统计平均值为 1.03，变异系数为 0.11，除个别试件外（S0.5-2、S0.5-3、S1.0-3），大部分试件试验值和计算值的误差在 15% 之内，且差值均不超过 0.1MPa。

将本书得到的砌缝抗剪强度表达式与其他学者的研究成果进行对比（表 4-9），可知藏式石砌体的库仑理论类型砌缝抗剪强度表达式的参数值明显小于采用了水硬性砂浆的石砌体，体现出采用土体材料粘结材料所带来的特殊性。

其他研究者提出的抗剪公式参数及对比　　　　　　　　　　　　　　表 4-9

研究来源	石材	粘结材料	c/MPa	μ
意大利 米兰理工大学	砂岩	灰浆	0.33	0.74
	石灰石	灰浆	0.58	0.58
葡萄牙 米尼奥大学	花岗岩	灰浆	0.36	0.63
	花岗岩	无	0	0.84
华侨大学	花岗岩	砂浆	$0.068\sqrt{f_2}$	—
	花岗岩	砂浆	$0.100\sqrt{f_2}$	0.92
东南大学	粗料石	砂浆	$0.043\sqrt{f_2}$	0.89
	细料石	砂浆	$0.100\sqrt{f_2}$	0.86
本书	花岗岩	泥浆	$0.046(\approx 0)$	0.48

4.4　砌缝抗剪强度与砌体抗剪强度的关系研究

以往的研究表明，双剪试验所得到的砌体抗剪强度大于同等条件下的整体墙体试验所获得的结果。砌缝抗剪强度与砌体的整体抗剪强度之间是否有相关性是本节所要探讨的内容。以下利用 2 个理论模型进行研究，分别是 Mann-Müller 的剪摩理论模型和 Calderini

提出的主拉应力理论向剪摩理论转换的模型。

4.4.1 Mann-Müller 的剪摩理论模型及应用

1. Mann-Müller 模型的极限状态

Mann-Müller 所提出的模型是目前最为普遍接受的砌体抗剪模型之一，该模型的两个基本假定为：（1）块体刚度远大于砌缝；（2）忽略竖向砌缝的力学性能。该模型认为砌体在剪-压复合作用下的破坏是由于水平砌缝抵抗滑移的能力不足而造成的两种材料的相互错动。

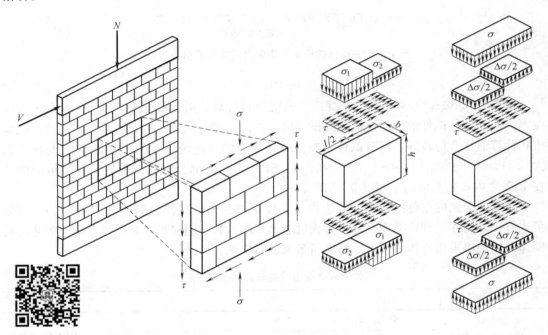

扫码看彩图

图 4-22   Mann-Müller 模型示意图

图 4-22 为 Mann-Müller 模型的计算示意图，以砌体中心区域的块体进行受力分析。如图所示，在平均压应力 σ 和剪切应力 τ 的作用下，块体达到极限平衡状态；而实际情况中，为了满足弯矩平衡条件，同时由于各层砌体错缝排列，块体承受的局部正应力是不同的，分别为 σ_1 和 σ_2。由静力平衡可得：

$$\frac{\Delta\sigma}{2} = \frac{2h}{l} \cdot \tau \tag{4-16}$$

其中：

$$\Delta\sigma = \sigma_1 - \sigma_2, \ \sigma = \frac{\sigma_1 + \sigma_2}{2} \tag{4-17}$$

也就是：

$$\sigma_1 = \sigma + \frac{\Delta\sigma}{2}, \ \sigma_2 = \sigma - \frac{\Delta\sigma}{2} \tag{4-18}$$

根据摩擦原理，块体承受较小的压应力 σ_2 的部分更易发生滑移破坏，其极限平衡方程为：

$$\tau = c + \mu \cdot \sigma_2 \quad\quad\quad (4\text{-}19)$$

由式（4-16）和式（4-17）可得，用平均压应力表示的极限平衡方程为：

$$\tau = \frac{c}{1 + \mu \cdot \dfrac{2h}{l}} + \frac{\mu}{1 + \mu \cdot \dfrac{2h}{l}} \cdot \sigma \quad\quad\quad (4\text{-}20)$$

由式（4-20）可见，Mann-Müller 模型不仅建立了平均压应力和局部压应力下滑移表达式之间的联系，也很好地解释了砌体在剪-压复合作用下往往发生阶梯型破坏的原因。

2. 基于 Mann-Müller 模型的折减系数

显然，以 4.1 节中叠放试件类型所进行的双剪试验，由于未设置竖向砌缝，中间块体所承受的压应力是均匀的，即

$$\sigma_1 = \sigma_2 = \sigma_m \quad\quad\quad (4\text{-}21)$$

式（4-21）中 σ_m 为双剪试验中试件所承受的压应力。由式（4-19）可得，此时叠放试件的极限剪切应力为

$$\tau_1 = c + \mu \cdot \sigma_m \quad\quad\quad (4\text{-}22)$$

将承受平均压应力的块体置于 Mann-Müller 模型中考虑，则会出现局部应力减小、砌缝提供的摩擦力减小的情况，由式（4-20）可得，墙体试件的极限剪切应力为

$$\tau_2 = \frac{c}{1 + \mu \cdot \dfrac{2h}{l}} + \frac{\mu}{1 + \mu \cdot \dfrac{2h}{l}} \cdot \sigma_m \quad\quad\quad (4\text{-}23)$$

对比式（4-22）和式（4-23），引入折减系数 a，则式（4-23）可写为：

$$\tau_2 = a\tau_1 \quad\quad\quad (4\text{-}24)$$

式（4-24）中折减系数 a 的表达式为：

$$a = \frac{1}{1 + \mu \cdot \dfrac{2h}{l}} \quad\quad\quad (4\text{-}25)$$

4.4.2　Calderini 的理论模型及应用

1. Calderini 的理论模型

Calderini 探索了主拉应力破坏理论和剪摩破坏理论的统一，尝试利用对角加荷试验的结果来识别剪摩理论参数，建立了对角加荷试验的加载值与粘结系数、摩擦系数关系的表达式，并通过有限元模拟进行了较好的验证。对角加荷试验的加载值可以与砌体利用主拉应力破坏理论推导的整体性剪-压复合作用受剪承载力建立联系，因此该理论模型同样可以将砌缝抗剪强度扩展为砌体抗剪强度。

如图 4-23 所示，承受对角荷载和侧向均布荷载的正方形墙体，根据主拉应力的破坏理论，当中心点的主拉应力超过容许应力时将出现受拉破坏。根据前人的研究成果和有限元计算可得中心点处的应力值：

$$\begin{cases} \sigma_x = -0.56P/A, \ \sigma_y = -0.56P/A + q \\ \tau = 1.05P/A \end{cases} \quad\quad\quad (4\text{-}26)$$

上式中受拉为正，以下均同。

在主拉应力理论下考虑整体墙体，为了向剪摩理论进行过渡，需满足两个条件：

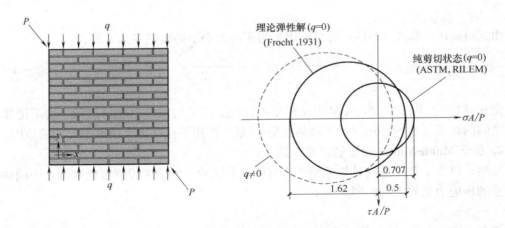

图 4-23 对角加荷试验和中心点的莫尔圆

（1）水平砌缝保持受压状态；（2）竖向砌缝可以传递正应力，σ_x 不为零。为了满足条件
（1），需有：

$$\varphi = \frac{2h}{l} \leqslant \frac{1}{1.05}\left(0.56 - 0.5\,\frac{q}{f_{dt}}\right) \tag{4-27}$$

式中，f_{dt} 等于第一主应力，其值为：

$$f_{dt} = 0.5P/A \tag{4-28}$$

然后参见图 4-24，在 σ_x 不为零的情况下，采用剪摩理论考虑中心块体的极限平衡方
程为：

$$\begin{cases} \tau = \dfrac{c}{1+\mu\varphi} - \dfrac{\mu}{1+\mu\varphi}\sigma_y - \dfrac{\varphi}{1+\mu\varphi}\sigma_x, \; \forall\,\mu \geqslant -\dfrac{\sigma_x}{|\tau|} \\[3mm] \tau = c - \mu\sigma_y, \; \forall\,\mu < -\dfrac{\sigma_x}{|\tau|} \end{cases} \tag{4-29}$$

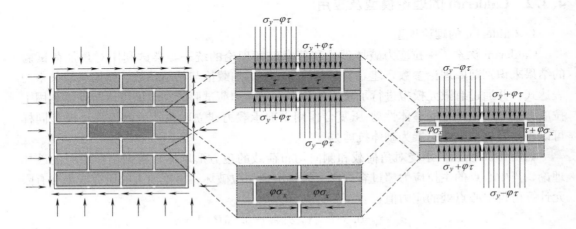

图 4-24 剪-压复合作用下的块体应力状态

式（4-29）中 $\mu < -\sigma_x/|\tau|$ 代表 σ_x 使竖向砌缝闭合的极限状态。

2. 基于 Calderini 模型的折减系数

利用 Calderini 模型可建立块体极限状态与墙体极限状态的关系表达式。当进行 4.1 节所述的双剪试验时，中心块体的极限平衡方程与图 4-24 无异，并可用式（4-29）表示。

将式（4-26）代入式（4-29）可得：

$$\begin{cases} 1.05\dfrac{P}{A} = \dfrac{c}{1+\mu\varphi} - \dfrac{\mu}{1+\mu\varphi}\left(-0.56\dfrac{P}{A}+q\right) + \dfrac{\varphi}{1+\mu\varphi}\cdot 0.56\dfrac{P}{A}, \quad \forall\mu \geqslant 0.533 \\ 1.05\dfrac{P}{A} = c - \mu\left(-0.56\dfrac{P}{A}+q\right), \quad \forall\mu < 0.533 \end{cases} \tag{4-30}$$

式（4-30）进行分离变形，并引入式（4-28）后，得到墙体的压-剪极限承载力折减系数 a（第一主应力除以中心块体的极限受剪承载力）为：

$$\begin{cases} a = \dfrac{0.5}{1.05(1+\mu\varphi) - 0.56(\mu+\varphi)}, \quad \forall\mu \geqslant 0.533 \\ a = \dfrac{0.5}{1.05 - 0.56\mu}, \quad \forall\mu < 0.533 \\ \varphi = \dfrac{2h}{l} \end{cases} \tag{4-31}$$

4.4.3　试验数据验证

华侨大学、东南大学和葡萄牙米尼奥大学等研究团队在研究各种的石砌体过程中，进行了不同类型石砌体小试件的双剪（单剪）试验，以及同等条件的足尺墙体拟静力试验，各种研究中均发现砌缝抗剪强度表达式中的摩擦系数明显小于足尺墙体抗剪强度剪摩形式表达式中的摩擦系数。利用上述研究者已发表文献的试验数据，对式（4-25）和式（4-31）进行验证，结果见表 4-10。

利用其他研究者的试验数据进行计算的结果　　　　　表 4-10

墙体类型	h /mm	l /mm	μ	式（4-25）计算 a 值	式（4-31）计算 a 值	试验所得 a 值	参考
粗料石墙	200	570	0.84	0.63	0.62	0.82	华侨大学试验
粗料石墙	250	500	0.89	0.53	0.54	0.86	东南大学试验
细料石墙	250	500	0.86	0.54	0.55	0.69	东南大学试验
细料石墙	150	200	0.65	0.51	0.57	0.59	葡萄牙米尼奥大学试验

从表 4-10 可知，理论公式计算得到的折减系数普遍低于试验结果，粗料墙体的偏差较大，说明石材的粗糙表面对于提高抗剪强度有一定的贡献，而细料墙体的结果则较为接近，说明理论计算方法有一定的可靠性，且有一定的安全富裕度。

4.5　藏式石砌体抗剪强度表达式的估计

根据前面所述的理论，式（4-25）是将砌缝抗剪强度延伸为以剪摩理论表达的砌体抗剪强度，式（4-31）是将砌缝抗剪强度延伸为以主拉应力理论表达的砌体抗剪强度。

针对本次试验，式（4-25）和式（4-31）计算得到的折减系数 a 分别为 0.74 和 0.64，保守地取为 0.64。对藏式石砌体的剪-压复合作用下抗剪强度进行预估，如前所述，本次藏式石砌体砌缝抗剪试验所获得强度表达式中可以忽略粘结系数，因此，本次试验所采用的材料砌筑的藏式石砌体在剪-压复合作用下抗剪强度平均值的表达式为：

$$f_{VE} = 0.31\sigma \tag{4-32}$$

需要再次说明的是，本书研究中的试验对象是一种典型的界面条件藏式石砌体，由于实际情况中的藏式石砌体界面粗糙程度离散性较大，在对特定建筑单体中的墙体构件进行评估时，应以同等条件材料的双剪试验结果为准，本书研究的主要意义在于提供一种研究和评估的思路。

4.6 小结

本章进行了石砌棱柱体砌缝抗剪试验，考虑了不同压应力水平、砌缝不同饱满程度、土体材料性能劣化程度、泥浆层的湿度及砌缝干砌方式等因素的影响，获得试验全过程的受力、变形行为并揭示破坏机理，分析砌缝的抗剪强度和各个影响因素之间的关系。以石砌棱柱体砌缝抗剪试验的剪应力-位移曲线斜率变化规律作为界限判定依据，将试验全过程曲线在界限处分为三阶段，通过数据的标准化处理，建立了砌缝抗剪粘结-滑移本构统一模型；进行了多组大比例三石试件的抗剪试验，研究实际尺寸藏式石砌体单元的砌缝抗剪性能。基于 Mann-Müller 与 Calderini 两种理论模型分析了砌缝抗剪强度与整体抗剪强度的关系。

第**5**章
藏式古建筑石砌体简化模型

藏式古建筑石砌体具有工艺复杂、材料特殊等特点，通过试验研究其力学性能的经济成本和时间成本较高，无法满足大量的分析与研究需要。因此，运用数值模拟方法对藏式古建筑石砌体展开研究是十分必要的，同时，运用计算机仿真技术研究藏式古建筑石砌体的力学性能，也是将古建筑保护信息化、数字化的必然要求。本章介绍了目前藏式古建筑石砌体建筑模型的研究背景，针对藏式三叶墙进行了整体-分离式相结合的基础有限元建模；其次在分步匀质化理论的基础上，提出了一种砌体等效力学参数的数值计算方法，并利用相关试验结果对该方法进行了验证；最后基于代表性体积单元（RVE）进行了藏式古建筑石砌体匀质化研究。

5.1 基本单元的模拟研究背景

藏式古建筑石砌体数值模拟的核心是建立可靠、简便、高效的数值计算模型。藏式古建筑石砌体由复合材料组成，具有非均质、各向异性等特点，相较于常规砖石砌体，在形制和构造上具有更大的随机性和不规则性。

国内外学者通常采用整体式、简化分离式、精细化分离式三种建模方法来进行砌体建模。基于不同的研究目的，进行砌体建模时可将其视为均质材料或非均质材料。当需要研究局部砌体对宏观整体结构的影响时，往往采用整体式建模方法，不考虑砌块与粘结材料的相互作用，将墙体视为一种均质材料，赋予其统一的材料属性。当需要研究墙体本身的力学性能及不同组成材料之间的相互作用机理时，往往采用精细化分离式模型，将砌块和粘结材料分别建模并赋予各自不同的材料属性，但这种方法的计算时间成本较高。而简化分离式模型则是介于两者之间的一种建模方法，既可以反映砌体结构的整体性能，同时兼顾了细观表达，具有较好的准确性和经济性，为众多学者采用。下面展开介绍这三种简化模型：

（1）分离式模型将砌块和砌缝分别进行建模。该模型可以尽可能还原真实砌体的砌筑形式，能清晰地观察到砌体失效的细节，还可从砌体纹理出发去还原力学性能的各向异性。此外，该模型所需性能参数往往从小型砌体试验（包括组成材料和棱柱砌体的基本性能试验）中即可得到。然而，该模型的建模过程往往复杂且耗时，同时需要大量的精细化网格，伴随而来的是巨大的计算机运算难度。该缺陷限制了分离式模型的尺寸大小，几乎没有采用分离式模型进行大型完整砌体建筑结构分析的先例。但随着计算机性能和数值模拟软件的迅速发展，分离式模型的计算困难已经得到了一定程度的解决，但仍是广大研究者不可忽视的问题。此外，在既有砌体结构的研究中，尤其是古建筑，缺乏有效的无损勘察手段，导致砌体内部构造往往并不清楚，这也限制了分离式模型在古建筑砌体上的应用。

（2）整体式模型将砌体作为一种均匀的材料进行模拟，并不区分砌体中的砌块和砌缝。该模型假定忽略砌体的非均匀性，可以采用较大尺寸的单元（甚至超过砌块的大小）。因此，该模型的计算效率高、适应性强，常用于大型砌体结构分析或复杂荷载作用下的砌体构件分析。但是砌体材料的力学性能本身就是复杂的，定义合理的本构模型往往是该方法的最大难点。此外，整体式模型中本构模型的具体参数往往直接来源于砌体构件的试验数据，或者来源于试验数据的回归分析公式。于是，整体式模型往往需要大量试验数据以进行校准。

（3）匀质化模型将砌体结构视为由许多代表性体积单元（Representative Volume Element，简称 RVE 单元）组成；RVE 单元的力学性能与原本砌体材料的力学性能在宏观上等效。该方法的实际操作中，往往选择局部砌体作为 RVE 单元，对其进行力学推导或数值模拟，以获得 RVE 单元的力学性能参数，作为原本砌体材料的力学性能参数，最后基于该参数进行砌体结构的数值模拟分析。匀质化模型可以看作分离式模型和整体式模型的折中，在一定程度上平衡了前两种方法的优势和缺陷。因此，在过去很长一段时间都是砌体结构数值模拟研究的热点。但复杂的砌体构造（比如三叶墙结构、砌块规格不等、砌块不规则等）、砌体非线性响应是该类研究方法的难点。

为了将匀质化方法应用在古建筑砌体结构上，一些学者将古建筑砌体结构看作是准周期性结构。Cluni 基于有限尺度测试窗法，提出了一种能得到准周期性砌体结构等效弹性模量的均质化方法。许多学者基于准周期性或非周期性砌体结构的几何特征参数，进行概率统计分析，建立了包含砌体结构纹理信息的随机模型。部分学者将随机模型与匀质化方法结合，提出了适用于准周期性砌体结构的匀质化方法。

石砌体结构是藏式建筑的一种主要结构形式，不仅常见于布达拉宫、大昭寺、小昭寺等历史文物建筑中，在现代的藏区民用建筑也十分常见。目前，国内外关于藏式石砌体结构力学性能的研究成果较少。对藏式古建筑石砌体结构的力学性能进行深入研究对保护藏式历史文化建筑和特色民用建筑有重要的意义。

5.2 三叶墙的模拟

5.2.1 单元及材料模型简介

针对藏式古建筑石砌体墙力学特性的研究，采用 ANSYS 中的三维实体单元 Solid45 模拟墙体材料，用接触单元和黏聚力单元模拟墙体中的摩擦力以及粘结力，模拟采用的材料模型是适用于岩土材料的 Drucker-Prager（简称 DP）模型。本小节对藏式古建筑石砌体墙模拟所用的 Solid45 单元及材料模型进行简单介绍。

（1）Solid45 单元说明

Solid45 单元用于构造三维实体结构，单元通过 8 个节点来定义，每个节点有 3 个沿着 x、y、z 方向平移的自由度，单元具有塑性、蠕变、膨胀、应力强化、大变形和大应变能力，有用于沙漏控制的缩减积分选项。Solid45 单元的单元几何形状、节点的位置以及单元坐标系如图 5-1 所示。

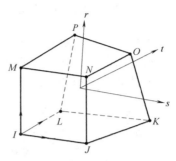

图 5-1 Solid45 3D 结构实体单元

Solid45 单元属于 8 节点的正交各向异性单元，各向异性材料的方向与单元坐标系的方向相同。单元的应力方向与单元的坐标方向平行，单元表面应力参照单元表面坐标系输出，$IJNM$ 平面和 $KLPO$ 平面上的单元表面坐标系可以在单元的任何表面输出。其他表面上的坐标系方向也遵循受压面上节点的描述，但单元表面上的应力只能用于单元的"自由面"和线性分析中。

（2）材料模型

ANSYS 中的 Drucker-Prager（简称 DP）屈服准则是摩尔-库仑准则的近似，通常称为 DP 准则或广义米塞斯准则，是在米塞斯准则的基础上考虑平均主应力对岩土材料抗剪强度的影响而发展的一种准则。DP 准则的屈服面不随材料的逐渐屈服而改变，因此没有强化准则，其本构模型采用理想弹塑性，可采用关联流动法则或非关联流动法则。该准则的屈服强度随着侧限压力的增大而增大，考虑了由屈服而引起的体积膨胀，但不考虑温度变化的影响。该模型适用于岩土材料、混凝土等。

DP 屈服准则可表示为：

$$\sigma_e = 3\beta\sigma_m + \sqrt{\frac{1}{2}\{S\}^T[M]\{S\}} = \sigma'_y \tag{5-1}$$

式中，$\{S\}$——偏应力；

σ_m——平均应力，$\sigma_m = \frac{1}{3}(\sigma_x + \sigma_y + \sigma_z)$；

$[M]$——常系数矩阵。

材料常数 β 和屈服强度 σ'_y 的表达式如下：

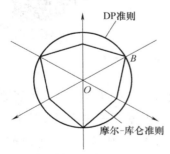

图 5-2 DP 屈服准则
与摩尔-库仑准则关系

$$\beta = \frac{2\sin\varphi}{\sqrt{3}(3-\sin\varphi)} \tag{5-2}$$

$$\sigma'_y = \frac{6c\cos\varphi}{\sqrt{3}(3-\sin\varphi)} \tag{5-3}$$

式中，φ——材料的内摩擦角；

c——材料的黏聚力。

摩尔-库仑准则在 π 平面上为不等角的六边形，ANSYS 中的 DP 准则为该六边形外角点的外接圆，DP 屈服准则与摩尔-库仑准则关系如图 5-2 所示。

5.2.2 外叶墙模拟方法

依据藏式古建筑石砌体墙分层砌筑的周期性和剖面含有"填充层"的这两个特点，对藏式石墙的研究分为单叶墙和整片墙，分别建立模型进行模拟，其中对单叶墙的模拟又分为对外叶墙的模拟和对内叶墙的模拟。

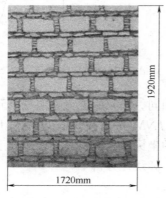

图 5-3　藏式古建筑墙体

本节墙体数值模拟工作参照的藏式古建筑墙体如图 5-3 所示，选取的藏式古建筑墙体尺寸为 1720mm（长）×1920mm（高）×660mm（厚），外叶墙的厚度为 180mm。砌筑墙体采用的材料为块石、片石、黄土泥浆，依据墙体材料的实际尺寸，在外叶墙数值模型中，块石尺寸为 400mm（长）×200mm（高）×180mm（厚），水平砌缝处片石尺寸为 160mm（长）×20mm（高）×180mm（厚），竖向砌缝处片石尺寸为 40mm（长）×20mm（高）×180mm（厚），黄土泥浆的厚度均取 10mm。

藏式古建筑外叶墙的结构形式、水平砌缝和竖向砌缝处泥浆和片石的叠加方式及尺寸如图 5-4、图 5-5 所示。

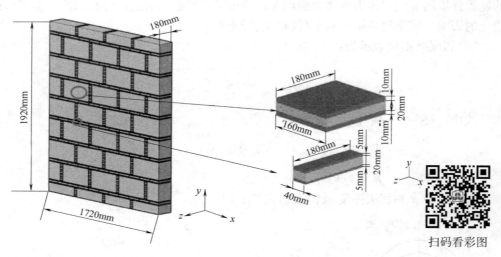

扫码看彩图

图 5-4　藏式古建筑外叶墙结构形式示意图　　　图 5-5　水平砌缝（上）和竖向砌缝（下）

已有许多学者对藏式石砌建筑中的石材及泥浆材料进行过针对性的研究，藏式民居墙体虽然在砌筑工艺上与藏式古建筑墙体差别比较大，但在用材上和藏式古建筑墙体基本一致，故将藏式民居墙体组成材料的力学参数用于对藏式古建筑墙体的模拟工作是可行的。本书参照孙建刚教授和刘伟兵针对藏式民居砌体组成的材料力学试验和藏式民居墙体力学试验，获得模拟所需的材料力学参数，如表 5-1 所示。

外叶墙模型材料参数 表 5-1

墙体材料	弹性参数		塑性参数	
	E/GPa	ν	f_c/MPa	f_t/MPa
块石	17.2	0.21	67.92	2
片石	17.2	0.21	67.92	2
黄土	0.231	0.42	—	—

根据国内外现有的砌体结构数值模拟研究，砌体数值模型的建立方法主要分为分离式建模和宏观建模两种，其中分离式建模根据其建立模型的详细程度又可以分为详细的分离式建模方法和简化的分离式建模方法。宏观建模通常需要大量试验数据作为基础，将试验获得的本构关系赋予数值模型进行研究，宏观建模的模拟方法计算简单，模型计算耗时较短且易于收敛，但是很难考虑砌体微观层面上的受力变形以及块材和粘结材料间的相互作用机理。

为了反映出砌体组成材料的局部受力性能，较好地描述块材和粘结材料间的相互作用机理，采用分离式模型对藏式古建筑石砌体墙的外叶墙进行模拟。鉴于详细的分离式模型计算量过大且计算难以收敛等，对藏式古建筑外叶墙的模拟采用简化的分离式建模方法，将泥浆层简化为无厚度的接触单元进行模拟，界面处的法向刚度 k_n 和切向刚度 k_s 计算方法如下：

$$k_n = \frac{E_u E_m}{h_m (E_u - E_m)} \qquad (5\text{-}4)$$

$$k_s = \frac{G_u G_m}{h_m (G_u - G_m)} \qquad (5\text{-}5)$$

式中，E_u、E_m——分别为石材和黄土泥浆的弹性模量；

$\qquad h_m$——墙体中黄土泥浆的厚度；

$\qquad G_u$、G_m——分别为石材和黄土泥浆的剪切模量。

G_u、G_m 的计算公式为：

$$G_u = \frac{E_u}{2(1 + \nu_u)} \qquad (5\text{-}6)$$

$$G_m = \frac{E_m}{2(1 + \nu_m)} \qquad (5\text{-}7)$$

式中，ν_u、ν_m——分别为石材和黄土泥浆的泊松比。

计算得模型界面处的法向刚度 k_n 和切向刚度 k_s 如表 5-2 所示：

外叶墙模型界面刚度参数（单位：N/mm³） 表 5-2

法向刚度 k_n	切向刚度 k_s
23.41	8.22

在简化的分离式模型中，不考虑块石力学参数的变化，而对于片石层则需要考虑其力学参数及几何尺寸的等效参数，虽然石材和黄土泥浆看作是各向同性，但等效体属于各向异性材料，根据泥浆片石的叠加情况，将泥浆＋片石＋泥浆简化为弹簧串并联的形式计算

等效体在不同方向上的等效弹性模量，泥浆和片石的叠加图及等效图如图 5-6 所示。

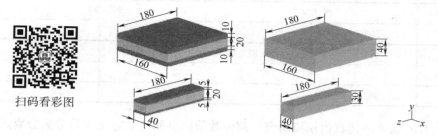

图 5-6　泥浆片石叠加图及等效图

泥浆和片石的叠加体在不同方向上简化为弹簧串并联形式，如图 5-7～图 5-9 所示。

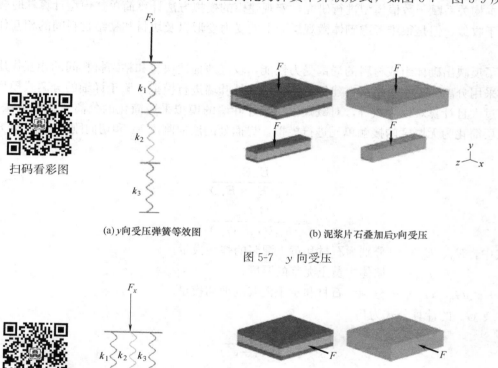

(a) y 向受压弹簧等效图　　　(b) 泥浆片石叠加后 y 向受压

图 5-7　y 向受压

(a) x 向受压弹簧等效图　　　(b) 泥浆片石叠加后 x 向受压

图 5-8　x 向受压

根据上述等效方式可计算得到泥浆和片石叠加后在不同方向上的等效刚度 k，弹簧串联的等效刚度计算公式如下：

$$\frac{1}{k}=\frac{1}{k_1}+\frac{1}{k_2}+\frac{1}{k_3} \tag{5-8}$$

弹簧并联的等效刚度计算公式如下：

$$k=k_1+k_2+k_3 \tag{5-9}$$

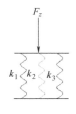

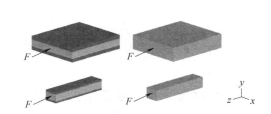

(a) z 向受压弹簧等效图　　　　(b) 泥浆片石叠加后 z 向受压

图 5-9　z 向受压

式中，k_1、k_3——黄土泥浆的刚度值；

k_2——片石的刚度值。

转化为单元平面应力问题，如图 5-10 所示，联立方程组如下：

$$\begin{cases} F = k \cdot s \\ F = \sigma \cdot l \\ s = \varepsilon \cdot h \\ \sigma = \varepsilon \cdot E \end{cases} \tag{5-10}$$

图 5-10　单元平面应力问题示意图

通过上述公式的计算，可以求得等效刚度 k 与等效弹性模量 E 之间的转换关系：

$$k = E \cdot l / h \tag{5-11}$$

按照上述计算方法可以算得等效片石（泥浆＋片石＋泥浆）在不同方向上的等效弹性模量，如表 5-3 所示。

等效片石弹性模量　　　　　　　　　　　表 5-3

位置	E_x/MPa	E_y/MPa	E_z/MPa
水平缝等效片石	8715	455	8715
竖缝等效片石	11544	918	11544

为了更好地模拟藏式古建筑石砌体墙的受力及变形情况，考虑岩土材料的非线性性质，采用有限元分析软件 ANSYS 程序单元库中的 Solid45 3D 实体单元来模拟藏式石砌体墙的组成材料。鉴于石砌体的抗拉、抗压强度不同，采用适用于岩土材料的 Drucker-Prager（DP）材料模型对藏式古建筑石砌体墙进行模拟。对于 DP 材料，其受压时的屈服强度大于受拉时的屈服强度，DP 材料输入的黏聚力 c 和内摩擦角 φ 可以根据其与材料的单轴受拉屈服应力 f_t 和受压屈服应力 f_c 之间的关系确定：

$$\varphi = \sin^{-1}\left(\frac{3\sqrt{3}\beta}{2 + \sqrt{3}\beta}\right) \tag{5-12}$$

$$c = \frac{\sigma'_y \sqrt{3}(3 - \sin\varphi)}{6\cos\varphi} \tag{5-13}$$

$$\beta = \frac{f_c - f_t}{\sqrt{3}(f_c + f_t)} \tag{5-14}$$

$$\sigma'_y = \frac{2f_c f_t}{\sqrt{3}(f_c + f_t)}$$　　　　　　　　(5-15)

式中，φ——内摩擦角；

　　　c——黏聚力，N/mm²；

　　　β——材料常数；

　　　σ'_y——材料屈服强度，N/mm²；

　　　f_c——受压屈服应力，N/mm²；

　　　f_t——受拉屈服应力，N/mm²。

通过上述公式，可以计算得到在建立墙体数值模型时需要输入的 DP 材料模型参数黏聚力 c 和内摩擦角 φ，如表 5-4 所示。

DP 材料模型参数　　　　　　　　表 5-4

黏聚力 c/(N/mm²)	内摩擦角 φ/°
4.76	73.9

根据藏式古建筑石砌体墙中外叶墙的砌筑特点，建立有限元模型并进行单元网格划分，如图 5-11、图 5-12 所示。建立的藏式古建筑石砌体墙中外叶墙模型的尺寸与墙体尺寸相同，为 1720mm（长）×1920mm（高）×180mm（厚），考虑到数值模型的网格划分对数值模拟的运算速度及运算精度有直接的影响，网格类型选用映射网格划分，网格划分时块石层和砌缝处采用的网格尺寸不同，对砌缝处的网格划分比块石层的网格划分更精细，块石层网格尺寸为 60mm，砌缝处的单元网格为 40mm。

图 5-11　简化分离式外叶墙模型

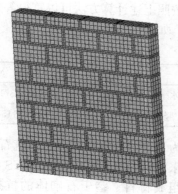
图 5-12　外叶墙模型网格划分

5.2.3　内叶墙模拟方法

对于内叶墙的力学参数，考虑到内叶墙砌筑形式的复杂性，虽然内叶墙也有分层砌筑的特点，但块石层的砌筑方式也较为随机，内叶墙介于毛石墙和料石墙之间，可以按毛料石墙进行分析，内叶墙采用宏观整体模型进行模拟。

内叶墙的砌筑除了采用泥浆粘结、片石找平外，还会在墙体中铺撒碎石，类似于混凝土浇筑，使泥浆材料与碎石子协同受力，改善粘结材料的力学特性同时防止内叶墙在砌筑后出现塌落。

通过查阅《砌体结构设计规范》GB 50003—2011，并参考欧洲针对三叶墙中的内叶墙试验数据，确定内叶墙模拟所需的材料参数，如表5-5所示。

内叶墙模型材料参数　　　　　　　　　　　　　　　　表5-5

弹性参数			塑性参数		
E/GPa	ν	c/MPa	f_t/MPa	$\sin\varphi$	$\sin\psi$
5.65	0.3	1.7	0.3	0.17	0.09

建立的藏式古建筑石砌体墙中内叶墙模型的尺寸为1720mm（长）×1920mm（高）×300mm（厚），考虑到数值模型的网格划分对数值模拟的运算速度及运算精度有直接的影响，网格类型选用映射网格划分，内叶墙的单元采用边长100mm的网格进行划分。建立的有限元模型如图5-13所示。

5.2.4　整片墙模拟方法

藏式古建筑石砌体墙的砌筑形式是相同的外叶墙夹内叶墙，其结构形式如图5-14所示。其中模型中的外叶墙和内叶墙的单元网格划分与单独建立的外叶墙模型和内叶墙模型的网格划分相同，墙体中外叶墙的块石层采用边长60mm的网格进行划分，砌缝处的单元网格采用边长40mm的网格进行划分，内叶墙的网格采用边长100mm的网格进行划分。

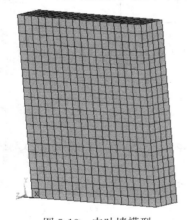

图5-13　内叶墙模型

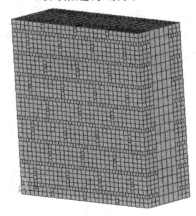

图5-14　藏式古建筑石砌体墙

对于藏式古建筑石砌体墙模型中外叶墙与内叶墙在接触面处的力学特性，借鉴了Binda对三叶墙受压试验及内外叶受剪试验获得的试验数据，接触面力学参数如图5-15所示。

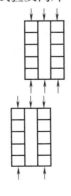

弹性性能	k_n/ (N/mm³)	k_s/(N/mm³)
	150	0.4
非弹性性能	c/(N/mm²)	f_t/(N/mm²)
	0.13	0.09

图5-15　内外叶接触面力学参数

5.3 分层匀质化理论

作为由块材（砖、石、砌块）和粘结材料组成的复合材料，砌体在静力或动力荷载作用下的性能十分复杂；藏式石砌体还具有毛石块体形状不规整、不统一的特点，前述试验研究表明，代表性单元的力学性能也具有较强的随机性。针对藏式石砌体进行精密的整体分析遇到的困难，参考其他砌体结构的等效研究方法，对藏式石砌体实施具有足够可靠性和可行性的力学参数评估。以往在对砌体进行结构分析时，常常将砌体看作均匀的各向同性或正交各向异性材料；在这种情况下，砌体的等效力学参数，如弹性模量、泊松比等就成了结构分析中十分必要的力学参数。

近年来，多种匀质化理论和数值计算方法得到了深入的研究，为砌体结构的整体建模计算提供了有力的支持。该方法不仅可获得藏式石砌体的多向等效弹性模量，同时具有较为广泛的应用，可扩展到其他砌体结构领域。

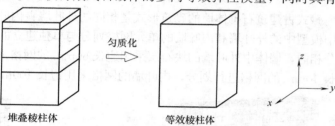

图 5-16 所示的由多层材料堆叠形成的棱柱体，假定各层均由正交各向异性的弹性材料组成，材料分布均匀且满足胡克定律，可得分层匀质化理论如下：

图 5-16 堆叠棱柱体的匀质化过程

$$\left.\begin{aligned}\varepsilon_{x,i} &= \frac{1}{E_{1,i}}(\sigma_{x,i} - \upsilon_{21,i}\sigma_{y,i} - \upsilon_{31,i}\sigma_{z,i}) \\ \varepsilon_{y,i} &= \frac{1}{E_{2,i}}(\sigma_{y,i} - \upsilon_{12,i}\sigma_{x,i} - \upsilon_{32,i}\sigma_{z,i}) \\ \varepsilon_{z,i} &= \frac{1}{E_{3,i}}(\sigma_{z,i} - \upsilon_{23,i}\sigma_{y,i} - \upsilon_{13,i}\sigma_{x,i})\end{aligned}\right\} \tag{5-16}$$

式（5-16）中的角标数字1、2、3对应图 5-16 中坐标系 x、y、z 方向。泊松比 $\upsilon_{jk,i}$ 中角标含义：j 向受力引起的 k 向的变化，i 代表第 i 层。

现假定棱柱体的各层材料协同受力变形、不发生层间位移，考虑图 5-16 中的等效棱柱体，则有：

$$\left.\begin{aligned}\bar{\sigma}_x &= \frac{1}{v}\sum\int_{v_i}\sigma_{x,i}\,\mathrm{d}v, \bar{\sigma}_y = \frac{1}{v}\sum\int_{v_i}\sigma_{y,i}\,\mathrm{d}v, \bar{\sigma}_z = \frac{1}{v}\sum\int_{v_i}\sigma_{z,i}\,\mathrm{d}v \\ \bar{\varepsilon}_x &= \frac{1}{v}\sum\int_{v_i}\varepsilon_{x,i}\,\mathrm{d}v, \bar{\varepsilon}_y = \frac{1}{v}\sum\int_{v_i}\varepsilon_{y,i}\,\mathrm{d}v, \bar{\varepsilon}_z = \frac{1}{v}\sum\int_{v_i}\varepsilon_{z,i}\,\mathrm{d}v\end{aligned}\right\} \tag{5-17}$$

式中，v——棱柱体体积，也是等效棱柱体体积。

棱柱体单元所具有的应变能为：

$$U_r = \frac{1}{2}\int(\sigma_x\varepsilon_x + \sigma_y\varepsilon_y + \sigma_z\varepsilon_z + \tau_{xy}\gamma_{xy} + \tau_{xz}\gamma_{xz} + \tau_{yz}\gamma_{yz})\mathrm{d}v \tag{5-18}$$

等效后的棱柱体所具有的应变能为：

$$U_e=\frac{1}{2}\upsilon(\overline{\sigma}_x\overline{\varepsilon}_x+\overline{\sigma}_y\overline{\varepsilon}_y+\overline{\sigma}_z\overline{\varepsilon}_z+\overline{\tau}_{xy}\overline{\gamma}_{xy}+\overline{\tau}_{xz}\overline{\gamma}_{xz}+\overline{\tau}_{yz}\overline{\gamma}_{yz}) \tag{5-19}$$

显然必须有：

$$U_r=U_e \tag{5-20}$$

引入附加应力和应变分量，在前述假定下有：

$$\left.\begin{array}{l}\sigma_{x,i}=\overline{\sigma}_x+t_{x,i},\sigma_{y,i}=\overline{\sigma}_y+t_{y,i},\sigma_{z,i}=\overline{\sigma}_z\\ \varepsilon_{x,i}=\overline{\varepsilon}_x,\varepsilon_{y,i}=\overline{\varepsilon}_y,\varepsilon_{z,i}=\overline{\varepsilon}_x+e_{z,i}\\ \tau_{xy,i}=\overline{\tau}_{xy}+t_{xy,i},\tau_{xz,i}=\overline{\tau}_{xz},\tau_{yz,i}=\overline{\tau}_{yz}\\ \gamma_{xy,i}=\overline{\gamma}_{xy},\gamma_{xz,i}=\overline{\gamma}_{xz}+e_{xz,i},\gamma_{yz,i}=\overline{\gamma}_{yz}+e_{yz,i}\end{array}\right\} \tag{5-21}$$

定义第 i 层的高度为 h_i，棱柱体总高度为 H，且有：

$$\frac{h_i}{H}=\varphi_i \tag{5-22}$$

显然：

$$\sum\varphi_i=1 \tag{5-23}$$

将式（5-21）代入式（5-16）和式（5-17），并考虑式（5-22）、式（5-23），可得：

$$\left.\begin{array}{l}\sum\varphi_it_{x,i}=0\\ \sum\varphi_it_{y,i}=0\\ \sum\varphi_it_{xy,i}=0\\ \sum\varphi_ie_{z,i}=0\\ \sum\varphi_ie_{xz,i}=0\\ \sum\varphi_ie_{yz,i}=0\end{array}\right\} \tag{5-24}$$

将式（5-18）中的应力和应变用式（5-21）表示，并代入式（5-24），即可得到满足式（5-20）的表达式，验证了应变能守恒定律。

将式（5-21）代入式（5-16），并进行转换可得：

$$\left.\begin{array}{l}-\dfrac{1}{E_{1,i}}t_{x,i}+\dfrac{\upsilon_{21,i}}{E_{2,i}}t_{y,i}=-\overline{\varepsilon}_x+\dfrac{1}{E_{1,i}}\overline{\sigma}_x-\dfrac{\upsilon_{21,i}}{E_{2,i}}\overline{\sigma}_y-\dfrac{\upsilon_{31,i}}{E_{3,i}}\overline{\sigma}_z\\[2mm] \dfrac{\upsilon_{12,i}}{E_{1,i}}t_{x,i}-\dfrac{1}{E_{2,i}}t_{y,i}=-\overline{\varepsilon}_y-\dfrac{\upsilon_{12,i}}{E_{1,i}}\overline{\sigma}_x+\dfrac{1}{E_{2,i}}\overline{\sigma}_y-\dfrac{\upsilon_{32,i}}{E_{3,i}}\overline{\sigma}_z\\[2mm] \dfrac{\upsilon_{13,i}}{E_{1,i}}t_{x,i}+\dfrac{\upsilon_{23,i}}{E_{2,i}}t_{y,i}+e_{z,i}=-\overline{\varepsilon}_z-\dfrac{\upsilon_{13,i}}{E_{1,i}}\overline{\sigma}_x-\dfrac{\upsilon_{23,i}}{E_{2,i}}\overline{\sigma}_y+\dfrac{1}{E_{3,i}}\overline{\sigma}_z\end{array}\right\} \tag{5-25}$$

观察式（5-25），将 $\overline{\sigma}_x$、$\overline{\sigma}_y$、$\overline{\sigma}_z$、$\overline{\varepsilon}_x$、$\overline{\varepsilon}_y$、$\overline{\varepsilon}_z$ 视为参数量，则方程组中只有 3 个广义未知量 $t_{x,i}$、$t_{y,i}$、$e_{z,i}$，方程组一定可解，且解的形式为 6 个参数量的一次幂的线性组合。然后引入式（5-24）并经过转换后最终可得到下式：

$$\left.\begin{array}{l}\overline{\varepsilon}_x=\dfrac{1}{E_1}\overline{\sigma}_x-\dfrac{\upsilon_{21}}{E_2}\overline{\sigma}_y-\dfrac{\upsilon_{31}}{E_3}\overline{\sigma}_z\\[2mm] \overline{\varepsilon}_y=-\dfrac{\upsilon_{12}}{E_1}\overline{\sigma}_x+\dfrac{1}{E_2}\overline{\sigma}_y-\dfrac{\upsilon_{32}}{E_3}\overline{\sigma}_z\\[2mm] \overline{\varepsilon}_z=-\dfrac{\upsilon_{12}}{E_1}\overline{\sigma}_x-\dfrac{1}{E_2}\overline{\sigma}_y+\dfrac{\upsilon_{32}}{E_3}\overline{\sigma}_z\end{array}\right\} \tag{5-26}$$

式中，E_1、E_2、E_3——分别为等效棱柱体的三向弹性模量；

υ_{jk}——对应的各向等效泊松比，角标指代意义同前。

虽然等效剪切模量可以利用类似的方法得到，但由于砌体的剪切变形和不同材料在界面处的相对位移密切相关，涉及较为复杂的滑移问题，因此建议采用《砌体结构设计规范》GB 50003—2011 中规定的简单处理方法，即 $G=0.4E$。

5.4 等效力学参数数值计算方法

5.4.1 计算流程

5.3 节流程借助于计算机编程可以方便地进行数值计算。式（5-25）采用矩阵形式可写为：

$$[S_1](t_{x,1}\ t_{x,2}\cdots t_{x,i}\ t_{y,1}\ t_{y,2}\cdots t_{y,i}\ e_{z,1}\ e_{z,2}\cdots e_{z,i})^{\mathrm{T}}=[S_2](\overline{\varepsilon_x},\overline{\varepsilon_y},\overline{\varepsilon_z},\overline{\sigma_x},\overline{\sigma_y},\overline{\sigma_z})^{\mathrm{T}}$$

$$(5\text{-}27)$$

其中，

$$[S_1]=\begin{bmatrix} -\dfrac{1}{E_{1,1}} & & & & & & & \dfrac{\upsilon_{21,1}}{E_{2,1}} & & \\ & -\dfrac{1}{E_{1,2}} & & & & & & & \dfrac{\upsilon_{21,2}}{E_{2,2}} & \\ & & \ddots & & & & & & & \ddots \\ & & & -\dfrac{1}{E_{1,i}} & & & & & & \dfrac{\upsilon_{21,i}}{E_{2,i}} \\ \dfrac{\upsilon_{12,1}}{E_{1,1}} & & & & -\dfrac{1}{E_{2,1}} & & & & & \\ & \dfrac{\upsilon_{12,2}}{E_{1,2}} & & & & -\dfrac{1}{E_{2,2}} & & & & \\ & & \ddots & & & & \ddots & & & \\ & & & \dfrac{\upsilon_{12,i}}{E_{1,i}} & & & & -\dfrac{1}{E_{2,i}} & & \\ \dfrac{\upsilon_{13,1}}{E_{1,1}} & & & & \dfrac{\upsilon_{23,1}}{E_{2,1}} & & & & 1 & \\ & \dfrac{\upsilon_{13,2}}{E_{1,2}} & & & & \dfrac{\upsilon_{23,2}}{E_{2,2}} & & & & 1 \\ & & \ddots & & & & \ddots & & & & \ddots \\ & & & \dfrac{\upsilon_{13,i}}{E_{1,i}} & & & & \dfrac{\upsilon_{23,i}}{E_{2,j}} & & & & 1 \end{bmatrix}$$

$$(5\text{-}28)$$

$$[S_2]=\begin{bmatrix} -1 & & \dfrac{1}{E_{1,1}} & -\dfrac{\upsilon_{21,1}}{E_{2,1}} & -\dfrac{\upsilon_{31,1}}{E_{3,1}} \\[2mm] -1 & & \dfrac{1}{E_{1,2}} & -\dfrac{\upsilon_{21,2}}{E_{2,2}} & -\dfrac{\upsilon_{31,2}}{E_{3,2}} \\[1mm] \vdots & & \vdots & \vdots & \vdots \\[1mm] -1 & & \dfrac{1}{E_{1,i}} & -\dfrac{\upsilon_{21,i}}{E_{2,i}} & -\dfrac{\upsilon_{31,i}}{E_{3,i}} \\[2mm] & -1 & -\dfrac{\upsilon_{12,1}}{E_{1,1}} & \dfrac{1}{E_{2,1}} & -\dfrac{\upsilon_{32,1}}{E_{3,1}} \\[2mm] & -1 & -\dfrac{\upsilon_{12,2}}{E_{1,2}} & \dfrac{1}{E_{2,2}} & -\dfrac{\upsilon_{32,2}}{E_{3,2}} \\[1mm] & \vdots & \vdots & \vdots & \vdots \\[1mm] & -1 & -\dfrac{\upsilon_{12,i}}{E_{1,i}} & \dfrac{1}{E_{2,i}} & -\dfrac{\upsilon_{31,i}}{E_{3,i}} \\[2mm] & -1 & -\dfrac{\upsilon_{13,i}}{E_{1,1}} & -\dfrac{\upsilon_{23,1}}{E_{2,1}} & \dfrac{1}{E_{3,1}} \\[2mm] & -1 & -\dfrac{\upsilon_{13,2}}{E_{1,2}} & -\dfrac{\upsilon_{23,2}}{E_{2,2}} & \dfrac{1}{E_{3,2}} \\[1mm] & \vdots & \vdots & \vdots & \vdots \\[1mm] & -1 & -\dfrac{\upsilon_{13,1}}{E_{1,i}} & -\dfrac{\upsilon_{23,1}}{E_{2,i}} & \dfrac{1}{E_{3,j}} \end{bmatrix} \tag{5-29}$$

将式（5-27）的解代入式（5-24），以 $\overline{\varepsilon_x}$、$\overline{\varepsilon_y}$、$\overline{\varepsilon_z}$ 为未知量，以 $\overline{\sigma_x}$、$\overline{\sigma_y}$、$\overline{\sigma_z}$ 为参数量，求解三元一次方程组，将解的常数项系数与式（5-26）进行对照，得到棱柱体三向等效弹性模量和泊松比。

以砖砌体为例对整体和局部坐标系进行说明。如图 5-17 所示，墙体可看作两种棱柱体的组合，即先以 z_0 方向（局部坐标系）为堆叠方向的多个第一棱柱体，以 z 方向（整体坐标系）垂直方向构成墙体。利用式（5-16）～式（5-26），获得第一棱柱体的正交各向等效弹性模量后，通过变换整体和局部坐标系，重复上述过程可获得墙体的各向等效弹性模量和泊松比，这就是两步匀质化法的基本流程。由于砌体一般采用上下层错缝的方式进行砌筑，因此建议以水平向棱柱体的匀质化为第一步。

分层匀质化理论的基本假定为：砌体在线弹性阶段中各种材料协同受力变形、共同贡献刚度，其计算方法考虑了不同材料层尺寸的影响。实际工程中，当仅承受静力荷载时，砌体基本不会出现各层材料相互错动的情况，因此该方法具有较强的应用性。分层匀质化方法的重要意义在于，当墙体具有周期性分布特征时，可选取代表性砌体单元进行弹性模量和泊松比等效，再将墙体视为由等效单元组成的匀质体，进行整体有限元分析，如此可大大提高结构分析效率。对于主要由两种标准层组成的砌体，例如常见的砖墙、砌块墙等，可直接采用 Pande 等学者提出的两步匀质化公式计算等效力学参数，但对于包含了多种标准层的砌体，如藏式石砌体，则无法套用前人提出的公式，此时上述数值方法可发

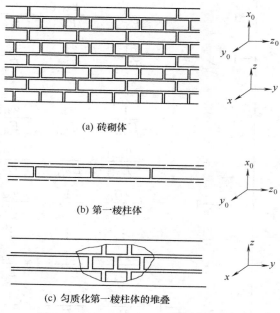

(a) 砖砌体

(b) 第一棱柱体

(c) 匀质化第一棱柱体的堆叠

图 5-17　砖砌体的两种棱柱体构成方式

挥作用。下面借助两个案例，对分层匀质化数值计算方法进行验证。

5.4.2　方法验证

1. 算例一：与两步匀质化方法的对比

利用 Pande 在进行两步匀质化方法时所用的数据对本文提出的数值计算方法进行验证。砖砌体中砖和砂浆的材料属性及尺寸取值为：砖弹性模量 $E_b = 1.1 \times 10^4 \text{ N/mm}^2$，砖泊松比 $\upsilon_b = 0.25$，砖的长度 $L_b = 225\text{mm}$，砖的高度 $H_b = 75\text{mm}$，砂浆弹性模量 $E_m = 1 \times 10^3 \text{ N/mm}^2$，砂浆泊松比 $\upsilon_m = 0.2$，砂浆的厚度 $H_m = 5\text{mm}$。

在进行第一步匀质化时，每个基础砌体单元由两层组成，故 $i = 1,2$。因此式（5-28）和式（5-29）分别写为：

$$[S_1] = \begin{bmatrix} -\dfrac{1}{E_{1,1}} & & \dfrac{\upsilon_{21,1}}{E_{2,1}} & \\ & -\dfrac{1}{E_{1,2}} & & \dfrac{\upsilon_{21,2}}{E_{2,2}} \\ \dfrac{\upsilon_{12,1}}{E_{1,1}} & & -\dfrac{1}{E_{2,1}} & \\ & \dfrac{\upsilon_{12,2}}{E_{1,2}} & & -\dfrac{1}{E_{2,2}} \\ \dfrac{\upsilon_{13,1}}{E_{1,1}} & & \dfrac{\upsilon_{23,1}}{E_{2,1}} & & 1 \\ & \dfrac{\upsilon_{13,2}}{E_{1,2}} & & \dfrac{\upsilon_{23,2}}{E_{2,2}} & & 1 \end{bmatrix} \qquad (5\text{-}30)$$

$$[S_2]=\begin{bmatrix} -1 & & \dfrac{1}{E_{1,1}} & -\dfrac{\upsilon_{21,1}}{E_{2,1}} & -\dfrac{\upsilon_{31,1}}{E_{3,1}} \\[2mm] -1 & & \dfrac{1}{E_{1,2}} & -\dfrac{\upsilon_{21,2}}{E_{2,2}} & -\dfrac{\upsilon_{31,2}}{E_{3,2}} \\[2mm] & -1 & -\dfrac{\upsilon_{12,1}}{E_{1,1}} & \dfrac{1}{E_{2,1}} & -\dfrac{\upsilon_{32,1}}{E_{3,1}} \\[2mm] & -1 & -\dfrac{\upsilon_{12,2}}{E_{1,2}} & \dfrac{1}{E_{2,2}} & -\dfrac{\upsilon_{32,2}}{E_{3,2}} \\[2mm] & & -1 & -\dfrac{\upsilon_{13,1}}{E_{1,1}} & -\dfrac{\upsilon_{23,1}}{E_{2,1}} & \dfrac{1}{E_{3,1}} \\[2mm] & & -1 & -\dfrac{\upsilon_{13,2}}{E_{1,2}} & -\dfrac{\upsilon_{23,2}}{E_{2,2}} & \dfrac{1}{E_{3,2}} \end{bmatrix} \tag{5-31}$$

式中，$E_{1,1}=E_{2,1}=E_{3,1}=E_{\mathrm{b}}$；

$E_{1,2}=E_{2,2}=E_{3,2}=E_{\mathrm{m}}$；

$\upsilon_{jk,1}=\upsilon_{\mathrm{b}}$；$\upsilon_{jk,2}=\upsilon_{\mathrm{m}}$。

将式（5-30）和式（5-31）代入式（5-27），得到一个包含 6 个方程、有 6 个未知量的方程组进行求解，解的形式为：

$$\begin{bmatrix} t_{x,1} \\ t_{x,2} \\ t_{y,1} \\ t_{y,2} \\ e_{z,1} \\ e_{z,2} \end{bmatrix} = \begin{bmatrix} A_{11} & A_{12} & A_{13} & A_{14} & A_{15} & A_{16} \\ A_{21} & A_{22} & A_{23} & A_{24} & A_{25} & A_{26} \\ A_{31} & A_{32} & A_{33} & A_{34} & A_{35} & A_{36} \\ A_{41} & A_{42} & A_{43} & A_{44} & A_{45} & A_{46} \\ A_{51} & A_{52} & A_{53} & A_{54} & A_{55} & A_{56} \\ A_{61} & A_{62} & A_{63} & A_{64} & A_{65} & A_{66} \end{bmatrix} \begin{bmatrix} \overline{\varepsilon_x} \\ \overline{\varepsilon_y} \\ \overline{\varepsilon_z} \\ \overline{\sigma_x} \\ \overline{\sigma_y} \\ \overline{\sigma_z} \end{bmatrix} \tag{5-32}$$

式中，A_{ij}——运算过程中的具体数值。

再将式（5-32）代入式（5-24），求解三元一次方程组，解的形式即为式（5-26）类型的表达式。将各参数一一对照，即获得了第一步匀质化结果。然后，利用第一步得到的匀质化结果，重复上述流程，即可得到上述参数下砖砌体的各向等效弹性模量和泊松比，具体结果为：

$E_1=8666\mathrm{N/mm}^2$；$E_2=10171\mathrm{N/mm}^2$；$E_3=6916\mathrm{N/mm}^2$；$\upsilon_{21}=0.2483$；$\upsilon_{31}=0.1682$；$\upsilon_{12}=0.2116$；$\upsilon_{32}=0.1674$；$\upsilon_{13}=0.2108$；$\upsilon_{23}=0.2461$。

数值计算方法求得的等效力学参数结果与 Pande 提出的公式计算结果一致。本算例验证了本书提出的数值方法是两步匀质化方法的拓展，具有更广泛的应用性以及计算便捷性，当棱柱体由两种厚度恒定、材料属性不变的匀质标准层交替分布组成时，上述方法即退化为 Pande 提出的两步匀质化方法。

2. 算例二：叠砌棱柱石砌体

利用 3.2 节中的缩尺棱柱砌体试验结果对等效计算方法进行验证，两种材料的力学参数取值方法为：缩尺棱柱砌体中泥浆饱满度较好，可以用标准泥浆试件的弹性模量结果进行赋值；通过对 2.2 节中的 31 个标准泥浆试件试验数据的分析可知，泥浆在弹性受力阶段受压应力-应变曲线形状接近于直线，泥浆的弹性模量取 0.4 倍极限强度的割线正切值，平均值为 120MPa。泥浆的泊松比参考类似材料取 0.2。花岗岩的弹性模量区间为 $5\times10^4 \sim 1\times10^5$ MPa，泊松比为 0.2。

本例中，由于试件是由多个截面基本一致的石块和泥浆层所组成的层叠物，因此只需进行一步匀质化过程，计算方法与 5.4.2 节第 1 小节基本一致，主要区别在于构建的矩阵维度不同。各试件均可视为由 5 个标准层组成，即 $i=1,2,3,4,5$。因此式（5-27）中的 $[S_1]$ 和 $[S_2]$ 分别为 15×15 阶和 15×6 阶矩阵，具体为：

$$[S_1]=\begin{bmatrix}
-\frac{1}{E_{1,1}} & & & & & \frac{\nu_{21,1}}{E_{2,1}} & & & & & & & & & \\
& -\frac{1}{E_{1,2}} & & & & & \frac{\nu_{21,2}}{E_{2,2}} & & & & & & & & \\
& & -\frac{1}{E_{1,3}} & & & & & \frac{\nu_{21,3}}{E_{2,3}} & & & & & & & \\
& & & -\frac{1}{E_{1,4}} & & & & & \frac{\nu_{21,4}}{E_{2,4}} & & & & & & \\
& & & & -\frac{1}{E_{1,5}} & & & & & \frac{\nu_{21,5}}{E_{2,5}} & & & & & \\
\frac{\nu_{12,1}}{E_{1,1}} & & & & & -\frac{1}{E_{2,1}} & & & & & & & & & \\
& \frac{\nu_{12,2}}{E_{1,2}} & & & & & -\frac{1}{E_{2,2}} & & & & & & & & \\
& & \frac{\nu_{12,3}}{E_{1,3}} & & & & & -\frac{1}{E_{2,3}} & & & & & & & \\
& & & \frac{\nu_{12,4}}{E_{1,4}} & & & & & -\frac{1}{E_{2,4}} & & & & & & \\
& & & & \frac{\nu_{12,5}}{E_{1,5}} & & & & & -\frac{1}{E_{2,5}} & & & & & \\
\frac{\nu_{13,1}}{E_{1,1}} & & & & & \frac{\nu_{23,1}}{E_{2,1}} & & & & & 1 & & & & \\
& \frac{\nu_{13,2}}{E_{1,2}} & & & & & \frac{\nu_{23,2}}{E_{2,2}} & & & & & 1 & & & \\
& & \frac{\nu_{13,3}}{E_{1,3}} & & & & & \frac{\nu_{23,3}}{E_{2,3}} & & & & & 1 & & \\
& & & \frac{\nu_{13,4}}{E_{1,4}} & & & & & \frac{\nu_{23,4}}{E_{2,4}} & & & & & 1 & \\
& & & & \frac{\nu_{13,5}}{E_{1,5}} & & & & & \frac{\nu_{23,5}}{E_{2,5}} & & & & & 1
\end{bmatrix}$$

$$(5\text{-}33)$$

$$[S_2]=\begin{bmatrix} -1 & & \dfrac{1}{E_{1,1}} & -\dfrac{\upsilon_{21,1}}{E_{2,1}} & -\dfrac{\upsilon_{31,1}}{E_{3,1}} \\[2mm] -1 & & \dfrac{1}{E_{1,2}} & -\dfrac{\upsilon_{21,2}}{E_{2,2}} & -\dfrac{\upsilon_{31,2}}{E_{3,2}} \\[2mm] -1 & & \dfrac{1}{E_{1,3}} & -\dfrac{\upsilon_{21,3}}{E_{2,3}} & -\dfrac{\upsilon_{31,3}}{E_{3,3}} \\[2mm] -1 & & \dfrac{1}{E_{1,4}} & -\dfrac{\upsilon_{21,4}}{E_{2,4}} & -\dfrac{\upsilon_{31,4}}{E_{3,4}} \\[2mm] -1 & & \dfrac{1}{E_{1,5}} & -\dfrac{\upsilon_{21,5}}{E_{2,5}} & -\dfrac{\upsilon_{31,5}}{E_{3,5}} \\[2mm] & -1 & -\dfrac{\upsilon_{12,1}}{E_{1,1}} & \dfrac{1}{E_{2,1}} & -\dfrac{\upsilon_{32,1}}{E_{3,1}} \\[2mm] & -1 & -\dfrac{\upsilon_{12,2}}{E_{1,2}} & \dfrac{1}{E_{2,2}} & -\dfrac{\upsilon_{32,2}}{E_{3,2}} \\[2mm] & -1 & -\dfrac{\upsilon_{12,3}}{E_{1,3}} & \dfrac{1}{E_{2,3}} & -\dfrac{\upsilon_{32,3}}{E_{3,3}} \\[2mm] & -1 & -\dfrac{\upsilon_{12,4}}{E_{1,4}} & \dfrac{1}{E_{2,4}} & -\dfrac{\upsilon_{32,4}}{E_{3,4}} \\[2mm] & -1 & -\dfrac{\upsilon_{12,5}}{E_{1,5}} & \dfrac{1}{E_{2,5}} & -\dfrac{\upsilon_{32,5}}{E_{3,5}} \\[2mm] & & -1 & -\dfrac{\upsilon_{13,1}}{E_{1,1}} & -\dfrac{\upsilon_{23,1}}{E_{2,1}} & \dfrac{1}{E_{3,1}} \\[2mm] & & -1 & -\dfrac{\upsilon_{13,2}}{E_{1,2}} & -\dfrac{\upsilon_{23,2}}{E_{2,2}} & \dfrac{1}{E_{3,2}} \\[2mm] & & -1 & -\dfrac{\upsilon_{13,3}}{E_{1,3}} & -\dfrac{\upsilon_{23,3}}{E_{2,3}} & \dfrac{1}{E_{3,3}} \\[2mm] & & -1 & -\dfrac{\upsilon_{13,4}}{E_{1,4}} & -\dfrac{\upsilon_{23,4}}{E_{2,4}} & \dfrac{1}{E_{3,4}} \\[2mm] & & -1 & -\dfrac{\upsilon_{13,5}}{E_{1,5}} & -\dfrac{\upsilon_{23,5}}{E_{2,5}} & \dfrac{1}{E_{3,5}} \end{bmatrix} \tag{5-34}$$

将式（5-33）和式（5-34）代入式（5-27）得到：

$$(t_{x,1}\ t_{x,2}\ t_{x,3}\ t_{x,4}\ t_{x,5}\ t_{y,1}\ t_{y,2}\ t_{y,3}\ t_{y,4}\ t_{y,5}\ e_{z,1}\ e_{z,2}\ e_{z,3}\ e_{z,4}\ e_{z,5})^{\mathrm{T}}=$$
$$[S_1]^{-1}[S_2](\overline{\varepsilon_x},\overline{\varepsilon_y},\overline{\varepsilon_z},\overline{\sigma_x},\overline{\sigma_y},\overline{\sigma_z})^{\mathrm{T}} \tag{5-35}$$

将式（5-35）代入式（5-24），依然变为求解三元一次方程组，后续的计算流程与5.4.2节第1小节相同，最终可得到匀质化材料的等效弹性模量。具体计算结果见表5-6。需要说明的是，缩尺棱柱砌体抗压试验中，除 NP1 试件采用了 0.2mm/min 的加载速度外，其余 7 个试件均采用 0.3mm/min 的加载速度。较慢的加载速度造成了 NP1 试件的弹性模量结果明显异常，加载速度的影响尚有待进一步的研究。除 NP1 试件外，试验获得的其他试件的弹性模量 E^P 与均质化计算得到的弹性模量 E^H 吻合较好。花岗岩在其弹性模量区间内的取值情况对于计算结果的影响较小，该情况表明，当砌筑材料刚度相差悬殊时，弹性模量较低的材料对整体弹性模量影响更大。

棱柱体轴心受压试验存在两个不确定性因素，会导致数值计算结果具有离散性：（1）试件中的泥浆是均匀性一般的材料；（2）为了模拟藏式石砌体的特征，采用了表面粗糙的石块，使得水平砌缝的厚度并不均匀。但是匀质化方法依然得到了与试验结果相符程度良好的弹性模量计算结果，验证了该方法的准确性。

		棱柱体试件弹性模量 E^P 与 E^H 的比较		表 5-6
试件类型	试件编号	弹性模量试验结果 E^P/MPa	弹性模量试验结果平均值/MPa	弹性模量计算结果 E^H/MPa
普通棱柱体	P1	731	1931 (不含 P1)	2020~2059
	P2	1764		
	P3	1491		
	P4	2537		
特种棱柱体	SP1	1868	1615	1585~1609
	SP2	1781		
	SP3	1297		
	SP4	1513		

3. 方法验证小结

以上两则算例演示了计算流程，结果表明，基于分层匀质化原理的等效力学参数数值计算方法有较好的准确性，且借助于计算机技术，可以进行较为快速便捷且精准的运算，具有较强的可操作性。

4. 数值计算方法在其他砌体结构中的应用

《砌体结构设计规范》GB 50003—2011 沿袭了《砌体结构设计规范》GBJ 3—1988 关于弹性模量的规定，砌体的弹性模量与砌体抗压强度成正比，而砌体抗压强度与块材和胶凝材料的抗压强度直接相关。该取值方法源自大量的早期试验数据，在多年的应用中也未见较大偏差。但是该种弹性模量取值方法具有两个方面的局限性：首先，建筑材料的发展日新月异，材料的力学性能参数越来越多样化，强度和弹性模量之间的关系也越发不确定，采用单一的、仅考虑强度因素的取值公式定义不同材料组成的砌体弹性模量略有不妥；其次，该取值方法对于特殊类型砌体的兼容性不够，主要还是面向砌筑材料的尺寸较为固定的常规砌体，因此未考虑材料体积分布的影响。如此会出现一种极端情况——当材料属性不变时，无论块体层和粘结材料层的厚度是否变化，弹性模量仍然不变，这显然是不合理的。本书提出的数值计算方法，很好地弥补了上述局限性。下面借鉴其他学者的试验数据，对等效数值方法在其他砌体结构中的应用进行介绍。

梁建国对多个砖和砂浆棱柱体进行了轴心受压试验，得到了两种材料强度和弹性模量结果。采用了该两种材料的砖墙的弹性模量可通过两种方式获得：一是根据《砌体结构设计规范》GB 50003—2011 的规定，通过公式计算获得；二是采用本节提出的数值方法计算获得。在本例中，砖的尺寸为 240mm×115mm×53mm，竖直砂浆和水平砂浆厚度取 10mm。考虑了两种砌筑方法，顺砌法和一顺一丁法。规范公式得到的弹性模量 E^0、分层匀质化方法得到的两种砌筑墙体弹性模量 E_1^H、E_2^H 结果如表 5-7 所示。

砖砌体弹性模量 E^0、E_1^H、E_2^H 的比较　　　　　　　　表 5-7

砌体类型	砖抗压强度平均值/MPa	砂浆抗压强度平均值/MPa	砖弹性模量/MPa	砂浆弹性模量/MPa	E^0/MPa	E_1^H/MPa	E_2^H/MPa	砌筑方法对两步法计算结果的影响
砖+砂浆 A	15.2	4.2	7565	6515	2833	7370	7352	0.2%
砖+砂浆 B	15.2	13.9	7565	14225	4320	8438	8567	1.5%

由表 5-7 的结果可见，按规范公式方法计算得到的弹性模量值 E^0 明显低于两种材料自身的弹性模量，显然低估了砌体的弹性模量。而利用数值计算方法获得的结果 E_1^H、E_2^H 介于两种材料自身弹性模量值之间，体现出两种材料对于砌体的刚度均有贡献，取值更为合理。

采用两步法计算顺砌墙体和一顺一丁墙体的弹性模量结果 E_1^H 和 E_2^H 并无明显差异，最大相差仅 1.5%。这是由于墙体中"顺砌层"和"丁砌层"的高度相同，计算中考虑泊松比的影响而造成垂直向弹性模量的细微差异，对于整片墙体的计算结果影响很小，可以忽略不计。该现象与客观规律也是相符的。

5.5　基于 RVE 单元的藏式古建筑石砌体匀质化

5.5.1　藏式古建筑石砌体

如图 5-18 （a）所示，藏式古建筑石砌体结构中最常见的是一种以花岗岩石材为砌块，天然黄泥为砂浆的墙体。从图 5-18 可以看出，该类藏式古建筑石砌体墙的典型特征与欧

墙体正面　　　墙体横截面　　　　　　墙体正面　　　墙体横截面

(a) 藏式古建筑石砌体墙(某藏式民居古建筑)　　　　　　(b) 欧洲三叶墙

图 5-18　藏式古建筑石墙和欧洲三叶墙的对比

洲古建筑中常见的三叶墙的基本一致，均是由两片砌块较大且规整的外叶墙夹着中间一片由较为松散的材料组成的内叶墙。因此，可以把该类藏式古建筑石砌体看作一种具备特定砌筑材料和砌体纹理构造的三叶墙。

如图 5-19 所示，藏式古建筑石砌体墙除拥有比较明显的三叶墙特征外，还有其他独特的工艺特征：在外叶墙上，占据大部分体积并且形状比较规则的石块被称为块石。块石周围往往会有呈扁平状的石片和较小的石块；这些小石片、石块被称为片石，主要起到填充缝隙以及砌筑过程中的找平作用。内叶墙是偏小的石块、碎石和黄泥的混合物。石砌体墙通常是藏式建筑的主要承重结构之一，为承担上部结构的重量，厚度往往较大；同时为保持稳定，降低重心，部分石砌体墙的外侧墙面会向内收分。

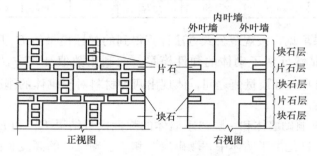

图 5-19 藏式古建筑石砌体构造示意图

5.5.2 有限元模型的参数设计

经过实地调研，得到了某藏式古建筑内的大量石墙的几何尺寸，以此为依据设定了砌体组件的几何参数。同时为了简化模型，提出假定：石块和石块之间的砌缝内均为均匀连续的泥土，竖向砌缝、水平向砌缝的材料性能一致，砌体中除石块和泥土外的部分均为内叶墙，完整块石和片石的尺寸大小保持不变，块石呈全顺形式分布，不同层片石的分布有所变化。根据上述内容，建立相应砌体墙模型，有限元模型和详细尺寸如图 5-20 所示。

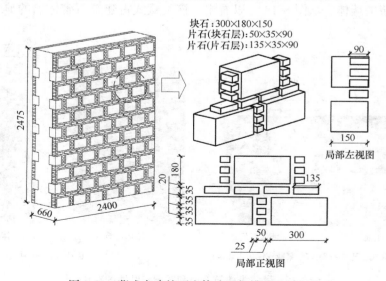

图 5-20 藏式古建筑石砌体墙几何模型及详细尺寸

本文所采用的 RVE 单元选择方法只关注弹性阶段的应力、应变分量，并且假定石材、黄泥均为各向同性材料，因此只需要确定各材料的杨氏弹性模量 E、泊松比 ν，即可建立有限元模型。参考《砌体结构设计规范》GB 50003—2011 附录 A 的试验方法，对 28 个藏式建筑所用花岗岩试件进行了抗压试验，试验结果显示试件抗压强度平均值 f_c 为 103.2MPa；该值与 Vasconcelos 的 Ponte de Lima（PTA）测试的花岗岩抗压强度接近，参考其试验结果，制定石材的杨氏弹性模量、泊松比。参考规范，对 3 个黄泥棱柱体进行了抗压试验，平均杨氏弹性模量为 295MPa；泥土泊松比参考坚硬状态下的粉质黏土推荐泊松比确定。内叶墙本身是由碎石、小石块、黄泥多种介质组成的部分，组成的随机性导致了材料性质的不确定性，但一些学者建模时仍将内叶墙简化成均匀统一的各向同性材料。参考 Binda 以 Serena 石材砌筑的内叶墙抗压试验结果进行内叶墙参数设置。上述本构模型参数如表 5-8 所示。

藏式古建筑石砌体的材料本构模型参数　　　　　　　　　　　　表 5-8

材料	E/MPa	ν
石材	41504	0.26
黄泥	295	0.25
内叶墙	1405	0.18

5.5.3　RVE 单元模型

考虑到所建模型的几何构造周期性程度较高，采用的是针对周期性砌体结构的选取方法：忽略片石分布，仅考虑块石分布，选取可以通过复制得到完整结构的区域作为窗口。为了寻找有推广价值的三叶墙 RVE 单元，参考砌体单叶墙的常见 RVE 单元，选取了 9 种藏式古建筑石砌体 RVE 单元，如图 5-21 所示。备选的 RVE 单元考虑了 RVE 单元的尺寸及组元分布对 RVE 单元的力学性能造成的影响，相应的几何参数如表 5-9 所示。

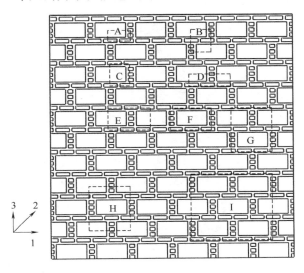

图 5-21　藏式古建筑石砌体备选 RVE 单元示意图

备选 RVE 单元几何参数   表 5-9

单元编号	长×高×宽/mm	体积/m³
A	200×112.5×660	14.85
B	200×225×660	29.7
C	200×225×660	29.7
D	400×112.5×660	29.7
E	400×225×660	59.4
F	400×225×660	59.4
G	400×450×660	118.8
H	400×450×660	118.8
I	800×675×660	356.4
整体	2400×2475×660	3920.4

5.6 小结

本章首先介绍了目前藏式古建筑石砌体建模模型的研究背景，针对藏式三叶墙采用了整体-分离式相结合的基础有限元建模方法建模；其次基于 Pande 的两步匀质化理论，提出了适用于多标准层混合体的各向等效力学参数的数值计算方法，并通过多个案例对该数值计算方法进行了验证；最后基于 RVE 单元进行了藏式古建筑石砌体匀质化研究。

第**6**章
藏式古建筑石砌体数值模拟的随机性问题

藏式石砌墙体的随机性可以分为两个方面：几何随机性和材料随机性。几何随机性主要体现在石材的形状、尺寸、空间分布以及黄泥的厚度等方面，材料随机性主要体现在材料性能方面。有些藏式石砌墙体年代久远，风化使黄泥剥落，雨雪造成黄泥的软化、流动，最终都可能导致墙体的破坏。藏式石砌墙体的几何随机性和材料随机性是客观存在的，同时其在一定程度上将会对墙体的力学性能产生较大影响，准确模拟藏式石砌体的随机性是十分必要的。

本章从砌块层面到墙体层面进行了随机性试验及数值模拟的探索。以高斯概率分布对点云相对深度分布规律进行描述，给出了砌体界面基于概率密度的粗糙度表征以及分类方法；对砌块界面粗糙特性进行试验和数值模拟，基于粘结界面三维细观随机模型与有限元模型的结合，提出了石砌体模拟中的新型界面关系-界面咬合模型，并将其运用到藏式石砌体数值模拟中；以藏式石砌体墙体的层面建立随机几何特征及分类标准并对藏式石砌墙体随机性数值模拟方法进行研究。

6.1 砌体界面粗糙度的随机表达

国内外学者对结构面剪切力学特征和破坏特征展开了大量研究，结果表明，结构面粗糙度是影响剪切强度特征与变形的非常重要的因素。但就毛石表面特征而言，其不容易通过测量得到。本节提出了一种基于界面整体形态和局部凹凸起伏两级概率表征的石砌体界面模型重构方法。在第一级，使用高斯随机分布来统计界面整体形态的概率特性；在第二级，界面的局部起伏由一个"补充高度"参数来描述，该参数与界面及其相对分布的概率密度函数有关，提出了一种基于分级控制法的算法，将界面特征转换为具有与样本粗糙特性匹配的概率密度以代表界面的整体特性，结合三次样条插值函数实现粘结界面模型重构。该模型能够很好地反映石砌体表面的整体形态以及起伏特征，可应用于粗糙度分类、数值模拟等多种情形。

6.1.1 表面粗糙度表征方法

目前粗糙度评估常见于新旧混凝土粘结界面研究，用到的方法有灌砂法和分形维数法等，但这些方法仅适用于待测物整体较为规整、待测表面起伏不大、仅有少量待测物的情况，且需要的人力成本太大。三维扫描仪可以获得反映扫描对象表面起伏特征的高精度点云数据，根据这一特点，本节对雪城城墙上扫描后获得的点云数据进行分析，结合三维离散点空间平面拟合方法，提出了基于点云数据概率密度的粗糙度定量评估的方法。

石砌块表面粗糙度定量的描述程序如图 6-1 所示。

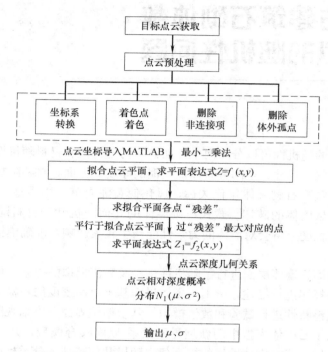

图 6-1　石砌块表面粗糙度定量描述程序流程图

藏式石墙体砌筑所用砌块多为长 300～500mm，宽 200～300mm 的不规则棱柱体，本书结合藏式墙体中所用石砌块的工艺特点、搬运的便利性和可操作性，设计了尺寸为 200mm×120mm×120mm 的单个缩尺花岗岩毛石砌块试件。利用上述方法对该批毛石砌块粗进行糙度评估之后，于低粗糙度、中粗糙度组、高粗糙度试件中各取两块点云区域图像，截取区域及该区域粗糙度如图 6-2 所示，图中 1、2 区域代表了低粗糙度砌块，3、4

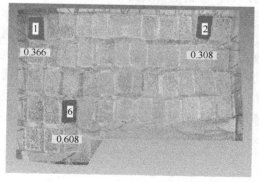

图 6-2　各粗糙度组代表点云区域

区域代表了中粗糙度组砌块，5、6 区域代表了高粗糙度组砌块。将各点云数据所有点的相对深度以分布直方图的形式呈现，见图 6-3。

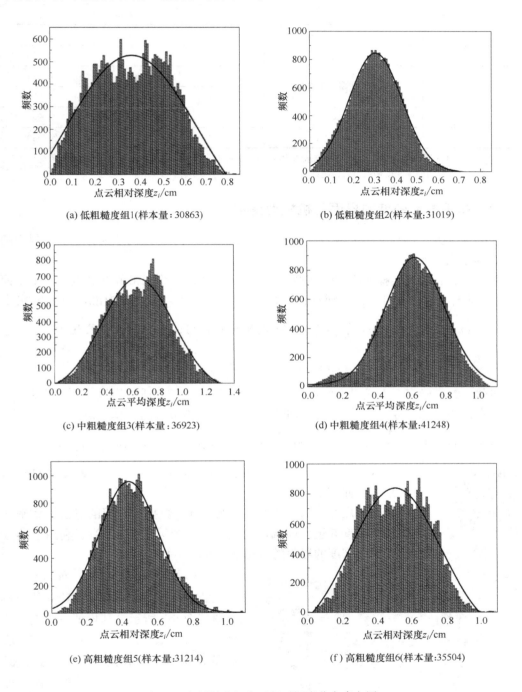

(a) 低粗糙度组1(样本量：30863)

(b) 低粗糙度组2(样本量：31019)

(c) 中粗糙度组3(样本量：36923)

(d) 中粗糙度组4(样本量：41248)

(e) 高粗糙度组5(样本量：31214)

(f) 高粗糙度组6(样本量：35504)

图 6-3 各粗糙度组点云相对深度分布直方图

从表 6-1 中可以看出各区域点云数据相对深度的概率密度函数的可决性系数都在 0.9 以上，拟合程度较好。

表 6-1

各区域对应点云数据相对深度概率密度函数表

各类点云区域	编号	分布类型	参数		
			均值 μ/cm	标准差 σ	R^2
低粗糙度组	1		0.354	0.298	0.927
	2		0.308	0.125	0.995
中粗糙度组	3	高斯正态分布	0.441	0.169	0.984
	4		0.514	0.265	0.975
高粗糙度组	5		0.654	0.231	0.953
	6		0.608	0.167	0.989

注：利用拟合优度的可决性系数 R^2 来判断概率密度函数相对于分布直方图的拟合程度，R^2 最大值为 1，其值越接近 1，说明概率密度函数拟合得越好。

6.1.2 基于概率密度的界面随机模型重构

根据统计分析得到的相关信息，采用 MATLAB 生成平面内尺寸为 $A \times B$ 的界面随机模型，其生成步骤如下。

步骤（1）：首先选择要生成的模型尺寸 A、B，生成三维网格节点投影在 xoy 平面上的 x、y 坐标。选择要生成每个网格的尺寸 $a \times b$，以（0，0）点为准，向上依次生成 $(0，y_j)$ $\left(j=0，1，2，\cdots，\dfrac{B}{b}\right)$，$y_j=bj$ 的坐标点；再向右重复此过程生成 $(x_i，y_j)$ $\left(i=0，1，2，\cdots，\dfrac{A}{a}\right)$，$x_i=ai$ 的坐标点。

步骤（2）：确定要生成界面的点云平均相对深度，选择合适的均值 μ 和标准差 σ，生成符合点云相对深度分布的随机数。将此随机数作为网格节点的 z 坐标值。

步骤（3）：生成 $\left(\dfrac{A}{a}+1\right)\left(\dfrac{B}{b}+1\right)$ 行、三列的矩阵存放三维坐标点 $(x，y，z)$。

步骤（4）：利用三次样条插值函数 spline 插值该区域其他的坐标点位，并绘制界面模型。

扫码看彩图

以石砌块尺寸 $12cm \times 20cm$ 为例，点云数据相对深的点云概率密度函数选取高粗糙度 5 组，即选取均值 0.654 和标准差 0.231。利用上述方法生成基于概率密度的界面随机模型，如图 6-4 所示。

图 6-4　基于概率密度的界面随机模型

为检验模型的有效性，对图 6-4 所示图像的点云相对深度进行统计，其分布直方图如图 6-5 所示。其均值 μ 与标准差 σ 分别为 0.690、0.213，与图 6-3（f）所示均值、标准差相比，误差为 5.5%、8.5%，均在 10% 以内，说明该模型可以较好地反映原始图像的分布特征。

通过对毛石砌块表面的观察，可以看出在真实情况下更多石砌块表面具有在整体起伏的趋势下附加微凹凸的粗糙特征，而利用界面三维细观随机模型生成程序得到的界面随机模型仅能代表小部分石砌块表面。为了使生成的界面随机模型具有普适性，符合其粗糙特征，需要对点云数据进行进一步的挖掘。

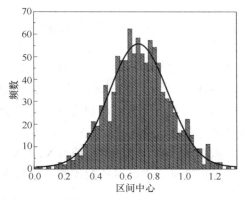

图 6-5　模型点云相对深度分布直方图

6.1.3　基于分级控制法的界面随机模型重构

前文通过点云预处理、基于最小二乘法的空间曲面拟合以及概率统计得到了点云数据相对深度的分布规律，为体现整体起伏的趋势下附加微凹凸的界面粗糙特征，提出了"分级控制法"，将界面特征转换为具有与样本粗糙特性匹配的概率密度来代表界面的整体特性，结合三次样条插值函数实现来粘结界面模型重构，其生成步骤如下：

仍然以高粗糙度 5 组为例，已知其点云相对深度服从于高斯正态分布 $N_1(\mu_1, \sigma_1^2) = N_1(0.654, 0.231^2)$。

步骤 1：在网格化点云图像上，选取一级控制点，并确定其分布规律。在点云图像上绘制间距相同的网格线，以纵横网格线相交的节点、网格区域内离节点最近的点作为一级控制点，如图 6-6 所示。统计一级控制点的相对深度分布，获得其概率密度函数 $N_2(\mu_1, \sigma_2^2)$。

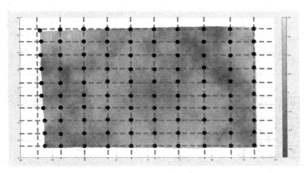

图 6-6　一级控制点点位分布图

扫码看彩图

步骤 2：选择要生成的模型尺寸 $A \times B$，生成三维网格节点投影在 xoy 平面上的 x，y 坐标。输入要生成每个网格的尺寸 $a \times b$，以（0，0）点为准，向上依次生成 $(0, y_j)$ $\left(j=0, 1, 2, \cdots, \dfrac{B}{b}\right)$，$y_j = bj$ 的坐标点；

再向右重复此过程生成 (x_i, y_j) $\left(i=0, 1, 2, \cdots, \dfrac{A}{a}\right)$，$x_i = ai$ 的坐标点。此处选择的模型尺寸为 20cm×12cm，网格尺寸取 $a=5$cm、$b=4$cm，即得 20 个网格节点的横纵坐标值，并将其作为界面模型一级控制点的坐标 (x, y)。

步骤 3：利用一级控制点相对深度分布 $N_2(\mu_1, \sigma_2^2)$ 生成符合其分布规律的随机数，将此随机数作为界面模型一级控制点的 z 坐标值。同基于概率密度的界面随机模型生成步骤（3），将网格坐标放入矩阵存储。

步骤 4：拟合 20 个网格点所成的曲面（要求 $R^2 > 0.85$），并求最优曲面方程表达式。利用 MATLAB 中 cftool 工具栏多项式拟合对数据进行拟合，得到 $f(x,y) = p_{00} + p_{10} \times x + p_{01} \times y + p_{20} \times x^2 + p_{11} \times xy + p_{02} \times y^2 + p_{30} \times x^3 + p_{21} \times x^2 y + p_{12} \times xy^2 + p_{03} \times$

$y^3 + p_{31} \times x^3 y + p_{22} \times x^2 y^2 + p_{13} \times xy^3 + p_{04} \times y^4$。

步骤 5：生成二级控制点初始坐标。重复步骤 2，令 $a = 0.5$、$b = 0.5$，得到 1025 个网格节点坐标 $(x，y)$，通过步骤 4 的最优曲面表达式 $f(x，y)$ 获得在 $(x_i，y_i)$ 下的竖坐标，得到的 1025 个三维网格节点坐标，即二级控制点初始坐标。

步骤 6：确定二级控制点竖坐标 z 调整值。统计二级控制点初始竖坐标分布得到 N_3 $(\mu_3，\sigma_3^2)$，其分布与高粗糙度 5 总体数据点相对深度分布 $N_1(\mu_1，\sigma_1^2)$ 有所差别，故引入"补充深度"，其分布用 $N_4(\mu_4，\sigma_4^2)$ 表示，将利用"补充深度"分布产生的随机数作为二级控制点竖坐标的调整值 $(N_1 = N_3 + N_4)$。

各粗糙度代表区域各级控制点相对深度分布概率密度函数见表 6-2。

各粗糙度组相对深度分布概率密度函数　　　　　　　　　　　表 6-2

各类点云区域	编号	点云相对深度		一级控制点竖坐标		补充高度	
		μ_1	σ_1	μ_2	σ_2	μ_4	σ_4
低粗糙度组	1	0.354	0.298	0.348	0.224	0.03	0.085
	2	0.308	0.125	0.311	0.185	0.01	0.065
中粗糙度组	3	0.441	0.169	0.452	0.211	0.04	0.085
	4	0.514	0.265	0.501	0.244	0.015	0.060
高粗糙度组	5	0.654	0.231	0.650	0.241	0.09	0.021
	6	0.608	0.167	0.586	0.187	0.02	0.070

扫码看彩图

步骤 7：确定二级控制点最终坐标。其最终坐标的竖坐标为初始坐标＋竖坐标调整值。

步骤 8：将三维坐标网格化，利用三次样条插值函数 spline 插值获得该区域其他的坐标点位，并绘制第二种界面随机模型。模型生成过程及技术路线见图 6-7、图 6-8。

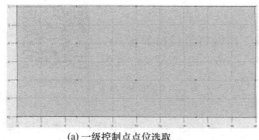

(a) 一级控制点点位选取

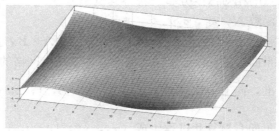

(b) 整体起伏形态

(c) 二级控制点点位选取

(d) 界面随机模型

图 6-7　基于分级控制法的界面随机模型生成过程

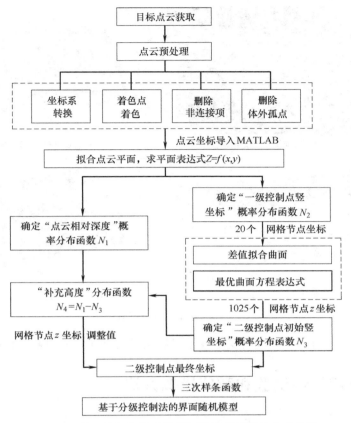

图 6-8　基于分级控制法的界面随机模型重构技术路线

为检验模型的有效性，对图 6-7（d）所示图像的点云相对深度进行统计，其分布直方图如图 6-9 所示。其均值 μ 与标准差 σ 分别为 0.645、0.230，与图 6-3（f）所示均值、标准差相比，误差为 1.3%、0.4%，说明该模型可以较好地反映原始图像的分布特征。

6.1.4　界面随机模型对比

为直观地展现分级控制法生成界面随机模型的有效性，将高粗糙度 5 号对应的毛石砌块表面图像分别与基于概率密度的界面随机模型、基于分级控制法的界面随机模型对比，如图 6-10 所示。

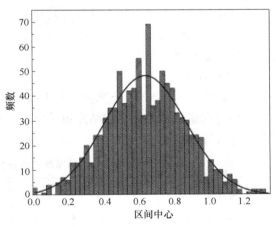

图 6-9　点云相对深度分布直方图

从石砌块表面原始图像中可以看出，毛石砌块表面整体起伏的趋势上附加微凹凸体的粗糙特征十分明显，第一种界面随机模型可以满足对随机性的要求，但不足以实现对实际毛石表面特征模拟。而通过分级控制法生成的界面随机模型，一方面与原始点云图像在点

扫码看彩图

(a) 石砌块表面原始图像

(b) 基于概率密度的界面随机模型

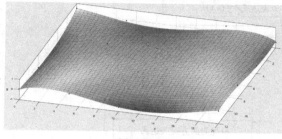

(c) 整体起伏形态

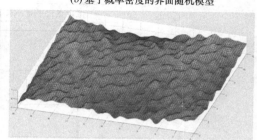

(d) 基于分级控制法的界面随机模型

图 6-10　界面随机模型对比

云相对深度分布上十分接近，同时又实现了对原始毛石砌块表面粗糙特征的模拟。

6.2　界面粗糙特性试验和数值模拟方法

6.2.1　石砌棱柱体界面粗糙度影响试验

根据相关研究，当摩擦力是受剪承载力的主要因素时，石砌体与粘结材料的界面粗糙度成为不可忽略的因素，而以往的研究只是对光滑的砌块进行简单处理，并没有对不同粗糙度产生的影响进行量化分析。

1. 试件制备

总共制作了 4 组共 11 个试件。其中高粗糙度组由于砌块不足共制作了 2 个试件，以砌块与砌缝泥浆接触的 4 个粘结面粗糙度的平均值作为该组试件的粗糙度代表值，具体工况及试件设置如表 6-3 所示。

粘结界面粗糙度组工况及试件设置

表 6-3

粗糙度分类	试件编号	粗糙度 Ra/cm	试件泥浆厚度/mm	试件高度/mm
光滑	SR1-1	0	15～20	390
	SR1-2	0	15～20	395
	SR1-3	0	15～20	395
低粗糙度	SR2-1	0.279	15～20	380
	SR2-2	0.262	15～20	390
	SR2-3	0.288	15～20	395

粗糙度分类	试件编号	粗糙度 Ra/cm	试件泥浆厚度/mm	试件高度/mm
中粗糙度	SR3-1	0.458	15～20	390
	SR3-2	0.397	15～20	395
	SR3-3	0.387	15～20	385
高粗糙度	SR4-1	0.729	15～20	390
	SR4-2	0.646	15～20	390

2. 试验现象及结果

1）试验现象

（1）对于光滑组试件，由于砌块与泥浆粘结界面之间极为平整，二者咬合力较差，其破坏以界面间的剪切滑移为主，同时伴随着泥浆内部的剪切破坏，以 SR1-3 组为例。当加载开始后，砌缝泥浆表皮出现稀疏的掉落现象；荷载位移的继续增大，左边顶部靠近中间砌块的泥浆出现了微裂缝，背面的泥浆出现了部分剪切斜裂缝。

随后裂缝迅速发展，微裂缝与背面的斜裂缝贯通，两道垂直砌缝与中间砌块之间几乎同时发生了分离，此时观察试验机曲线，并未到达峰值。

继续加载，泥浆出现大规模脱落，中间砌块与两边砌块之间出现明显的位移差，此时试验机曲线已超过峰值点，认为试件已破坏，结束加载。其余两个试件界面破坏形态均与该试件破坏形态大体一致，如图 6-11 所示。

(a) 加载前

(b) 加载中期

(c) 加载后期正面

(d) 加载后期背面

图 6-11 光滑对照组典型破坏过程

（2）低粗糙度组试件，与光滑组相比泥浆与砌块粘结界面间咬合力较优，泥浆材料抵抗剪切破坏的能力开始发挥作用，试件破坏以砌缝内阶梯形剪切破坏以及界面剪切滑移破坏为主。以试件 SR2-3 为例，在加载初期观察 Max-Test，可以看出剪应力上升极为缓慢，说明试件底部与夹具接触部位极为不平整。

继续加载在试件左侧砌缝上部率先出现泥浆材料断裂，且泥浆中部伴随着许多微小裂缝；随后左侧裂缝不断扩展，裂缝逐渐贯通，此时观测右侧砌缝，可以发现界面间缝隙变大，说明界面间出现了微小的剪切滑移。

在加载后期，可以清楚地看到试件左侧泥浆出现了以阶梯形剪切型斜裂缝为主的破坏，而试件右侧出现了界面间的剪切滑移破坏。如图 6-12 所示。

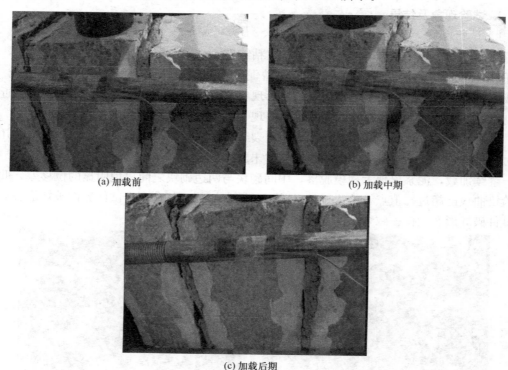

(a) 加载前　　　　　　　　　　　　　　(b) 加载中期

(c) 加载后期

图 6-12　低粗糙度组典型破坏过程及破坏形态

（3）中粗糙度与高粗糙度两组较之前两组界面粗糙特征更加明显，故现象较为一致，两组的试件最终破坏形态均为阶梯形剪切破坏，以 S3-1 为例。

随着荷载增大，在左侧泥浆中部率先出现斜裂缝，此时两侧泥浆上部出现局部挤压破碎；斜裂缝数量逐渐增多，左侧泥浆裂缝贯通，在裂缝贯通区域内的泥浆出现了局部脱落。

继续加大荷载位移，试件突然出现了断裂的声音，试件右侧表皮泥浆出现整体性脱落，内部可以看到明显的阶梯形贯通裂缝，Max-Text 曲线已到达峰值，说明试件破坏加剧，当曲线下降段斜率不再发生变化，试验结束，如图 6-13 所示。

2）砌缝抗剪试验结果

该试验的剪切应力-剪切位移曲线，由 Max-Test 给出；处理夹具各个螺杆的时间-应

(a) 加载前　　　　　　　　　　　　　　　(b) 加载中期

(c) 加载后期　　　　　　　　　　　　　　(d) 砌缝破坏形态

图 6-13　中、高粗糙度组典型破坏过程及破坏形态

变曲线数据，保留数据加载后的应变，以与泥浆接触的左右两个砌块表面面积较小的作为受剪面，两块泥浆受剪面的面积相加作为试件受剪面积，得到了剪应力-剪切位移曲线。各试件的剪应力-剪切位移见图 6-14～图 6-17。

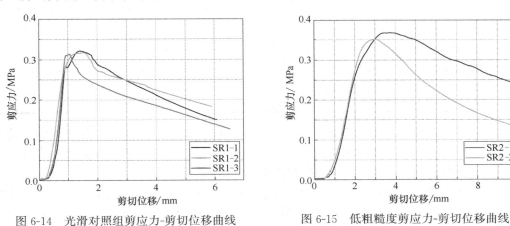

图 6-14　光滑对照组剪应力-剪切位移曲线　　　图 6-15　低粗糙度剪应力-剪切位移曲线

各组试件的剪应力-剪切位移曲线表现为剪切位移首先单调递增，其曲线斜率有变化但增长极其缓慢；当剪切位移超过某个值后，曲线斜率增大明显，除少数试件出现短暂下降外，曲线上升；剪切位移到达某个值后，曲线斜率不再发生变化，剪应力呈直线上升状；进入近峰值段后，位移的增长速度明显加快，且抗剪强度超过极限强度后，开始显著

下降。压应力变化与剪应力变化基本一致，加载初期由于夹具的存在限制了泥浆的变形，压应力随着剪切位移的增大呈增长趋势；当剪应力到达峰值后，压应力也到达峰值，此后泥浆发生了滑移，滑移的存在导致压应力逐渐减小，压应力的减小也是导致剪应力减小的原因。各试件组抗剪强度如表 6-4 所示。

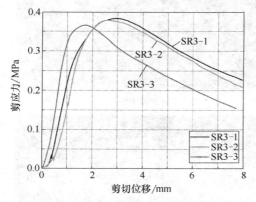

图 6-16　中粗糙度剪应力-剪切位移曲线

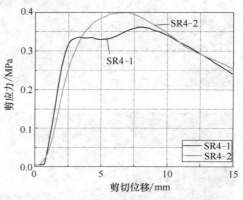

图 6-17　高粗糙度组剪应力-剪切位移曲线

各试件组砌缝抗剪强度　　　　　　　　　　　　　　　　表 6-4

编号	砌缝受剪极限承载力/kN	受剪面积/mm²	砌缝抗剪强度/MPa	
			实测值	平均值
SR1-1	15.40	240+240	0.321	
SR1-2	15.20	240+240	0.317	0.317
SR1-3	15.025	240+240	0.313	
SR2-1	17.815	236.7+248.85	0.3669	0.359
SR2-2	18.5	248.56+279.66	0.3502	
SR3-1	20.05	259.9+263.4	0.383	
SR3-2	19.18	260+246.35	0.379	0.376
SR3-3	19.05	272.39+248.4	0.366	
SR4-1	20.05	262.4+262	0.391	0.379
SR4-2	18.912	279.81+234.72	0.367	

在界面未做凿毛处理的光滑对照组试验中，抵抗滑移的能力主要由粘结界面的粘结力提供。在该组工况试验中曲线超过峰值点后，剪应力-位移曲线几乎迅速断崖式下降，说明泥浆本身抵抗剪切的性能没有完全发挥作用。

其余各组与光滑对照组相比，峰值应力明显提高不少，且滑移段未出现突然性的断崖式下降，下降趋势较为平缓，说明进入滑移阶段后除了泥浆表面的粘结力外，砌块与泥浆砌缝之间的犁沟效应使得泥浆抗剪能力发挥作用。

3）不同粗糙度与砌缝抗剪强度的关系

除高粗糙度组试件两个试件试验结果相差较大以外，其余各组砌缝抗剪强度都较为接近。试验结束后观察该组试件的石砌块，可以发现 SR4-2 棱柱石砌体某石砌块局部凸起过于严重，导致试件产生了阶段性的断裂、滑移，就试验本身来说其仍是不可忽略的结果。从表 6-4 可知，低粗糙度组、中粗糙度组、高粗糙度组的砌缝抗剪强度平均值与光滑对照组相比分别提高了 13.33％、18.70％、19.65％，说明随着粘结界面粗糙程度的提高，棱柱体试件的抗剪强度随之提高，但对抗剪强度的影响呈现减弱趋势，即粗糙度存在临界值。

将除 SR2-3 外的 10 个试验的砌缝抗剪强度结果放在一起，可以看出界面间的粗糙度与砌缝抗剪强度之间有明显的正相关关系。

由图 6-18 我们可以得到砌缝抗剪强度 τ 与粗糙度 Ra 之间的关系：

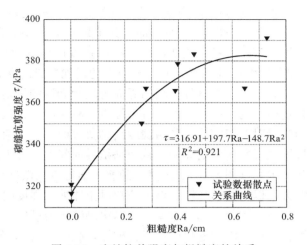

图 6-18　砌缝抗剪强度与粗糙度的关系

$$\tau=316.91+197.7Ra-148.7Ra^2 \tag{6-1}$$

3. 破坏机理分析

黏着-犁沟摩擦理论认为界面之间摩擦力是黏着效应产生的黏着力和犁沟效应产生的犁沟力的总和。黏着指在荷载作用下，两个微凸体表面接触点在过度压力作用下发生塑性变形，将接触点牢固黏着为一体；当发生黏着现象后，两微凸体表面产生相对滑动时，黏着点发生剪切破坏，剪切力就是摩擦阻力中的黏着阻力。

当两种不同硬度的微凸体，即石砌块与泥浆相互接触并相对滑动时，石砌块微凸体尖端会推挤泥浆材料，在泥浆微凸体表面造成犁沟，微凸体尖端处犁沟的阻力即犁沟力。两方面的因素贯穿整个加载过程。如图 6-19 所示。

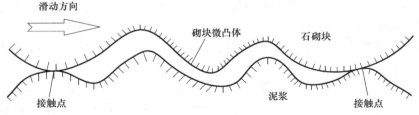

图 6-19　黏着-犁沟摩擦理论示意图

借助该理论同样可以将石砌块与泥浆砌缝界面间抗剪强度的组成分为两部分，其可表达为：

$$F=T+P_e=A_\tau\times\tau_b+S\times p_e \tag{6-2}$$

式中，T——黏着力；

　　A_τ——黏着面的面积，即实际接触面积；

　　τ_b——黏着节点的剪切强度；

　　P_e——犁沟力；

　　S——犁沟面的面积的总和，即挤压面积；

　　p_e——单位犁沟面积的犁沟力。

143

根据黏着-犁沟摩擦理论，在棱柱体压剪试验的压应力不发生变化的情况下，同一种土体材料的石砌块-泥浆界面，其单位犁沟面积的犁沟力 p_e、黏着节点的剪切强度 τ_b 属于固定值，不发生改变，砌缝抗剪强度产生变化应归因于剪切范围内微凸体的数量变化（即犁沟面积 S 的变化）及压应力的增加造成的黏着面积 A_τ 的变化。

光滑对照组试件的粘结界面为较为光滑的机切面，所能提供的犁沟力极为有限，试件抵抗剪切的性能主要由黏着力提供，故该组试件破坏形态以界面间的剪切滑移破坏为主。与光滑对照组相比，各粗糙度组砌块表面的起伏直接改变了剪切面处有效微凸体的数量，即增大了犁沟面的面积，致使粘结界面间剪切应力相应增多，故抗剪强度和粗糙度呈现正相关关系（图 6-18）。虽然，随着界面处有效微凸体的数量的增多，砌缝剪切强度会逐渐增大，但当剪切强度的增大值超过土体剪切强度时，二者破坏不再发生在界面处，而是发生在泥浆砌缝内部。这就使得本次砌缝抗剪试验试件破坏呈现两种破坏形态——界面剪切滑移破坏和沿砌缝阶梯形滑移破坏，故图 6-18 曲线后半段接近直线段。

各粗糙度组试件除少数低粗糙度试件出现界面剪切滑移破坏外，均以土体阶梯形滑移破坏为主。结合各试验曲线及试验现象，可以将整个过程分为四个阶段：紧密接触阶段、近弹性阶段、裂缝发展阶段、滑移阶段，如图 6-20 所示。

紧密接触阶段（OA）：当位移荷载开始施加后，随着泥浆微凸体达到受压屈服极限，试件通过增加有效接触点的数量（即实际接触面积）来增强抵抗剪切的能力，在曲线上表现为斜率不断增大，此阶段泥浆砌缝与石砌块界面间较之前接触更为紧密，部分泥浆砌缝"表皮"材料散落。

近弹性阶段（AB）：随着位移荷载的加大，接触点的数量不再发生改变，其有效接触点位置随着剪切的作用而发生改变；此阶段犁沟力的作用开始显现，犁沟作用点的数量逐步增加，犁沟面积逐渐增大，在曲线上表现为直线上升状。此阶段泥浆砌缝表面出现泥浆崩落。

裂缝发展阶段（BC）：虽然随着犁沟数目的增加，界面间的抵抗剪切能力会逐渐提升，但当接近砌块微凸体的泥浆的土体剪切强度时，泥浆本身已不能抵抗剪切荷载，泥浆内部已经开始发生断裂。此阶段砌缝泥浆之间产生大大小小的裂缝，曲线表现为斜率逐渐降低的上升段。

滑移阶段（CD）：当受到的荷载超过土体抗剪强度后，泥浆内部裂缝贯通，产生了阶梯形的滑移。滑移的产生使夹具两侧施加的压应力降低，剪应力也逐渐降低，曲线表现为近似直线下降，此时可以观察到明显的裂缝滑移变化。

以 SR3-1 为例，解释各个阶段划分的依据，如图 6-20 所示。

第一阶段为曲线斜率急速增长阶段，A 点代表斜率不再明显增长的初始点；第二阶段为直线上升段，该段斜率不再发生变化，B 点为曲率降低的初始点；第三阶段为曲率下降阶段，当其斜率降为 0 后所在点为滑移

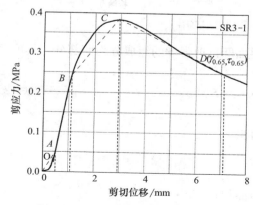

图 6-20　SR3-1 剪切位移-应变曲线

起始点 C 点；第四阶段，采用 0.65 倍的最大剪应力所对应的点为 D 点。

6.2.2　界面咬合模型及数值模拟分析

本节借鉴前述三种常用的粘结界面设定方法，将粘结材料和石砌块分开建模，不设定粘结破坏位置，将两种材料界面间的粘结力以内嵌一种无厚度内聚力粘结单元来定义，界面摩擦通过修改节点坐标形成的真实粗糙表面咬合实现。

1. 几何模型及材料属性选取

针对藏式石砌棱柱体压剪试验建立几何模型，模型尺寸与试验近似，石砌块的尺寸为长 200mm、宽 120mm、高 120mm，为方便后续分析泥浆层厚度取为 20mm，采用分离式建模的方法将三个砌块以及两道砌缝分开建模。采用网格偏移来建立实体单元，砌块部分网格尺寸设为 $10mm \times 5mm \times 5mm$，砌缝粘结材料的全局网格尺寸设为 5mm。几何模型及划分网格后装配体见图 6-21，图中深色区域代表的砌块单元，浅色区域为泥浆单元。

在 ABAQUS 软件中设定了密度、弹性模量以及泊松比，根据材料性能试验结果选取相关参数，将密度 ρ 定为 $2.7 \times 10^{-6}\,kg/mm^3$，弹性模量 E 为 2767MPa，泊松比 $\upsilon = 0.3$。

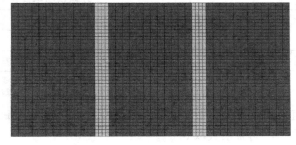

图 6-21　网格偏移装配体模型

藏式石砌体所用粘结材料多为泥浆等脆性极强材料，材料的抗压属性和抗拉属性有相当大的差异，本模拟采用混凝土塑性损伤模型作为其本构模型，拉伸以及压缩本构关系如图 6-22 所示。

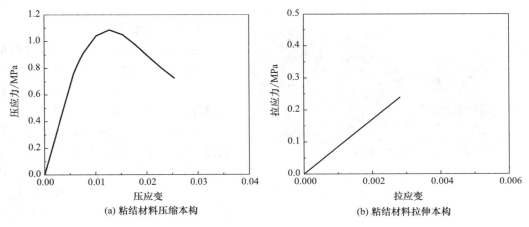

(a) 粘结材料压缩本构　　　　(b) 粘结材料拉伸本构

图 6-22　粘结材料本构关系

2. 界面单元

本文运用具有界面接触属性的界面单元（cohesive element）来模拟泥浆与砌块间界面（图 6-23），但与该种方法不同的是，并不需要将泥浆与砌块进行组合，界面单元提供的仅为界面间的粘结力，砂浆的粘结力仍由砂浆单元提供。

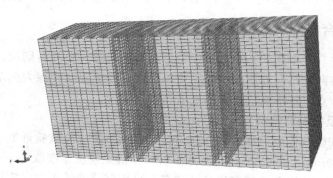

图 6-23 有限元模型中界面单元划分

界面粘结属性参数取值

表 6-5

刚度系数/(MPa/mm)			峰值牵引应力/MPa		
K_{nn}	K_{ss}	K_{tt}	Normal	Shear I	Shear II
2.5	1.08	1.08	0.35	0.35	0.35

除了表 6-5 的数据，一个完整的界面模型还需要设置 δ_m^{max}，即双线性模型位移的最大值，以及黏滞系数。结合试验结果分析并经大量试算，将 δ_m^{max} 设为 1.7mm；为提高计算效率，黏滞系数取 0.01。

在初始分析步将模型左侧整个砌块表面设为完全固结即 $U1=U2=U3=UR1=UR2=UR3=0$；在第 2 步，于试件右侧表面施加 0.5MPa 的压强；为限制两侧砌块的滑移，在第 2 步将两侧砌块下表面设为完全固结；将模型中间砌块上表面整体 $U1$ 位移与参考点 RP 进行耦合，在第 3 步对参考点 RP 施加 -5mm 的位移荷载来模拟试验中竖向加载。

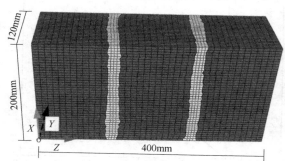

图 6-24 界面咬合模型

3. 咬合模型生成

图 6-24 为经节点坐标修改之后的界面咬合模型，其对应藏式石砌体压剪试验中 Ra=0.45 的棱柱体模型。此部分具体介绍该模型的生成方式。

本节对节点坐标修改涉及的单元有砌缝单元、界面单元以及部分砌块单元。首先利用该模型生成程序随机生成 4 种指定粗糙度的界面随机模型，进而得到在长 200mm、宽 120cm 区域内的点云信息；其次利用 MATLAB 读取输入文件节点坐标信息，并将其放置于矩阵 **node1**$_{(n×n×n)}$ 中储存；

最后对网格节点进行分层修改。模型沿 z 方向 $120 \leqslant L_z \leqslant 140$、$260 \leqslant L_z \leqslant 280$ 时表示的白色区域为砌缝单元，L_z 为 120、140、260、280 时有一层零厚度的 cohesive 界面单元。界面模型的坐标信息以及 *inp 文件的坐标信息在同一坐标下数值含义完全相同，这一步骤可以理解为，在节点的 z 坐标上附加了一个（x，y）坐标下的 z^* 坐标，*inp 文件内除了节点信息有所改动外，其余信息未发生改变。

以 $120 \leqslant L_z \leqslant 140$ 区域为例，修改后的网格如图 6-25 所示。

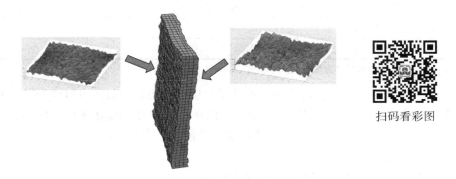

图 6-25　节点修改后砌缝以及界面单元网格

扫码看彩图

最后，利用 ABAQUS 分析求解器对修改后的 *inp 文件进行计算，在结果界面原数值模型已转换成界面咬合模型。在前一节，已经将模型界面间粘结力用嵌入的零厚度 cohesive 单元代替，这里用界面间的咬合来模拟真实状态下的摩擦现象。

6.2.3　有限元模型验证

为了验证界面咬合模型的正确性，本节将对粗糙度为 0.45 的有限元模型加载过程相关的云图变化以及剪应力-位移曲线进行分析，并与 SR3-3 组试验结果进行对比，对其正确性以及有效性进行验证。

1. 剪应力-位移曲线

对于砌体结构，剪应力-位移曲线是反映其抗剪性能的重要指标，根据曲线的变化，结合试件出现的现象，可以对试件所处受力状态进行预测。图 6-26 为 SR3-3 组试验与模型数值分析的剪应力-位移曲线对比。

从图 6-26 中我们可以看出有限元模拟与试验整体趋势基本一致，有限元可分为四个阶段。

在第一阶段曲线表现为，随着荷载的增大，曲线近似呈线性增长，在位移到达 0.27mm 时出现转折，此时对应剪应力为 0.096MPa；随后进入第二阶段，该阶段曲线斜率较第一阶段略

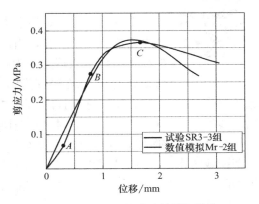

图 6-26　SR3-3 组试验结果与数值模拟剪应力-位移曲线对比

有下降，但该阶段内曲线斜率基本保持不变直到出现单元最大主应力超过设定抗拉强度，对应刚度下降初始点；第三阶段为到达刚度下降初始点以后，曲线刚度不断减小，直至达到峰值应力 0.373MPa；第四阶段为曲线峰值后，承载力下降。将有限元分析和 SR3-3 组试验得到的应力-位移曲线各阶段特征进行对比，见表 6-6。

剪应力-位移曲线各阶段对比   表 6-6

	拐点 A		刚度下降点 B		峰值点 C	
	位移/mm	剪应力/MPa	位移/mm	剪应力/MPa	位移/mm	剪应力/MPa
试验结果	0.310	0.070	0.794	0.276	1.652	0.366
数值模拟结果	0.27	0.096	0.856	0.280	1.521	0.373
相对误差	12.9%	37%	7.8%	1.4%	7.9%	1.9%

注：误差以试验结果为基准。

从表 6-6 中可以看出数值模拟结果与试验结果各阶段拐点对应处的位移、剪应力十分接近，拐点 A 处位移，刚度下降点 B 位移、剪应力，峰值点 C 剪应力、位移误差均控制在 15% 以内，数值模拟能较好地反映各阶段的应力特性。

2. 云图对比

1）粘结界面单元 QUADECRT 云图

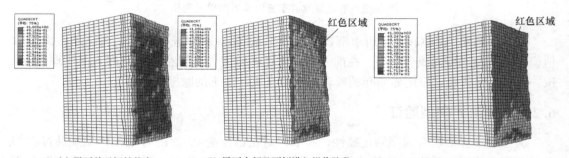

(a) 界面单元初始状态   (b) 界面上部及两侧进入损伤阶段   (c) 界面整体进入损伤演化阶段

图 6-27 左半部界面粘结损伤发展过程

扫码看彩图

前面已经提到，混合损伤准则可以解释为当三个方向上牵引应力与峰值牵引应力之比求和，当达到 1 时，黏性接触属性便开始发生损伤，在图 6-27 的云图中表现为变为红色区域（当 QUADECRT=1 时，彩图请扫二维码查看）。以左半部为例，随着荷载的施加，cohesive 界面上部率先触发起始损伤并进入损伤阶段，损伤自上部、左右两侧向中间发展，中部由于表面不平整零星出现残损。当位移为 0.856mm 时（对应刚度下降点），界面除小部分未进入损伤阶段外，大部分进入损伤阶段，这时可认为界面整体提供的粘结力已到达极限并开始衰减，不足以抵消荷载的作用；此时界面咬合作用开始显现，除泥浆提供的抵抗荷载的作用外，泥浆与界面间产生的咬合力承担一部分对荷载的抵抗作用。

2）PEEQ 及 Max. pricipal 云图

PEEQ 等效塑性应变描述的是整个变形过程中塑性应变累积的结果，在这里表示为压缩和剪切过程中塑性应变之和。Max. pricipal 最大主应力云图反映的是模型所处的应力状态，当该单元最大主应力大于设定的抗拉强度时，可认为其开裂，观察最大主应力方向可以观察其裂缝发展趋势。从图 6-28 所示过程，可以看出施加荷载后，少数砌缝泥浆率先发生局部开裂，这是因为砌块表面微凸体起伏太大，作用在泥浆之上产生了应力集中现象，导致该部分区域最大主应力率先达到设定的抗拉强度 0.24MPa，此现象对应了试验加载前期砌缝处泥浆零散局部脱落现象。

随着荷载的加大，砌缝泥浆处出现了裂缝，并迅速扩展，但左右两块泥浆裂缝发展并不相同，左侧泥浆裂缝位置偏下，自左下至右上发展，右侧泥浆裂缝位置靠近中上部自左上至右下发展，该现象是模型考虑了表面起伏的随机性的结果；此后阶段观察两部分砌缝，可发现局部界面间的滑移逐渐增大，这是界面单元牵引滑移的结果。加载至终态，观察等效塑性应变图可见该试件最终破坏结果为界面间的阶梯状剪切滑移破坏，左侧泥浆下部出现了裂缝贯通、近中间砌块侧界面出现了界面滑移，右侧中上部泥浆发生贯通、界面下部背离中间砌块一侧出现了界面间滑移。这与中粗糙度组试验阶梯形剪切滑移破坏过程十分相近。

扫码看彩图

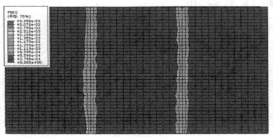

(a) 加载前(分析步:0)

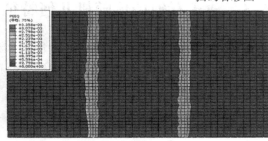

(b) 加载初期(分析子步:43)

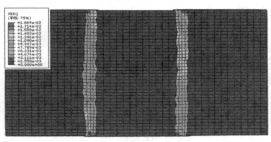

(c) 加载中期(分析子步:66)

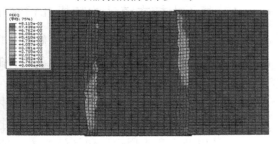

(d) 加载终期(分析子步:127)

图 6-28　加载过程中等效塑性应变

(a) 试验现象

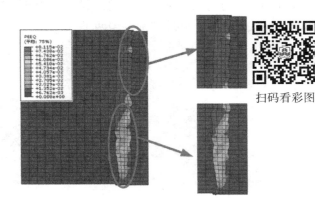

(b) 数值模拟破坏现象

扫码看彩图

图 6-29　破坏形态对比

从图 6-28 和图 6-29 中可以看出，引入界面咬合的数值模型能够较好地模拟试验各个阶段的试验现象，同时该模型可以直观地展现模拟终态模型的最终破坏形态，即剪切滑移界面特性。由于界面咬合模型是在界面随机重构模型基础上建立的，界面表面微凸体的起伏具有很大的随机性，与试验中采用毛石砌块表面十分贴近，所以在随机性的驱使下，模拟中原本破坏形态应对称的左右砌缝泥浆变得不对称，同时变形趋势也难以预测，这更加说明考虑了界面咬合的模型能真实反映砌体结构在外力作用下的应力及相关状态。

从各云图结果以及剪应力-位移曲线上可以看出本节针对藏式石砌棱柱体压剪试验提出的界面咬合模型能较好地反映试验各阶段的力学行为及破坏现象，可以较好地模拟此类试验，该模型可用来分析、研究对影响棱柱体压剪试验各参数。

6.3 藏式石砌墙体随机几何特征及分类标准

为研究藏式石砌墙体的随机几何特征，本节将其随机几何特征的研究分为两个部分：（1）通过概率统计的方法对藏式石砌墙体的几何尺寸进行分析，得到其概率密度函数和相关参数；（2）根据自相关理论对石材在墙体平面上的几何分布进行描述，得到不同墙体的自相关域及分类标准。通过上述两部分研究，系统建立对藏式石砌墙体几何随机性的描述方法和分类标准。

6.3.1 基于大样本统计的随机几何特征分析

由于藏式石砌墙体的各组分的几何尺寸具有很大的随机性，若想得到各组分几何尺寸的所有数据特征，就必须对所调查的藏式石砌墙体的尺寸数据进行统计分析。

1. 墙体尺寸信息的来源及提取

调研对象以布达拉宫地上外墙、地垄墙体和大昭寺周边藏式寺庙、民居的墙体为主。其中包括布达拉宫的日出康、白宫、强庆塔拉姆、德央奴和占堆康中地上外墙 10 片和地垄墙 90 片以及大昭寺周边（包括丹杰林、岗嘎夏、默如宁巴和群巴等）20 片墙体，分布如图 6-30 所示。由于布达拉宫地上外墙样本数较少，且其与大昭寺周边墙体的砌筑方式、石材尺寸相近，可将二者视作同一类别藏式石砌墙体以达到扩充样本的目的，因此所有墙体可分为藏式石砌地上外墙和地垄墙两类。

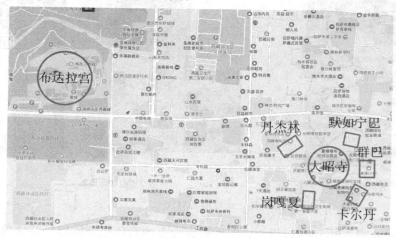

图 6-30 西藏石砌墙体分布

由图 6-31 可以看出，藏式石砌地垄墙和地上外墙的砌筑工艺大致相同，都是按照块石层—片石层—块石层的顺序依次逐层砌筑。但地垄墙与地上外墙又有明显的不同，相较于地垄墙，地上外墙和其所用石材更加规律和整洁。由于地垄墙没有外观要求，所以采用的石材形状和尺寸更为随意。而地上外墙多使用较大的块石和较厚的片石砌筑，墙体更显美观大气。以上仅为视觉的直观感受，需对地上外墙和地垄墙分别进行概率统计并进行对比，用数据对二者进行区分。

 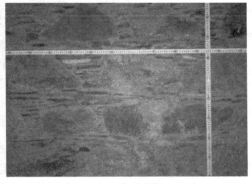

(a) 地上外墙　　　　　　　　　　　　　　　　(b) 地垄墙

图 6-31　不同位置的藏式石砌墙体

藏式石砌墙体调研的具体步骤分为：（1）用两把相互垂直的钢尺测量墙体的尺寸，在测量的过程中进行图像的采集；（2）导入 CAD 中对钢尺两端的 10cm 进行测量，根据计算将图进行旋转、缩放以确保图像与实际墙体尺寸一致。（3）在处理后的图片上绘制互相垂直的网格线，通过测量相应网格线尺寸得到大量墙体各组分尺寸样本，进而通过分析得到其概率密度函数和符合该类墙体特征的自相关域及分类标准。

藏式石砌墙体是一种非常独特的随机墙体，这里用基本统计理论和方法来对藏式石砌墙体各组分的尺寸信息进行分析。使用如下设置的网格线对该墙体的各组成部分的几何尺寸进行统计分析，需要统计的内容包括块石的高、宽，片石的高、宽，块石间碎石的高、宽以及水平向和竖直向的黄泥厚度。具体方法步骤如下：

（1）网格的行是与墙体的块石、片石层中石头的中心点相对应的水平线，块石层的行用 HA_j 表示，其中 $j=1$，2，$\cdots$，N_{HAj}；片石的行用 HB_j 表示，其中 $j=1$，2，$\cdots$，N_{HBj}。

（2）网格的列是根据墙体的具体尺寸平均分配的竖直线，列用 V_j 表示，其中 $j=1$，2，$\cdots$，N_{Vj}。

（3）沿着块石层的行 HA_j，测量块石的宽度 B_b、碎石的宽度 B_c；沿着片石层的行 HB_j，测量片石的宽度 B_f；除此之外，测量块石层和片石层中块石之间、片石之间以及块石与碎石之间的黄泥尺寸 B_h。

（4）沿着列 V_j，测量块石、片石的厚度 H_b、H_f 以及相应的块石与片石之间黄泥的厚度 H_v。本文将块石间的碎石看作一个整体，且因藏式石砌墙体的块石层包括块石和碎石两种石材，二者竖向尺寸相似。且网格线中数值线通过的位置是随机，且碎石的出现频率相对较低，为增加样本数量假设碎石和块石厚度尺寸均为 H_b，具体网格如图 6-32 所示。

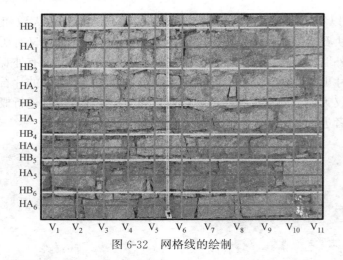

扫码看彩图

图 6-32　网格线的绘制

2. 尺寸信息的统计分析

通过概率统计方法和绘制的网格线对藏式石砌地上外墙各组分几何尺寸样本进行统计分析，样本为 30 片地上外墙，得到各组分相关尺寸的分布直方图。为了获取这些尺寸样本的概率密度函数和曲线，首先应对各尺寸的分布直方图进行观察，假设该尺寸服从某种分布，并用矩估计求得的相关参数构造其概率密度函数，最终根据拟合优度的可决系数 R^2 来判断概率密度函数相对于分布直方图的拟合程度。通过分析可知尺寸 B_b、H_b 服从正态分布，尺寸 B_c、B_f、B_h、H_f、H_v 服从对数正态分布，具体分布如图 6-33 所示。

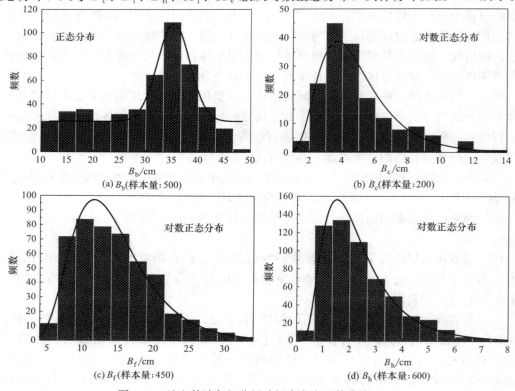

图 6-33　地上外墙各组分尺寸概率密度函数曲线（一）

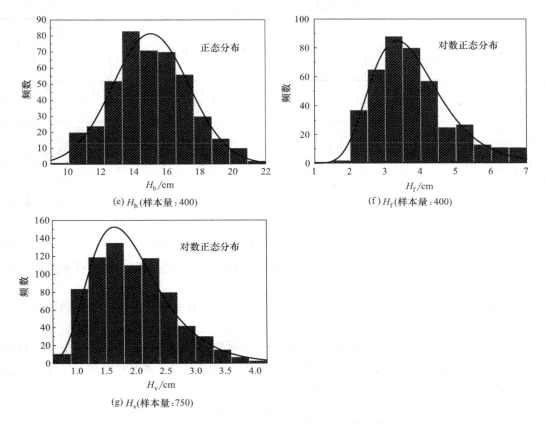

图 6-33 地上外墙各组分尺寸概率密度函数曲线（二）

上述尺寸样本的分布类型、概率密度函数、相应参数以及可决系数 R^2 如表 6-7 所示。

地上外墙各组分尺寸概率密度函数表 表 6-7

尺寸类型	代表符号	分布类型	概率密度函数	参数		可决系数 R^2
				均值 μ	标准差 σ	
块石宽度	B_b	正态分布	$f(x)=\dfrac{1}{\sqrt{2\pi}\sigma}\exp\left[-\dfrac{(x-\mu)^2}{2\sigma^2}\right]$	30.48	9.21	0.88
块石厚度	H_b			15.08	2.31	0.95
碎石宽度	B_c	对数正态分布	$f_x(x)=\begin{cases}\dfrac{1}{\sqrt{2\pi}x\sigma}\exp\left[-\dfrac{(\ln x-\mu)^2}{2\sigma^2}\right], & x>0\\[2mm] 0, & x\leqslant0\end{cases}$	1.49	0.43	0.97
片石宽度	B_f			2.60	0.39	0.96
水平泥浆	B_h			0.72	0.56	0.99
片石厚度	H_f			1.29	0.28	0.96
竖直泥浆	H_v			0.61	0.34	0.95

再对布达拉宫地垄墙体进行统计分析，样本为 40 片地垄墙，获得各组分相关尺寸的分布直方图、概率密度函数和曲线、相应的参数以及可决系数 R^2。通过分析可知尺寸 B_c 服从正态分布，其余尺寸皆服从对数正态分布。

地垄墙各组分尺寸概率密度函数表　　　　表 6-8

尺寸类型	代表符号	分布类型	概率密度函数	参数		可决系数 R^2
				均值 μ	标准差 σ	
碎石宽度	B_c	正态分布	$f(x)=\dfrac{1}{\sqrt{2\pi}\sigma}\exp\left[-\dfrac{(x-\mu)^2}{2\sigma^2}\right]$	9.58	2.97	0.95
块石宽度	B_b	对数正态分布	$f_x(x)=\begin{cases}\dfrac{1}{\sqrt{2\pi}x\sigma}\exp\left[-\dfrac{(\ln x-\mu)^2}{2\sigma^2}\right],&x>0\\0,&x\leqslant 0\end{cases}$	3.28	0.28	0.96
片石宽度	B_f			2.75	0.29	0.90
水平泥浆	B_h			0.71	0.63	0.98
块石厚度	H_b			2.50	0.24	0.97
片石厚度	H_f			1.21	0.36	0.89
竖直泥浆	H_v			0.55	0.35	0.92

由表 6-7 和表 6-8 可以看出，藏式石砌地垄墙和地上外墙各组分尺寸的概率密度函数的可决系数 R^2 都在 0.9 左右，拟合程度较好。

同时对二者的参数（均值）进行对比，地垄墙的块石厚和宽都小于地上外墙块石的厚和宽，因此可知地上外墙块石相对于地垄墙块石更大。地垄墙的片石宽大于地上外墙的宽，而其厚度略小于地上外墙厚度，因此可知地垄中片石较地上外墙片石更为细长。将地上外墙水平方向黄泥厚度与地垄墙黄泥厚度和地上外墙竖直方向黄泥宽度与地垄墙黄泥宽度分别进行对比，可以看出二者在黄泥方面的差别较小。

由此可知，藏式石砌墙体的地上外墙和地垄墙各组分几何尺寸存在明显差异，但统计分析只能通过各组分的尺寸信息的区别来判断二者的差异。下节将通过相关理论分析研究石砌墙体的空间分布几何特征，同时建立各类墙体的相关曲线以及分类的标准和方法。

6.3.2　基于自相关谱的随机几何特征分析

上节对藏式石砌墙体概率统计仅提供了墙体中石材和黄泥的几何尺寸信息。这种对墙体的统计方法只能对各组分的几何尺寸的随机性进行描述，但藏式石砌墙体作为一个整体，对各组分在墙体几何平面上的随机分布产生的纹理进行描述也是墙体随机几何特征分析的重要组成部分，藏式石砌墙体纹理的改变通常表现为墙体的砌筑方式、石材的尺寸、泥浆的厚度以及二者的空间分布等信息的变化，同时，上述信息的改变也会对藏式石砌墙体的力学性能产生一定的影响。

但目前藏式石砌墙体的纹理识别大多采用实地观察按经验判断，并未提出对藏式石砌墙体纹理进行识别的数值方法，因为藏式石砌墙体的砌筑普遍存在周期性，而自相关函数对周期性以及数据的突变具有敏感性，可以通过该函数描述墙体的周期砌筑以及各材料的差异。因此本节基于自相关谱理论提出了一种适用的方法对藏式石砌墙体的各组分在墙体几何平面上的随机分布进行描述、归纳以及分类。

1. 自相关理论基础

相关系数指的是两个不同事件彼此之间的相互影响程度，而自相关系数是同一事件在不同时期之间的相关程度，两个事件的相似性大小用相关系数来衡量，定义

$$\rho_{xy} = \frac{COV(x,y)}{\sqrt{D(x)}\sqrt{D(x)}} = \frac{\sigma_{xy}}{\sigma_x\sigma_y} \tag{6-3}$$

为变量 x 和 y 的相关系数。若相关系数为 0，则二者无关，相关系数越大，相关性也就越强，但相关系数一定小于或等于 1。

相关函数分为自相关和互相关。互相关函数是描述随机信号 $X(s)$、$Y(t)$ 在任意两个不同时刻 s、t 的取值之间的相关程度。自相关是互相关的一种特殊情况。自相关也称序列相关，它通常用于随机的信号处理，描述随机信号 $X(t)$ 在任意不同时刻 t_1、t_2 的取值之间的相关程度，它是找出重复模式（如噪声掩盖的周期信号），或者识别隐藏在信号中的基频的数学准则。定义公式为：

$$R(t_1,t_2) = E(X(t_1) * X(t_2)) \tag{6-4}$$

对于连续函数，公式为：

$$(f * f)(\tau) = \int_{-\infty}^{+\infty} f^*(t)f(t+\tau)\mathrm{d}t \tag{6-5}$$

对于离散的，公式为：

$$(f * f)(n) = \sum_{-\infty}^{+\infty} f^*[m]f(n+m) \tag{6-6}$$

从公式定义中可以看出，自相关函数和卷积运算类似，但区别在于，自相关的两个序列不需翻转，直接滑动相乘之后求和；而卷积中一个序列需要先翻转，然后转动相乘之后求和。所以，$f(t)$ 与 $f(t+\tau)$ 做自相关等于 $f^*(-t)$ 与 $f(t+\tau)$ 做卷积。

基于藏式石砌墙体进行统计分析时对其进行的网格绘制，为了与常用于信号处理的自相关函数理论相匹配，可以把网格线中每条纵横线所经过的墙体的不同组分用不同的数值在坐标轴上进行表示，横坐标 x 为纵横线距初始位置的距离，纵坐标 y 为纵横线所经墙体不同组分的代表值，将各坐标点连接为一条曲线，即可将这条曲线视为以距离为横坐标的信号，进一步采用自相关理论对其进行相关性分析。

2. 藏式石砌墙体的自相关公式

根据自相关理论，以图 6-32 绘制网格线的藏式石砌墙体为例，详细叙述与网格纵横线相对应的代表值函数的设置过程。

设水平线 HA_j 相对应的 $HA_j(x)$ 为块石层相对于行的代表值函数 HA_j，$j=1,\cdots,N_{HAj}$。如果横坐标 x 经过的位置属于"块石"，则该函数假定值为 1；如果该点经过的位置属于"碎石"，则函数值为 1/2；如果该点经过的位置属于"黄泥"，则函数值为 0。

$$HA_j(x) = \begin{cases} 1, & x \in 块石 \\ 1/2, & x \in 碎石 \\ 0, & x \in 黄泥 \end{cases} \tag{6-7}$$

设水平线 HB_j 相对应 $HB_j(x)$ 为片石层相对于行的代表值函数 HB_j，$j=1,\cdots,N_{HBj}$。如果横坐标 x 经过的位置属于"片石"，则该函数假定值为 1；如果该点经过的位置属于"黄泥"，则函数值为 0。

$$HB_j(x) = \begin{cases} 1, & x \in 片石 \\ 0, & x \in 黄泥 \end{cases} \tag{6-8}$$

设 $V_j(y)$ 为相对于列的代表值函数 V_j，$j=1$，…，N_{V_j}。如果横坐标 y 经过的位置属于"块石"，则该函数假定值为 1；如果该点经过的位置属于"片石"，则函数值为 1/2；如果该点经过的位置属于"黄泥"，则函数值为 0。

$$V_j(y)=\begin{cases}1, & y\in 块石\\1/2, & y\in 片石\\0, & y\in 黄泥\end{cases} \tag{6-9}$$

根据上述代表值函数以及自相关理论，在使用自相关函数时，对其进行适当的改进和分解以更加适合藏式石砌墙体的自相关分析。以片石层 HB_j 为例进行详细的分析说明。首先介绍位移面积函数（SAF）$A_{HBj,HBj}(\xi)$，设 $\xi\in R$，该函数可以表示为位移函数 $HB_j(x+\xi)$ 和原函数 $HB_j(x)$ 的两条曲线所截面积的均方值。

$$A_{HBj,HBj}(\xi)=\lim_{\Delta x\to\infty}\frac{1}{\Delta x}\int_0^{\Delta x}[HB_j(x+\xi)-HB_j(x)]^2dx \tag{6-10}$$

在实际应用中，为了计算快捷，积分通常在纵横线上被求和代替。将位移面积函数 $A_{HBj,HBj}(\xi)$ 中差的平方进行分解，得到下列公式。

$$\begin{aligned}A_{HBj,HBj}(\xi)&=\lim_{\Delta x\to\infty}\frac{1}{\Delta x}\int_0^{\Delta x}[HB_j(x+\xi)]^2dx\\&-2\lim_{\Delta x\to\infty}\frac{1}{\Delta x}\int_0^{\Delta x}HB_j(x+\xi)HB_j(x)dx\\&+\lim_{\Delta x\to\infty}\frac{1}{\Delta x}\int_0^{\Delta x}[HB_j(x)]^2dx\\&=2\lim_{\Delta x\to\infty}\frac{1}{\Delta x}\int_0^{\Delta x}[HB_j(x)]^2dx-2AC_{HBj,HBj}(\xi)\end{aligned} \tag{6-11}$$

根据上述公式变化，可以得：

$$\begin{aligned}AC_{HBj,HBj}(\xi)&=\lim_{\Delta x\to\infty}\frac{1}{\Delta x}\int_0^{\Delta x}HB_j(x+\xi)HB_j(x)dx\\&=\frac{2E_{HBj}^2-A_{HBj,HBj}(\xi)}{2}\end{aligned} \tag{6-12}$$

其中

$$E_{HBj}^2=\lim_{\Delta x\to\infty}\frac{1}{\Delta x}\int_0^{\Delta x}[HB_j(x)]^2dx \tag{6-13}$$

通过上述公式的简化可以看出，位移面积函数 $A_{HBj,HBj}(\xi)$ 与自相关函数 $AC_{HBj,HBj}(\xi)$ 和代表值函数 $HB_j(x)$ 的二阶中心矩 E_{HBj}^2 有关，将式（6-12）用于之后藏式石砌墙体自相关曲线的计算。

针对图 6-32 中的片石层 HB_5，采用上述公式绘制其代表值曲线、位移面积曲线以及自相关曲线，具体如图 6-34 所示。

3. 藏式石砌墙体的自相关曲线

根据自相关函数公式，分别计算和绘制图 6-32 网格线中水平向块石层 HA_j，片石层 HB_j 和竖直向 V_j 相应代表值函数的自相关曲线，具体如图 6-35～图 6-37 所示。

分析上述三个自相关曲线图，与块石层 HA_j 进行比较，由于各片石层中片石大小不一，随机排列，片石层 HB_j 的自相关曲线离散性较大，峰值较多。而各竖直向 V_j 的自

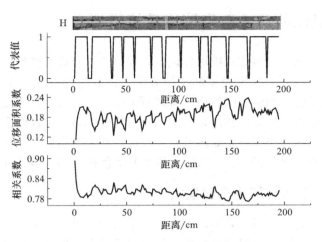

图 6-34　自相关曲线的绘制流程

相关曲线规律和峰值位置相似，只是相似值的大小不同，这是由于工人在砌筑墙体过程中逐层砌筑，且每层都要夯实找平，各层厚度基本相同，因此上述两种自相关曲线无法很好地描述不同藏式石砌墙体的区别，而块石层 HA_j 组成成分较多，且尺寸变化较大，自相关曲线的变化也较为明显。

综上所述，块石层的随机几何特征能够更好地体现不同墙体的基本信息，在之后对藏式石砌墙体自相关域的研究和分析主要集中在藏式石砌墙体块石层 HA_j 的自相关曲线上。

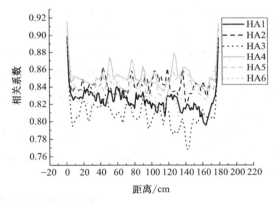

图 6-35　水平向块石层 HA_j 自相关曲线

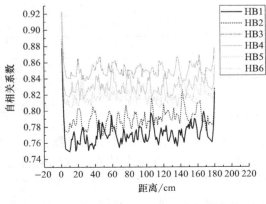

图 6-36　水平向片石层 HB_j 自相关曲线

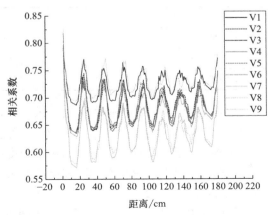

图 6-37　竖直向 V_j 自相关曲线

6.4 考虑随机性的藏式石砌墙体数值模拟方法

本节将基于相关文献的藏式石砌墙体试验，提供藏式石砌墙体的随机几何模型和有限元模型的细观建模方法，并验证模型和模拟方法的正确性。首先，以试验墙体为建模对象，根据其相关尺寸的概率密度函数生成藏式石砌墙体的随机几何模型并采用相关标准对其随机几何特征参数进行验证。其次，基于 ANSYS/LS-DYNA 软件建立藏式石砌墙体的二维分离式有限元模型，研究石砌墙体的开裂变形特性和受力性能。最后，通过与西南科技大学试验结果进行对比分析，验证有限元模型和数值模拟的有效性和适用性。

6.4.1 藏式石砌墙体的随机几何模型

本节研究的对象为藏式石砌墙体，相对于规则的砖砌墙体，藏式石砌墙体由形状、尺寸不同的石头和不同厚度的黄泥砌筑而成，随机因素较多。即使采用相同砌筑材料（石材和泥浆）、砌筑工人和施工工艺，得到的墙体外观和相应的抗压性能也可能存在较大的差异。综上所述，在藏式石砌墙体的建模过程中考虑其随机性是符合墙体的客观实际的，而其随机性最直观的体现是墙体的几何随机性，因此本节将介绍采用相关参数生成及验证符合藏式石砌墙体特征的随机几何模型的具体流程。

建立藏式石砌墙体细观随机几何模型的前提条件是考虑该模型的各组成要素。对于该细观随机几何模型来说，最重要的影响因素包括：石材的形状，石材的尺寸以及石材在黄泥中的分布。

在生成藏式石砌墙体的随机几何模型之前，应先采用 6.3.1 节提供的方法对试验墙体各组分的尺寸信息进行统计分析，得到各尺寸的概率密度函数及其相关参数。如表 6-9 所示。

试验墙体各组分尺寸概率密度函数表 表 6-9

尺寸类型	代表符号	分布类型	概率密度函数	参数		可决系数 R^2
				均值 μ	标准差 σ	
块石宽度	B_b	对数正态分布	$f_x(x) = \begin{cases} \dfrac{1}{\sqrt{2\pi}x\sigma}\exp\left[-\dfrac{(\ln x - \mu)^2}{2\sigma^2}\right], & x > 0 \\ 0, & x \leqslant 0 \end{cases}$	3.48	0.36	0.96308
块石厚度	H_b			2.67	0.30	0.96799
水平泥浆	B_h			1.33	0.35	0.96555
竖直泥浆	H_v			1.10	0.21	0.92937

根据统计分析得到相关信息，采用 MATLAB 程序生成 2000mm（长）×1600mm（高）的墙体随机几何模型。随机几何模型生成步骤如下。

步骤 1：根据统计分析得到的概率密度函数，生成决定相关尺寸大小的随机数。

步骤 2：根据所得块石的高和纵向泥浆厚度的随机数，随机选取各块石层和泥浆层的基本尺寸 HK_i 和 HN_i （$i=1, 2, \cdots, N$），以块石层基本尺寸的中线为准，将向下生成 $[0.5HK_i, 0.5HN_{i-1}+0.5HK_i]$ 区间内的随机数与向下生成 $[0.5HK_i, 0.5HK_i + 0.5HN_{i+1}]$ 区间内的随机数求和来确定所有块石的纵向尺寸。

步骤3：根据生成块石的宽和水平向泥浆厚度的随机数，依次水平放置，确定块石的横向尺寸，通过对上述纵横向尺寸进行处理，得到所有块石的节点坐标信息，最终获得试验墙体的随机几何模型。

步骤4：验证试验墙体随机几何模型的正确性。需满足以下三个条件：（1）随机几何模型相关尺寸符合试验墙体尺寸信息的分布规律；（2）随机几何模型的自相关曲线应满足试验墙体的分类标准；（3）随机几何模型的块石面积占比与试验墙体相似。

6.4.2 藏式石砌墙体的有限元模型

为了实现对藏式石砌墙体的数值模拟分析，将6.3.1节生成的符合试验墙体特性的随机几何模型导入有限元软件，建立二维平面的分离式有限元模型研究石砌墙体的变形和开裂特性，并与试验结果进行对比，验证本节有限元模型的正确性和有效性，在此基础上，进一步对藏式石砌墙体的力学性能进行研究。本节采用 ANSYS/LS-DYNA 有限元软件对藏式石砌墙体进行数值模拟。

1. 有限元模型的建立

1）几何模型与网格划分

对于藏式石砌墙体的有限元模拟，为了使墙体在荷载作用下受力均匀，避免出现应力集中而导致计算发散，在墙体模型上下部位设置刚性梁。因此在 CAD 的随机几何模型上下部位绘制尺寸为 2000mm×180mm 的矩形作为刚性梁的几何模型。在 CAD 中将石材、黄泥和刚性梁分别做成单独的面并组合成整体，导入 Hypermesh 得到数值模拟的几何模型。如图 6-38 所示。

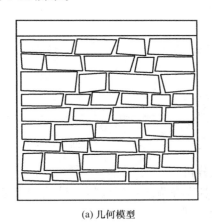

(a) 几何模型　　　　　　　　　　(b) 网格划分

图 6-38 有限元几何模型及网格划分

有限元网格划分是进行有限元数值模拟的关键步骤，直接影响之后数值计算和分析结果的准确性。采用 Hypermesh 软件对墙体模型进行网格划分，黄泥、刚性梁选用混合网格，石材选用矩形网格，网格尺寸均为 15mm。

2）单元及材料本构

有限元模型的材料应力-应变本构关系来源于北京交通大学和西南科技大学对藏式石砌墙体的石材和黄泥的相关力学试验。藏式石砌墙体通常由黄泥和石材两种材料组成，都属于各向异性材料。

石材的本构模型采用理想弹塑性模型，石材弹性模量 $E=2767\text{MPa}$，受拉屈服强度 $f_t=5.4\text{MPa}$，受压屈服强度 $f_c=54\text{MPa}$。石材密度 $\rho=2715\text{kg/mm}^3$，泊松比 $\nu=0.3$。同时为了模拟石材的开裂，设石材的极限拉应变为 0.034。

黄泥的受压本构模型采用理想弹塑性加硬化的三折线模型，黄泥弹性模量 $E=198\text{MPa}$，屈服强度为 $f=1.4\text{MPa}$，硬化点应变 $\varepsilon=0.02$，强化阶段弹性模量 $E=120\text{MPa}$。黄泥受拉本构模型采用理想弹塑性，屈服强度为 $f=0.2\text{MPa}$。黄泥密度 $\rho=1901\text{kg/mm}^3$，泊松比 $\nu=0.32$。各材料参数如表 6-10 所示。

材料参数 表 6-10

类别	密度/(kg/mm^3)	弹性模量/MPa	泊松比
石材	2715	2767	0.3
黄泥	1901	198	0.32
混凝土梁	2400	30000	0.2

3）边界条件与荷载

考虑实际试验墙体受到地面或者自身结构的嵌固作用，在有限元模型的刚性底梁下方采用固接约束，约束下端各节点各个方向的位移，如图 6-39 所示。模型的加载方式是在模型的顶梁施加竖向荷载，如图 6-40 所示。采用 ANSYS/LS-DYNA 软件对该模型进行隐式分析，通过 Newton-Raphson 方法求解平衡方程并进行迭代。

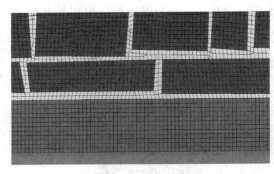

图 6-39　施加约束

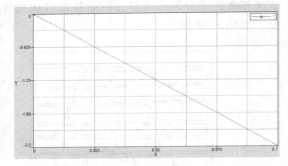

图 6-40　竖向位移荷载

2. 藏式石砌墙体数值模拟与试验结果对比分析

为了验证有限元模型的正确性和有效性，本节将墙体数值模拟与试验结果进行对比，对比内容包括墙体的破坏机理和荷载-位移曲线两部分。

1）破坏机理

在砌体墙的抗压试验中，墙体的变形、开裂以及其最终破坏是试验最直观的结果。将试验中墙体的照片与数值模拟墙体的变形开裂图进行对比，具体如图 6-41～图 6-46 所示。

通过试验与数值模拟墙体的对比分析，可以看出二者裂缝的产生、发展以及最终墙体的破坏存在着相似的规律。首先，墙体在竖向荷载的作用下，黄泥被不断压缩，不规整且大小不一的石材发生接触，在正负弯矩的作用下较小的石材因应力集中而产生开裂；如图 6-47、图 6-48 所示。其次，随着荷载的继续增大，部分裂缝持续发展形成多条贯通墙体的斜向通缝；最终，裂缝的继续发展和贯通导致部分石材出现剥落，墙体发生破坏，最终失去承载能力。

图 6-41 试验墙体出现开裂

图 6-42 数值模拟墙体出现裂缝

图 6-43 试验墙体裂缝发展

图 6-44 数值模拟墙体裂缝发展

图 6-45 试验墙体开裂倒塌

图 6-46 数值模拟墙体开裂倒塌

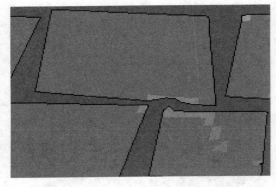

图 6-47　正弯矩裂缝

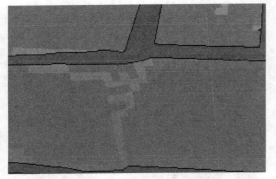

图 6-48　负弯矩裂缝

2）荷载-竖向位移曲线

对于砌体结构，荷载-竖向位移曲线是反映其受力特征的重要指标，数值模拟得到的荷载-竖向位移曲线如图 6-49 所示。

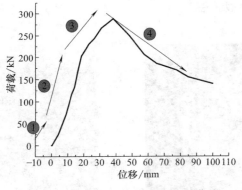

图 6-49　数值模拟荷载-竖向位移曲线

通过对开裂变形图和荷载-竖向位移曲线的分析，可知藏式石砌墙体在竖向荷载作用下，可将其荷载-竖向位移曲线分为四个阶段：第一阶段为直线，主要是处于弹性阶段的黄泥承受荷载并压缩变形；第二阶段为斜率逐渐增大的曲线，是因为黄泥进入塑性阶段，石块承受荷载的比重逐渐增大，刚度也相对变大；第三阶段，曲线斜率明显变化，是由于石材裂缝出现和发展，墙体在开裂的过程中原有的稳定被破坏，轴向变形增大，整体刚度呈减小趋势。而局部刚度增大是因为墙体重新被压实，故部分曲线斜率有所上升；第四阶段，曲线出现拐点，之后出现下降段，竖向位移不断增大，局部的倒塌引起墙体的整体失稳，承载力下降。

将数值模拟得到的荷载-竖向位移曲线与试验进行对比，具体如图 6-50 所示。

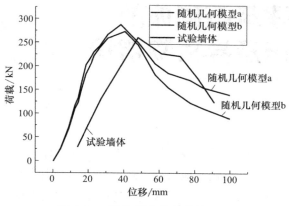

图 6-50　荷载-竖向位移曲线对比

通过对比数值模拟墙体与试验墙体的荷载-竖向位移曲线，可以看出结果基本一致，三条曲线都呈先上升后下降的趋势。对试验与数值模拟的荷载-竖向位移曲线上升段进行拟合，并将刚度和承载力的极值及其相对位移进行对比，具体如表 6-11 所示。

荷载-竖向位移曲线对比表　　　　　　　　　　　　　　表 6-11

	墙体刚度/(kN/mm)	相对误差	极限承载力			
			荷载值/kN	相对误差	竖向位移/mm	相对误差
试验墙体	6.86		264.09		47.19	
有限元模型 a	7.64	11%	288.20	9%	38.24	19%
有限元模型 b	7.20	5%	273.60	4%	40.54	14%

由表 6-11 可知，在误差容许的范围内数值模拟和试验墙体荷载-竖向位移曲线比较接近。通过对比试验与数值模拟的结果，证明了考虑随机性的藏式石砌墙体建模方法的有效性和正确性。

6.5　小结

本章从砌块层面到墙体层面进行了考虑界面粗糙度的藏式石砌棱柱体试验及数值模拟的探索。以高斯概率分布对点云相对深度分布的随机性规律进行描述，给出了砌体界面基于概率密度的粗糙度表征以及分类方法；对砌块界面粗糙特性进行试验和数值模拟，基于粘结界面三维细观随机模型与有限元模型的结合，提出了石砌体模拟中的新型界面关系-界面咬合模型，并将其运用到藏式石砌体数值模拟；基于概率统计法与自相关理论，建立藏式石砌体墙体层面的随机几何特征及分类标准，并对相应的藏式石砌墙体随机性数值模拟方法进行研究。

第 **7** 章
藏式古建筑石砌体的
内部损伤及异常物辨识

藏式古建筑年代久远，除外部明显可见裂缝外，内部也存在大量损伤，精准的探测是结构检测的有效手段。为了准确快速地获得藏式石墙内部残损及异常物的信息，应用探地雷达对墙体进行无损探测，通过精确分析探地雷达的回波数据实现墙内残损及异常物的位置、尺寸和种类辨识。

本章首先进行了藏式石墙内部残损及异常物的辨识模拟试验，根据雷达回波数据探索出墙内残损及异常物的位置和尺寸辨识方法，并在此基础上得到雷达回波异常区域的均方根振幅和界面反射系数辨识区间，实现残损及异常物的种类辨识；然后通过三处藏式古建筑遗址石墙的实地探测得到足够的数据样本，并完成该数据样本的处理分析，对辨识模拟试验中的雷达回波异常区域均方根振幅和界面反射系数的辨识区间进行扩展；最后将藏式石墙辨识模拟试验与实地探测的结果相互融合补充，得到了空洞、裂缝、木条、边玛草、含水、金属六种残损及异常物的辨识图谱，并进行了该图谱的应用与验证。

7.1 石砌体内部残损及异常物的辨识模拟试验

7.1.1 模拟试验

1. 残损和异常物选取

藏式石墙中常见的内部残损主要包括空洞、裂缝和潮湿。经实地调研可知，墙体内部的空洞直径一般为 50～100mm，裂缝宽大约为 10～30mm，墙体内部湿度不定。藏式石墙中块石宽度约为 100～300mm，故墙体内部残损及其他异常物在墙体内部出现的位置大约在沿墙体厚度方向与墙体表面垂直距离为 15～25cm 处，故在本次试验中墙体内部残损及异常物的埋深分别设为 15cm、20cm、25cm 三种。

在此次试验中将墙体内部埋置的木条、边玛草、空洞、裂缝、金属和模拟墙体内部潮湿的水箱等统称为异常物。具体的异常物种类和相关参数设定如表 7-1 所示。

异常物种类及其相关参数表　　　　　　　　　　　　表 7-1

异常物种类	长度/mm	宽度/mm	直径/mm	体积含水率	埋深(cm)
空洞	—	—	80	—	15/20/25
裂缝	—	30	—	—	15/20/25
拉结条木	300	80	—	—	15/20/25
边玛草捆	300	—	80	—	15/20/25
钢筋	300	—	30	—	15/20/25
塑料水箱	120	120	—	15%	15/20/25

2. 试验墙体砌筑方法及过程

试验墙采用藏式石墙的砌筑材料，墙体中块石、片石、碎石均选用花岗岩，由于试验墙砌筑时较难获取西藏当地特有的黄泥，且考虑到其与普通黄泥之间的介电常数差异较小，试验误差可忽略不计，故在试验中以学校周边的泥土作为粘结材料。本次试验中按1∶1的石材比例砌筑试验墙，即花岗岩块石尺寸为 200mm×200mm×140mm，花岗岩片石厚度为 30mm，砌筑完成的试验墙体尺寸为 1000mm×1000mm×540mm。

试验墙体按照藏式石墙的砌筑工艺砌筑，即墙体在水平向分层砌筑，自下而上分别为块石层—泥浆层—片石层—泥浆层依次砌筑且呈周期性循环。其中以块石为骨架，块石中间填充泥浆和碎石，两个块石之间的竖向砌缝也采用泥浆和碎石填充。具体砌筑过程以及墙体内部异常物埋置情况如图 7-1～图 7-3 所示。

  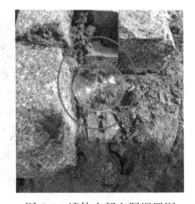

图 7-1　内部木条埋置图　　　图 7-2　墙体内部钢筋埋置图　　　图 7-3　墙体内部空洞埋置图

在试验墙砌筑完成后，因为墙体内部含水率会对试验结果造成影响，所以先室外养护28d，使其内部潮湿程度与实际的藏式石砌体墙接近，再使用探地雷达进行试验数据采集。

3. 墙体探测方案

1）试验参数设定

（1）在进行墙体扫描前，将中心频率为 1700MHz 的雷达天线与电脑无线连接，打开雷达扫描软件，通过预成像效果检查电脑与雷达天线是否连接良好，完成软件扫描前成像测试工作。

（2）试验墙中花岗岩的相对介电常数为 4.0～6.0，黄泥的相对介电常数为 2.0～4.0，在本次探测试验中设置被测目标体的介电常数为 4.0。

（3）试验墙体厚度为 540mm，再结合残损及异常物的埋置深度，探测时时窗参数选择 10ns，在确定时窗参数之后，根据雷达图像精度要求和电磁波传播特性，设置雷达采样点数为 512。

（4）为了较好地获取深部和细部信息，扫描时增益值设置为 20，叠加设置为 8。为了能够连续保存不同测线的探测结果，测量模式选择连续测量。扫描触发模式选择测距轮触发，即测距轮开始滚动，雷达天线开始扫描。针对中心频率为 1700MHz 的雷达天线，配置的测距轮半径为 50mm，故扫描时将测距轮半径调整为 50mm。

（5）设置天线基座为 50mm，A-Scan 道间距为 5mm，便于获取更多的单道反射信号。

2）试验墙测线布置及探测

（1）沿墙体正面均匀布置测线，测线间距 3cm，每种异常物均布置 8 条测线，测线方向从下往上。

（2）进行探测试验时，每条测线重复探测 3 次，取 3 次探测结果的平均值作为该条测线的最终探测结果，避免人为操作误差及设备耦合误差。

（3）使用雷达对墙面进行扫描时，雷达测距轮应紧贴墙体表面，避免悬空，然后沿测线方向缓慢匀速扫描。

（4）雷达探测过程中，扫描每结束一次，则应及时查看该次成像结果，对于成像结果不理想以及收尾干扰波过大的图像，应调整设备进行第二次扫描，避免出现扫描结果不可用的情况。

7.1.2 残损及异常物的位置与尺寸辨识

1. 马氏距离异常数据判别法

马氏距离（Mahalanobis distance）是由印度统计学家 Mahalanobis 提出的，用以表示样本的协方差距离。综合考虑到样本集的多种特性，包括元素个数、空间位置等之间的相互关联，它能够有效判别两个未知样本集的相似程度。定义服从总体均值向量为 $\mu(\mu_1,$ $\mu_2,$ …, $\mu_n)$、协方差矩阵为 $\sum = (\sigma_{ij})_{m \times m}$ 的 2 个样本 $\boldsymbol{X}(X_1, X_2, …, X_n)$、$Y(Y_1,$ $Y_2, …, Y_n)$ 之间的马氏距离为：

$$d^2(\boldsymbol{X},\boldsymbol{Y}) = (\boldsymbol{X}-\boldsymbol{Y})^{\mathrm{T}} \sum{}^{-1}(\boldsymbol{X}-\boldsymbol{Y}) \tag{7-1}$$

马氏距离常应用于两个矩阵或向量间相似性的判别，为对一元多维数组中单个测量值的异常性作出判断，首先需要构建单个测量值与样本间异常性检测的马氏距离模型，进而确定单一测量值的异常性检测判别式。

将待判别的一组数据看作一元多维的向量 $\boldsymbol{x}(x_1, x_2, …, x_n)$，该样本数据的样本均值为 $\bar{x}$，方差为 $\mathrm{var}(x)$，且将向量 $\boldsymbol{x}(x_1, x_2, …, x_n)$ 看作是于服从正态分布 $N(\mu, \sigma^2)$ 的总体中随机抽取的样本，样本中某一数据与总体平均值的马氏距离如式（7-2）所示：

$$d^2(x_i,\mu) = \frac{(x_i-\mu)^2}{\sigma^2} \tag{7-2}$$

根据式（7-2），以马氏距离构造统计量，如式（7-3）所示：

$$f = \frac{(\bar{x}-\mu)^2}{\mathrm{var}(x)} \cdot n \tag{7-3}$$

通过分析计算得知，上述统计量服从自由度为（$n-1$）的 F 分布。为了对单个测量值的异常性作出更合理、更准确的判别，在检测异常数据时应先排查出可疑点，再计算马氏距离。由于总体 μ 和 σ 未知，根据样本均值 $\overline{x}$ 和样本方差 $\text{var}(x)$ 具有无偏性，可用排除可疑点 x_k 后的样本平均值 $\overline{x'}$ 和样本方差 $\text{var}(x')$ 来代替总体的均值 μ 和方差 σ^2。在此基础上，构造新的统计量，见式（7-4）。

$$f = \frac{(x_i - \overline{x'})^2}{\text{var}(x')} \cdot \frac{n-1}{n} \tag{7-4}$$

根据分析可知，新的统计量服从自由度为（1，$n-2$）的 F 分布。因此对于给定的置信水平 α，则有

$$p(f > F_{\alpha,(1,n-2)}) = \alpha \tag{7-5}$$

成立，根据式（7-5）和马氏距离定义可知：当可疑点的 x_k 与 $\overline{x'}$ 之间的马氏距离满足式

$$d^2(x_k, \overline{x'}) = \frac{(x_k - \overline{x'})^2}{\text{var}(x')} > F_{(1,n-2),\alpha} \cdot \frac{n}{n-1} \tag{7-6}$$

时则应被视为异常数据。

当样本中某个测量值被判定为异常数据之后，就不再参与后续其他异常点的判别。如样本测量值个数为 n，进行第一次计算判别，当 x_k 被判别为异常数据之后，将其从样本中剔除，再采用同样的计算方法判别余下的（$n-1$）个测量值，直至判别出所有的异常测量值为止。由雷达异常数据的特点可知，数值越大的测量值异常性越大，故先将一组样本值中的所有数据从大到小进行排列，然后逐一计算判别。

2. 雷达数据异常区域判别

雷达数据的 A-Scan 单道波能量能够较好地反映雷达反射回波的强弱程度，与正常的雷达回波相比，经异常物反射的 A-Scan 能量将显著增大。在由多个 A-scan 回波数据组成的二维雷达数据矩阵中，异常反射点处采样点振幅方差将显著增大，即二维雷达数据矩阵中异常点处的行方差较大，故以 A-Scan 单道波能量和采样点振幅方差作为判别异常区域的特征值。完成雷达回波数据的预处理工作之后，采用马氏距离异常数据判别法确定异常反射区域的范围，具体步骤如下：

（1）提取雷达振幅数据，计算所有 A-Scan 单道波的能量，并将其按最大值归一化，单道波能量计算公式如下：

$$E_s = \sum_{i=1}^{n} |A_i|^2 \tag{7-7}$$

式中，E_s——单道波能量；

　　　　n——该道波的采样点总数；

　　　　A_i——每个采样点处的振幅。

（2）计算雷达数据矩阵中每一行的行方差，并将计算所得的行方差按最大值进行归一化，方差计算公式如下：

$$V_s = \frac{1}{n-1} \sum_{i=1}^{n} (A_i - \overline{A})^2 \tag{7-8}$$

式中，V_s——采样点方差；

$\quad\quad n$——该采样点处 A-Scan 波的总道数；

$\quad\quad A_i$——该采样点处的振幅；

$\quad\quad \overline{A}$——该采样点所在行的振幅均值。

（3）采用马氏距离异常数据判别法对计算得到的单道波能量归一化值和采样点振幅方差归一化值进行分析，从单道波能量归一化值中筛选出异常区域所在 A-Scan 单道波的数量及其相应位置，从采样点振幅方差数据中筛选出异常区域所在采样点的数量及其相应位置，进而确定异常区域的位置和范围。

3. 位置与尺寸辨识

雷达波在被测介质内传播的过程中，当遇到介电常数发生变化的层面或异常物时，反射波振幅会显著增大，表现为该道 A-Scan 单道波能量值增大、该采样点振幅方差增大。本节基于雷达回波的 B-Scan 振幅数据，将能量值较大的 A-Scan 采样道称为异常采样道，振幅方差较大的采样点称为异常采样点。首先计算所有 A-Scan 单道波能量和所有采样点的振幅方差，并分别将其进行最大值归一化处理；然后通过马氏距离异常数据检测判别式以一定的置信水平判别出异常的单道波能量归一化值和异常的采样点振幅方差归一化值，异常能量归一化值所对应的采样道即为异常采样道，异常振幅方差归一化值对应的采样点即为异常采样点；最后结合两个异常数据区间在 B-Scan 数据中定位出异常反射区域，实现异常物位置和尺寸判别。

在进行探测试验时，雷达天线由下往上探测，B-Scan 雷达图像中右边参数表示探测深度，在试验墙中表示沿墙体厚度方向的深度。测线方向和试验墙的厚度方向如图 7-4 所示。雷达回波振幅数据中 A-Scan 能量值的异常性反应异常物的测线向位置及测线向尺寸，采样点方差的异常性反应异常物的墙厚向位置与墙厚向尺寸。对探测试验中采集得到的雷达数据，完成预处理之后使用 MATLAB 编程实现上节的判别流程，取置信水平 α 为 0.10，得到试验墙内异常物的判别结果。

首先以藏式石墙内部最为常见的空洞为算例，给出根据 B-Scan 雷达数据实现异常物位置定位和尺寸判别的分析过程。

空洞埋放在试验墙内时，沿墙的厚度方向设置了 15cm、20cm、25cm 三种不同的埋置深度，该深度为空洞表面与墙体表面测线的垂直距离。为了较好地对比不同埋深下空洞的雷达反射回波的差异，三种埋置深度下的测线布置方向与路径均相同，如图 7-5（a）中箭头所示。空洞在试验墙内的埋置位置如图 7-5（b）所示。

埋置深度分别为 15cm、20cm、25cm 时空洞的雷达回波图像如图 7-6～图 7-8 所示。

下面以 15cm 埋深时空洞的雷达回波振幅数据作为算例，给出具体的该埋深下空洞的位置定位和尺寸判别过程。对雷达图像完成预处理之后，提取该图像对应的雷达回波振幅数据，如表 7-2 所示。

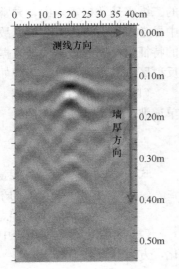

图 7-4　雷达回波图像的方向解译图

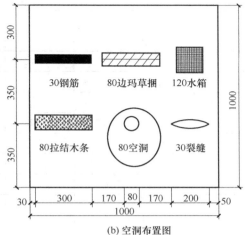

(a) 空洞测线布置图　　　　　　　　(b) 空洞布置图

图 7-5　空洞测线布置图及空洞位置图

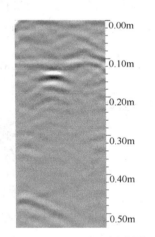

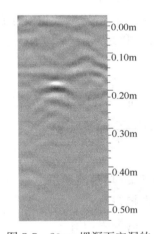

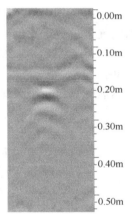

图 7-6　15cm 埋深下空洞的　　图 7-7　20cm 埋深下空洞的　　图 7-8　25cm 埋深下空洞的
　　　　雷达图像　　　　　　　　　　雷达图像　　　　　　　　　　雷达图像

由表 7-2 可知，该雷达回波振幅数据矩阵是一个行数为采样点数、列数为采样道数的二维矩阵，其中采样点数为 512、采样道数为 98。提取振幅数据之后计算每一个采样道的能量值，即每一列数据的平方和，其计算表达式如下：

$$E_s = \sum_{i=1}^{n} |A_i|^2 \tag{7-9}$$

式中，E_s——单道波能量；

　　　　n——该道波的总采样点数；

　　　　A_i——每个采样点处的振幅。

现计算得到由每一列数据能量值组成的集合 a 如下：

$a = \{$ 202017398.43，191630899.79，175337080.06，…，637406438.05，649156164.63，629227070.37，…，161769716.22，1644690918.97，154888660.88$\}$

雷达回波振幅数据   表 7-2

采样点	采样道						
	1	2	3	…	96	97	98
1	−1895	−1755	−1505	…	−2033	−1913	−1887
2	−1434	−1233.36	−1158	…	−1675	−1525	−1379
3	−1023	−890	−679	…	−1181	−1033	−874
4	−349	−237	−67	…	−532	−431	−257
⋮	⋮	⋮	⋮	⋮	⋮	⋮	⋮
499	34	41	33	…	32	24	35
510	26	34	26	…	21	18	29
511	18	22	18	…	12	9	20
512	9	15	11	…	7	3	12

集合 a 中第一个元素 202017398.43 为第一个采样道的单道波能量值，即振幅数据矩阵中第一列数据的平方和；第二个元素 191630899.79 为第二个采样道的单道波能量值，即振幅数据矩阵中第二列数据的平方和，其余数据表示的含义以此类推。然后将集合 a 中所有元素进行最大值归一化，得到新的集合 b 如下：

$b =$ ｛0.3112，0.2952，0.2701，…，0.9819，1，0.9693，…，0.2492，0.2537，0.2386｝

然后计算每一个采样点方差，即每一行数据的方差，计算表达式如下：

$$V_s = \frac{1}{n-1} \sum_{i=1}^{n} (A_i - \overline{A})^2 \tag{7-10}$$

式中，V_s——单道波能量；

n——该采样点处 A-Scan 单道波的总道数；

A_i——该采样点处的振幅；

$\overline{A}$——该采样点所在行的振幅均值。

现计算得到由每一行数据方差组成的集合 c 如下：

$c =$ ｛1269986.38，1241979.07，1229424.08，…，9427838.08，9657691.13，9265588.87，…，1004.35，965.76，869.21｝

集合 c 中第一个元素 1269986.38 为第一个采样点的振幅方差，即振幅数据矩阵中第一行数据的方差；第二个元素 1241979.07 为第二个采样点的振幅方差，即振幅数据矩阵中第二行数据的方差，其余数据表示的含义以此类推。然后将集合 c 中所有元素进行最大值归一化，得到新的集合 d 如下：

$d =$ ｛0.1315，0.1286，0.1273，…，0.9762，1，0.9594，…，0.0001，0.0001，0.0001｝

在完成上述计算之后，采用马氏距离异常数据检测判别式对单道波能量归一化值进行判别，在判别过程中选取置信水平 α 为 0.10。先将集合 b 中的所有数据从大到小进行排列，然后按照数据异常性检测步骤对每个数值进行分析。当集合 b 中某个数值被判定为异常之后，就不再参与后续计算。如集合 b 中元素个数为 98，最大值为 1，当其被判别为异常值之后，将其从集合 b 中剔除，再采用同样的方法判别余下的 97 个数值，直至判别出所有的异常值为止。马氏距离异常性检测判别式如下：

$$d^2(x_k, \overline{x'}) = \frac{(x_k - \overline{x'})^2}{\text{var}(x')} > F_{(1, n-2), \alpha} \cdot \frac{n}{n-1} \tag{7-11}$$

式中，x_k——集合 b 中的某个元素；

$\quad\quad \overline{x'}$——集合 b 中所有元素的均值；

$\quad\text{var}(x')$——集合 b 中所有元素的方差；

$d^2(x_k, \overline{x'})$——某个数值 x_k 与集合均值 $\overline{x'}$ 之间的马氏距离；

$\quad\quad n$——集合 b 中的元素个数；

$F_{(1, n-2), \alpha}$——服从自由度为（1，$n-2$）、置信水平为 α 的 F 分布。

经计算判别得到异常数值的集合 e 如下：

$e = \{0.4219，0.4921，0.6179，0.7094，0.8125，0.8951，0.9317，0.9819，1，0.9693，0.9356，0.8643，0.7914，0.7152，0.6432，0.5299，0.4271\}$

集合 e 中元素对应的采样道为 32～48 道，即 32～48 采样道为异常采样道，图 7-9 展示了雷达回波数据中异常的单道波能量归一化值及其分布位置，方框内的数值为异常值。

同理可得异常的采样点振幅方差归一化值的集合 f 如下：

$f = \{0.2665，0.2713，0.3585，\cdots，0.9762，1，0.9594，\cdots，0.2612，0.2587，0.2464\}$

集合 f 中的元素对应的采样点为 145～223，即该区间内的采样点为异常采样点。图 7-10 展示了雷达回波数据中异常的采样点振幅方差归一化值及其分布位置，方框内为数值为异常值。

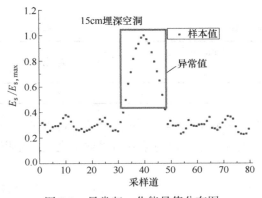

图 7-9　异常归一化能量值分布图

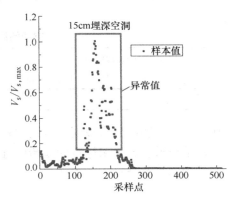

图 7-10　异常归一化方差值分布图

在进行探测试验时，设置采样道的道间距为 5mm，即二维雷达回波振幅数据矩阵中每一列的列间距为 5mm；采样点间距为 1mm，即矩阵中每一行的行间距为 1mm。墙体内部异常物在沿测线方向的测量尺寸为测线向实际尺寸，在沿墙体厚度方向的测量尺寸为墙厚向实际尺寸。异常物的测线向判别尺寸计算表达式如下：

$$H_d = S_j \cdot (N_j - 1) \tag{7-12}$$

式中，S_j——采样道 A-Scan 的道间距；

$\quad\quad N_j$——异常采样道的道数；

H_d——测线向判别尺寸，为采样道间距与异常采样道间隔数量的乘积。

异常物的墙厚向判别尺寸计算表达式如下：

$$V_d = S_i \cdot (N_i - 1) \tag{7-13}$$

式中，S_i——采样点间距；

N_i——异常采样点数；

V_d——墙厚向判别尺寸，为采样点间距与异常采样点间隔数量的乘积。

经马氏距离异常数据检测判别式判别得到的 15cm 埋深下空洞的测线向尺寸判别结果如表 7-3 所示。

空洞测线向尺寸判别结果　　　　　　　　　　　　　　　　表 7-3

埋置深度/cm	异常数据区间 （A-Scan 道）	道间距 /mm	测线向判别尺寸 /mm	测线向实际尺寸 /mm	判别误差
15	33～49	5	80	80	0

由集合 e 可知，异常单道波能量归一化值的个数为 17，其对应的异常采样道为 32～48，由异常物测线向判别尺寸公式计算可得：

$$H_d = 5 \times (17 - 1) = 80\text{mm} \tag{7-14}$$

由集合 f 可知，异常采样点振幅方差归一化值的个数为 79，其对应的异常采样点为 145～223，由异常物墙厚向判别尺寸公式计算可得：

$$V_d = 1 \times (79 - 1) = 78\text{mm} \tag{7-15}$$

经马氏距离异常数据检测判别式判别得到的 15cm 埋深下空洞的墙厚向尺寸判别结果如表 7-4 所示。

空洞墙厚向尺寸判别结果　　　　　　　　　　　　　　　　表 7-4

埋置深度/cm	异常数据区间 （采样点）	点间距 /mm	墙厚向判别尺寸 /mm	墙厚向实际尺寸 /mm	判别误差
15	145～223	1	78	80	2.50%

在经过马氏距离异常数据检测判别式获得异常采样道和异常采样点之后，可以进一步确定异常采样道和异常采样点的起始位置。第 1 道异常采样道与第 0 道采样道之间的距离为测线向判别距离计算表达式如下：

$$D = S_j \cdot C_f \tag{7-16}$$

式中，D——测线向判别距离；

S_j——采样道 A-Scan 的道间距；

C_f——第一道异常采样道。

由集合 e 可知，第 32 采样道为第一道异常采样道，可计算得其测线向判别距离 D 如下：

$$D = 5 \times 32 = 160\text{mm} \tag{7-17}$$

经马氏距离异常数据判别法判别得到的 15cm 埋深下空洞的测线向判别距离如表 7-5 所示。

					表 7-5

空洞测线向距离判别结果

埋置深度/cm	第一道异常 A-Scan 采样道	道间距 /mm	测线向判别距离 /cm	测线向实际距离 /cm	判别误差
15	33	5	16.5	16.0	3.13%

第 1 个异常采样点与第 0 个采样点之间的距离为墙厚向判别距离，即异常物的判别深度，其计算表达式如下：

$$T = S_i \cdot P_f \tag{7-18}$$

式中，T——墙厚向判别距离；

S_i——采样点间距；

P_f——第一个异常采样点。

由集合 f 可知，第 145 采样点为第一个异常采样点，可计算得其墙厚向判别距离 T 如下：

$$T = 1 \times 145 = 145 \text{mm} \tag{7-19}$$

经马氏距离异常数据检测判别式判别得到的 15cm 埋深下空洞的墙厚向距离判别结果如表 7-6 所示。

空洞墙厚向距离判别结果

表 7-6

埋置深度/cm	第一个异常 采样点	点间距 /mm	墙厚向判别距离 /cm	墙厚向实际距离 /cm	判别误差
15	145	1	14.5	15.0	3.33%

当空洞埋置深度为 15cm 时，其雷达回波图像、异常采样点的分布位置以及异常 A-Ssan 道的分布位置之间的对应关系如图 7-11 所示。其中单道波能量归一化值的异常性反

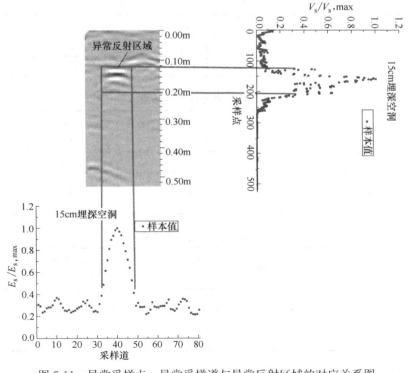

图 7-11　异常采样点、异常采样道与异常反射区域的对应关系图

映异常物的测线向尺寸及测线向距离，采样点振幅方差归一化值的异常性反映异常物的墙厚向尺寸及墙厚向距离。

7.1.3 残损及异常物的种类辨识

在上一小节中通过研究雷达回波振幅数据的 A-Scan 能量和采样点方差，确定了雷达回波异常数据区域，实现了异常物的定位和尺寸判别。本小节将在此基础上研究异常数据区域内的均方根振幅和界面反射系数两个特征，从概率统计的角度完成对异常数据区域的种类辨识研究。

现以 15cm 埋深下的空洞为例，给出辨识过程，墙内其他残损及异常物对应的雷达回波异常区域均方根振幅的研究方法与空洞相同。空洞在 15cm 埋深时测线 1 的尺寸判别结果和距离判别结果如表 7-7～表 7-10 所示。

空洞测线向尺寸判别结果　　　　　　　　　　　　　　　　表 7-7

埋置深度/cm	异常数据区间 （A-Scan 道）	道间距 /mm	测线向判别尺寸 /mm	测线向实际尺寸 /mm	判别误差
15	32～48	5	80	80	0
20	34～49	5	75	80	6.25%
25	30～45	5	75	80	6.25%

空洞墙厚向尺寸判别结果　　　　　　　　　　　　　　　　表 7-8

埋置深度 /cm	异常数据区间 （采样点）	点间距 /mm	墙厚向判别尺寸 /mm	墙厚向实际尺寸 /mm	判别误差
15	145～223	1	78	80	2.50%
20	193～269	1	76	80	5.00%
25	233～307	1	74	80	7.50%

空洞测线向距离判别结果　　　　　　　　　　　　　　　　表 7-9

埋置深度/cm	第一道异常 A-Scan 采样道	道间距 /mm	测线向判别距离 /cm	测线向实际距离 /mm	判别误差
15	32	5	16.0	16.0	0
20	34	5	17.0	16.5	3.03%
25	30	5	15.0	14.0	7.14%

空洞墙厚向距离判别结果　　　　　　　　　　　　　　　　表 7-10

埋置深度/cm	第一个异常 采样点	点间距/mm	墙厚向判别距离 /cm	墙厚向实际距离 /cm	判别误差
15	145	1	14.5	15.0	3.33%
20	193	1	19.3	20.0	3.50%
25	233	1	23.3	25.0	6.80%

在对异常物反射区域完成距离和尺寸判定之后，将该区域对应的雷达回波振幅数据从

整体回波数据中提取出来，空洞在15cm埋深时测线1的雷达回波图像及异常反射区域对应的振幅数据如表7-11所示。

雷达回波异常反射区域的振幅数据　　　　　　　　表7-11

采样点	采样道						
	32	33		40		47	48
73	4127	4356	···	5494	···	4467	4310
74	4193	4405	···	5627	···	4506	4371
75	4156	4375	···	5503	···	4481	4346
⋮	⋮	⋮	⋮	⋮	⋮	⋮	⋮
110	3525	4622		4751		3709	4046
111	3464	3519		4609		3572	3511
112	3345	3420		4543		3505	3467

1. 雷达回波异常区域的均方根振幅

均方根振幅为雷达回波异常区域内振幅平方和的均方根值，其对异常数据区域内较大的振幅值较为敏感。不同异常物的雷达回波振幅差异较大，回波异常区域的均方根振幅能够较好地区分两种异常物回波反射情况，故常用其来刻画不同回波反射之间的差异。其计算表达式如下：

$$A_{\mathrm{RMS}} = \sqrt{\frac{1}{n}\sum_{i=1}^{n}A_i^2} \tag{7-20}$$

式中，A_{RMS}——均方根振幅；

　　　n——该道波的采样点总数；

　　　A_i——每个采样点处的振幅。

经过对试验墙内6种异常物在不同埋深下多条测线探测结果的分析可知，雷达回波异常数据区域的振幅值服从正态分布。

现已知异常数据区域中的振幅值总体服从正态分布，即 $A \sim N(\mu, \sigma^2)$。由非中心卡方分布的定义可知，如果随机变量 X_i 服从参数为 $\mu_i (i=1, 2, 3, \cdots, n)$ 和 σ^2 的正态分布，并且相互独立，则称随机变量 $(X_1^2 + \cdots X_n^2)/\sigma^2$ 服从自由度为 n，非中心因子为 $\lambda = (\mu_1^2 + \cdots + \mu_n^2)/\sigma^2$ 的非中心卡方分布，即

$$\frac{1}{\sigma^2}\sum_{i=1}^{n}X_i^2 \sim \chi^2(n,\lambda) \tag{7-21}$$

其概率密度函数如下：

$$f_X(x) = \frac{1}{2\sigma^2}\left(\frac{x}{\lambda}\right)^{\frac{n-2}{4}}\exp\left(-\frac{x+\lambda}{2\sigma^2}\right)I_{\frac{n}{2}-1}\left(\frac{\sqrt{x\lambda}}{\sigma^2}\right), x \geq 0 \tag{7-22}$$

式中，$I_a(\cdot)$——第一类阶修正贝塞尔函数。

由非中心卡方分布的定义和均方根振幅的计算公式可知，两者之间有如下关系：

$$A_{\mathrm{RMS}} = \sqrt{\frac{1}{n}\sum_{i=1}^{n}A_i^2} = \sqrt{\frac{\sigma^2}{n}} \cdot \sqrt{\frac{1}{\sigma^2}\sum_{i=1}^{n}A_i^2} \tag{7-23}$$

在给定置信水平的前提下可求得非中心卡方分布中 x 的置信区间，进而求得均方根振幅 A_{RMS} 的取值区间。在完成上述理论推导之后，可得到雷达回波异常数据区域均方根振幅 A_{RMS} 的理论计算过程。现以空洞在 15cm 埋深时测线 1 的探测结果为例，给出该工况下雷达回波异常数据区域的均方根振幅 A_{RMS} 取值区间的计算过程，墙内其他残损及异常物对应的雷达回波异常区域的计算方法与空洞相同。

（1）提取 15cm 埋深下测线 1 对应的雷达回波中异常数据区域的振幅，并根据振幅数据计算得到 $n=680$、$\mu=83.42$、$\lambda=56725.6$、$\sigma^2=2573746.41$。

（2）对非中心卡方分布的概率密度函数求两次变上限积分

第一次：
$$\int_0^{x_1} \frac{1}{2\sigma^2}\left(\frac{t}{\lambda}\right)^{\frac{n-2}{4}} \exp\left(-\frac{t+\lambda}{2\sigma^2}\right) I_{\frac{n}{2}-1}\left(\frac{\sqrt{t\lambda}}{\sigma^2}\right)dt = 0.025 \tag{7-24}$$

第二次：
$$\int_{x_2}^{+\infty} \frac{1}{2\sigma^2}\left(\frac{t}{\lambda}\right)^{\frac{n-2}{4}} \exp\left(-\frac{t+\lambda}{2\sigma^2}\right) I_{\frac{n}{2}-1}\left(\frac{\sqrt{t\lambda}}{\sigma^2}\right)dt = 0.025 \tag{7-25}$$

通过 MATLAB 中的 ncx2inv 函数求出上述变限积分中 $x_1=2114.13$、$x_2=2459.82$，即可得出服从非中心卡方分布的随机变量 $(X_1^2+\cdots X_n^2)/\sigma$ 落在区间（2114.13，2459.82）的置信度为 95%。

（3）假设当置信度取 95% 时 A_{RMS} 的置信区间为（$A_{RMS,1}$，$A_{RMS,2}$），则可由均方根振幅公式可计算得到 $A_{RMS,1}$、$A_{RMS,2}$ 的值如下：

$$A_{RMS,1} = \sqrt{\frac{\sigma^2}{n}}\cdot\sqrt{\frac{1}{\sigma^2}\sum_{i=1}^n A_i^2} = \sqrt{\frac{2573746.41}{680}}\cdot\sqrt{2114.13} = 2828.75 \tag{7-26}$$

$$A_{RMS,2} = \sqrt{\frac{\sigma^2}{n}}\cdot\sqrt{\frac{1}{\sigma^2}\sum_{i=1}^n A_i^2} = \sqrt{\frac{2573746.41}{680}}\cdot\sqrt{2459.82} = 3051.27 \tag{7-27}$$

通过上述计算可知，当非中心卡方分布的置信度取 95% 时，A_{RMS} 的取值区间为（2828.75，3051.27）。

采用与测线 1 相同的研究方法，取置信度为 95%，可分别得到测线 1~8 中异常反射区域均方根振幅 A_{RMS} 的取值区间，如表 7-12 所示。

测线 1~8 异常反射区域均方根振幅取值区间　　　　　　表 7-12

测线编号	均方根振幅取值区间
测线 1	（2828.75，3051.27）
测线 2	（2847.41，3063.18）
测线 3	（2879.32，3046.53）
测线 4	（2883.67，3059.18）
测线 5	（2859.33，3078.47）
测线 6	（2867.29，3042.32）
测线 7	（2832.56，3047.76）
测线 8	（2872.97，3043.84）

在得到 15cm 埋深下空洞 8 条测线异常数据区域的均方根振幅 A_{RMS} 的取值区间之后，求出其平均区间，其中 8 个取值区间中下限的平均值为平均区间的下限值，上限的平均值

为平均区间的上限值，则该平均区间为（2859.91，3053.07）。然后以该取值范围作为空洞在15cm埋深下的第一个辨识依据，即在藏式石墙实际的探测中，当雷达回波数据中异常数据的墙厚方向距离为15cm，且通过上述研究方法计算得到该异常数据区域的均方根振幅A_{RMS}值落在区间（2859.91，3053.07）当中时，认为引起该异常反射回波的异常物有95%的可能性为空洞。

2. 雷达回波异常区域的界面反射系数

界面反射系数为入射波振幅与反射波振幅的比值，不同介质层间的介电性质差异越大，界面反射系数越大，其常被用于表征不同介质层之间介电性质的相对差异。另外，反射系数也与相对介电常数有如下关系：

$$R_{1,2} = \frac{\sqrt{\varepsilon_{r1}} - \sqrt{\varepsilon_{r2}}}{\sqrt{\varepsilon_{r1}} + \sqrt{\varepsilon_{r2}}} \tag{7-28}$$

式中，ε_{r1}、ε_{r2}——分别表示介质层1和介质层2的相对介电常数。

介质层的相对介电常数ε_r与电磁波在该介质层的波速之间的关系如下：

$$\varepsilon_r = \frac{c^2}{v^2} \tag{7-29}$$

式中，c——电磁波在真空中的波速（理论值为3×10^8m/s）；

v——雷达波在介质层中的传播速度。

对于收发天线一体式的雷达天线而言，雷达波在介质中的传播速度v可由下式计算得到：

$$v = \frac{2h}{t} \tag{7-30}$$

式中，h——介质层的厚度；

t——雷达波在该介质层传播的双程走时。

h和t均可通过雷达回波数据获得。

故介质层1和介质层2的界面反射系数$R_{1,2}$可表示如下：

$$R_{1,2} = \frac{t_1 h_2 - t_2 h_1}{t_1 h_2 + t_2 h_1} \tag{7-31}$$

式中，t_1、t_2——分别表示雷达波在介质层1和介质层2的双程走时；

h_1、h_2——分别表示介质层1和介质层2的厚度，如图7-12所示。

理论上讲，使用探地雷达对藏式石墙进行探测时，同一种异常物界面处的反射系数是不变的，即反射系数只与界面处两种介质的介电性质有关，与异常物的埋深无关，但在实地探测的过程当中由于石砌墙体不均匀性较大，导致墙体不同位置处的介电性质存在差异。本次研究采取实地探测的方式来获取异常物的界面反射系数，为了提高试验精度，减少测量误差，分别对6种异常物设置了15cm、20cm、25cm三种埋置深度，且每种埋深布设8条测线。现以空洞为例给出

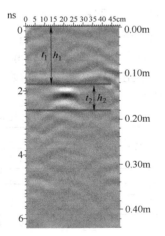

图7-12　空洞对应的
雷达图像墙厚方向距离、
双程走时与异常反射
区域的对应关系图

异常物界面反射系数的计算过程，其他异常物的界面反射系数计算方法与空洞相同。

（1）先给出一条测线中异常反射区域界面处反射系数的计算过程。当空洞的埋深为 15cm 时，其对应的异常区域墙厚向判别距离 h_1 为 145mm，对应第 145 个采样点处的位置，雷达波于该采样点处的双程走时 t_1 为 1.90ns。由表 7-4 可知：当空洞的埋深为 15cm 时，其对应的异常区域墙厚向判别尺寸 h_2 为 78mm，该尺寸长度对应第 145～223 采样点区间，可得雷达波在该采样点区间内的双程走时 t_2 为 0.43ns。将 t_1、t_2、h_1、h_2 的值分别代入式（7-31）得：

$$R_{1,2}=\frac{t_1 h_2 - t_2 h_1}{t_1 h_2 + t_2 h_1}=\frac{1.90\times78-0.43\times146}{1.90\times78+0.43\times146}=0.406 \tag{7-32}$$

即雷达波在异常反射区域界面处的反射系数为 0.406。

（2）采用相同的计算方法算出空洞在三种埋深下所有测线中异常反射区域的界面反射系数。在进行试验墙的雷达探测试验时，每种埋深下布置 8 条测线，对每条测线重复探测 3 次，则三种埋深下一共可获得 72 次探测结果，从每一次探测结果中可计算得到一个空洞的反射系数值，故针对试验墙内空洞而言可通过雷达探测得到 72 个反射系数的测量值。

（3）已知界面反射系数 R_i 服从正态分布，即 $R_i \sim N(\mu, \sigma^2)$。易知当置信度为 95% 时，$R_i$ 的置信区间为 $(\mu-1.96\sigma, \mu+1.96\sigma)$。在求出 72 个反射系数后可计算得到 $\mu=0.415$、$\sigma=0.0054$，然后将其代入置信上下限的表达式可进一步得到界面反射系数 R_i 的置信区间为 $(0.404, 0.425)$。以该置信区间作为空洞在 15cm 埋深下的第二个辨识依据，即在藏式石墙实际的探测中，当雷达回波中异常数据区域的墙厚向判别距离为 15cm，且通过上述研究方法计算得到该异常数据区域的界面反射系数 R 的值落在置信区间 $(0.404, 0.425)$ 当中时，认为引起该异常反射回的异常物有 95% 的可能性为空洞。

3. 种类辨识结果

前文以空洞为例，详细介绍了雷达回波中异常数据区域种类辨识的研究方法，同时给出了具体的分析计算过程，其余木条、边玛草、裂缝、金属、含水五种异常物的种类辨识方法与空洞相同。下面将不再赘述上述几种墙内异常物的辨识研究过程，直接给出计算结果。在本次探测试验中，空洞、裂缝、木条、边玛草、含水、金属等六种异常物在墙内均设有 15cm、20cm、25cm 三种埋置深度，每种埋置深度下分别布置 8 条测线。

空洞在三种埋置深度下对应的 8 条测线的异常数据区域均方根振幅取值区间如表 7-13 所示。

空洞对应的回波异常区域均方根振幅取值区间表　　　　　表 7-13

测线编号	埋置深度		
	15cm	20cm	25cm
1	(2828.75,3051.27)	(2144.52,2324.12)	(1781.46,1954.68)
2	(2847.41,3063.18)	(2110.67,2298.52)	(1804.72,1973.37)
3	(2879.32,3046.53)	(2125.64,2306.25)	(1761.31,1936.17)
4	(2883.67,3059.18)	(2161.79,2347.91)	(1811.68,1982.83)
5	(2859.33,3078.47)	(2166.92,2367.57)	(1798.72,1967.75)
6	(2867.29,3042.32)	(2131.38,2310.16)	(1778.13,1948.86)
7	(2832.56,3047.76)	(2118.92,2296.57)	(1815.72,1979.75)
8	(2872.97,3043.84)	(2137.38,2321.16)	(1769.13,1940.86)
均值	(2859.91,3053.07)	(2137.52,2321.12)	(1789.46,1960.61)

分别计算出空洞在三种深度下对应的 8 条测线的异常数据区域均方根振幅取值区间之后，通过 Origin 软件绘制出异常数据区域内均方根振幅随埋置深度的变化趋势，如图 7-13 所示。

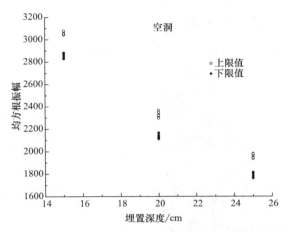

图 7-13　不同埋深下空洞对应的雷达回波异常区域均方根振幅值

在本次辨识模拟试验中得到空洞、裂缝、木条、边玛草、金属、含水率六种墙内残损及异常物对应的雷达回波异常区域界面反射系数辨识区间如表 7-14 所示。六种墙内残损及异常物对应的雷达回波异常区域界面反射系数辨识面域如图 7-14 所示。

六种残损及异常物对应的雷达回波异常区域界面反射系数取值区间　　表 7-14

残损及异常物	界面反射系数区间
空洞	(0.404,0.425)
裂缝	(0.335,0.347)
木条	(0.211,0.228)
边玛草	(0.183,0.209)
15%体积含水率	(0.287,0.314)
金属	(0.835,0.854)

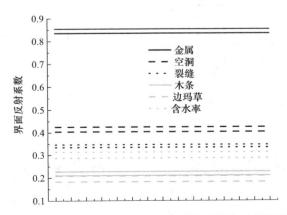

图 7-14　六种残损及异常物对应的雷达回波异常区域界面反射系数辨识面域

7.2 遗址墙体实地探测及辨识

7.2.1 拉萨极苏庄园遗址石墙探测

极苏庄园大堂南墙遗址石墙共布置 6 条测线，测线布置情况如图 7-15 所示，大堂南墙在整个庄园中的位置如图 7-16 所示。

图 7-15　大堂南墙测线布置图

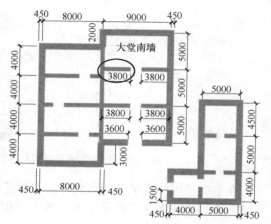

图 7-16　大堂南墙位置图

通过分析大堂南墙 6 条测线的探测结果可知，该次试验辨识出了空洞、裂缝、木条三种墙内异常物，限于篇幅，此处给出空洞、裂缝、木条的图像辨识结果各一个，其余测线的探测结果直接以表格的形式给出。

测线 2 雷达回波图像异常反射区域、异常采样点的分布位置以及异常 A-Ssan 道的分布位置之间的对应关系如图 7-17～图 7-19 所示，现场拆墙取样结果如图 7-20 所示。其中雷达回波振幅数据中 A-Scan 单道波能量归一化值的异常性反映异常物的测线向尺寸及测线向距离，采样点振幅方差归一化值的异常性反映异常物的墙厚向尺寸及墙厚向距离。

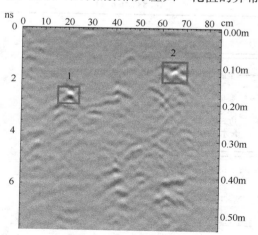

图 7-17　雷达回波图像

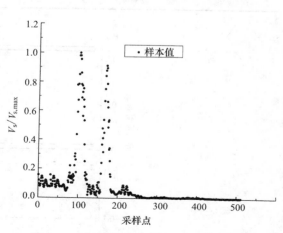

图 7-18　采样点振幅方差归一化值分布图

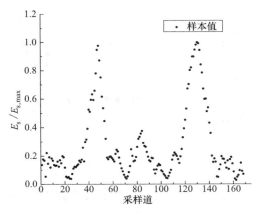

图 7-19　单道波能量归一化值分布图

图 7-20　现场拆墙取样结果图

由图 7-17～图 7-19 可知测线 2 中主要有两个异常反射区域，分别编号为 1 和 2，该测线中两个异常反射区域的判别结果如表 7-15～表 7-19 所示。

测线向距离判别结果　　　　　　　　　　　　　　　表 7-15

异常反射区域	判别距离/cm	实际距离/cm	判别误差
1	16.0	15.0	6.67%
2	60.0	57.5	4.35%

墙厚向距离判别结果　　　　　　　　　　　　　　　表 7-16

异常反射区域	判别距离/cm	实际距离/cm	判别误差
1	15.8	15.0	5.33%
2	9.6	9.0	6.67%

测线向尺寸判别结果　　　　　　　　　　　　　　　表 7-17

异常反射区域	判别尺寸/cm	实际尺寸/cm	判别误差
1	5.5	6.0	8.33%
2	9.5	10.0	5.00%

墙厚向尺寸判别结果　　　　　　　　　　　　　　　表 7-18

异常反射区域	判别尺寸/cm	实际尺寸/cm	判别误差
1	4.6	5.0	8.00%
2	5.4	6.0	10.00%

异常物种类辨识结果　　　　　　　　　　　　　　　表 7-19

异常反射区域	均方根振幅区间	界面反射系数	拆墙取样结果
1	(2691.24, 2872.39)	0.411	空洞
2	(4156.71, 4338.50)	0.419	空洞

大堂南墙 6 条测线对应的不同埋置深度下雷达回波异常区域的均方根振幅取值情况如图 7-21 所示。界面反射系数取值情况如图 7-22 所示。

7.2.2　西藏桑丹古寺遗址石墙探测

桑丹寺大殿东墙共布置 5 条测线，测线布置情况如图 7-23 所示，大殿东墙在整个桑丹寺中的位置如图 7-24 所示。

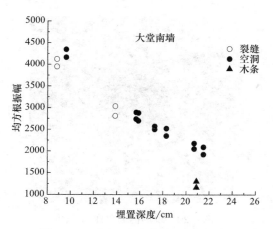

图 7-21 不同埋深下的雷达回波异常
区域均方根振幅值

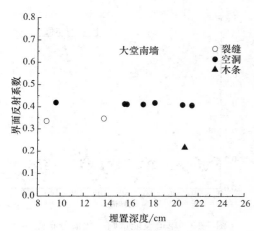

图 7-22 不同埋深下的雷达回波异常区
域界面反射系数值

图 7-23 大殿东墙测线布置图

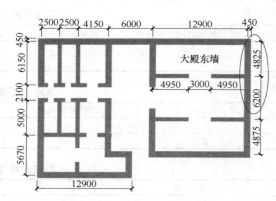

图 7-24 大殿东墙位置图

测线 1 的雷达回波图像异常反射区域、异常采样点的分布位置以及异常 A-Ssan 道的分布位置之间的对应关系如图 7-25～图 7-27 所示。

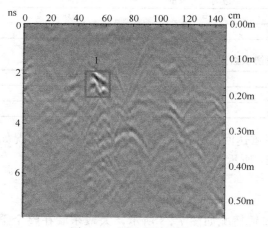

图 7-25 雷达回波图像

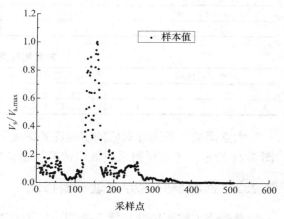

图 7-26 采样点振幅方差归一化值分布图

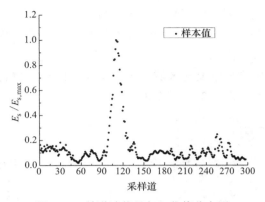

图 7-27 单道波能量归一化值分布图

由图 7-25～图 7-27 可知测线 1 中只有一个异常反射区域，其判别结果如表 7-20～表 7-22 所示。

距离判别结果   表 7-20

异常反射区域	测线方向判别距离/cm	墙厚方向判别距离/cm
1	48.5	12.8

尺寸判别结果   表 7-21

异常反射区域	测线方向判别尺寸/cm	墙厚判别尺寸/cm
1	11.5	8.6

异常物种类辨识结果   表 7-22

异常反射区域	均方根振幅范围	界面反射系数	辨识结果
1	(3367.24,3541.96)	0.406	空洞

7.2.3 拉萨达孜区林阿庄园遗址石墙探测

林阿庄园主楼南墙共布置 6 条测线，测线布置情况如图 7-28 所示，主楼南墙在庄园中的位置如图 7-29 所示。

图 7-28 主楼南墙测线布置图

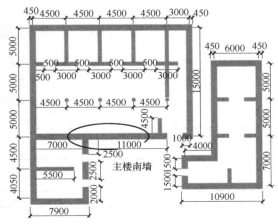

图 7-29 主楼南墙位置图

　　通过分析 6 条测线的探测结果可知，该次试验辨识出了空洞、裂缝和木条三种墙内异常物，限于篇幅，此处分别给出空洞、裂缝和木条的图像辨识结果各一个，其余测线的探测结果直接以表格的形式给出。

　　测线 6 的雷达回波图像异常反射区域、异常采样点的分布位置以及异常 A-Ssan 道的分布位置之间的对应关系如图 7-30～图 7-32 所示。

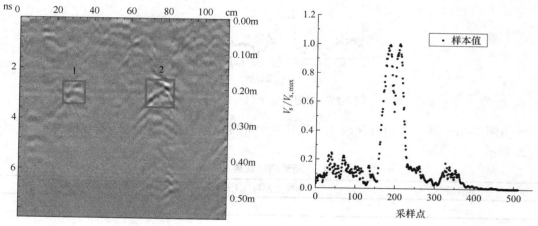

图 7-30　雷达回波图像　　　　　　图 7-31　采样点振幅方差归一化值分布图

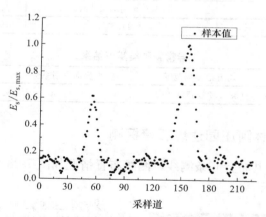

图 7-32　单道波能量归一化值分布图

　　由图 7-30～图 7-32 可知测线 6 中主要有两个异常反射区域，如图所示分别编号为 1、2，该测线中两个异常反射区域的判别结果如表 7-23～表 7-25 所示。

距离判别结果　　　　　　　　　　　　　　　　　表 7-23

异常反射区域	测线方向判别距离/cm	墙厚方向判别距离/cm
1	23.0	17.8
2	69.5	16.4

尺寸判别结果　　　　　　　　　　　　　　　　　表 7-24

异常反射区域	测线方向判别尺寸/cm	墙厚方向判别尺寸/cm
1	7.5	6.2
2	10.5	8.4

异常物种类辨识结果 表7-25

异常反射区域	均方根振幅区间	界面反射系数	辨识结果
1	(1514.17,1672.67)	0.221	木条
2	(2601.83,2764.95)	0.431	空洞

达孜区林阿庄园主楼南墙 6 条测线异常反射区域判别结果如表 7-26～表 7-28 所示。

距离判别结果 表7-26

测线编号	异常反射区域	测线方向判别距离/cm	墙厚方向判别距离/cm
1	1	58.5	14.8
2	1	38.5	17.4
	2	82.0	18.2
3	1	8.5	23.6
	2	29.0	17.8
4	1	16.5	17.8
	2	45.0	21.6
5	1	13.5	9.8
	2	42.5	20.4
6	1	23.0	17.8
	2	69.5	16.4

尺寸判别结果 表7-27

测线编号	异常反射区域	测线方向判别尺寸/cm	墙厚方向判别尺寸/cm
1	1	7.5	6.4
2	1	7.0	6.0
	2	4.0	3.2
3	1	11.5	8.0
	2	10	8.4
4	1	4.5	4.0
	2	10.5	8.2
5	1	8.5	6.8
	2	8.0	7.2
6	1	7.5	6.2
	2	10.5	8.4

异常物种类辨识结果 表7-28

测线编号	异常反射区域	均方根振幅区间	界面反射系数	辨识结果
1	1	(2825.57,2986.71)	0.408	空洞
2	1	(2409.72,2564.83)	0.411	空洞
	2	(2039.39,2201.67)	0.329	裂缝

测线编号	异常反射区域	均方根振幅区间	界面反射系数	辨识结果
3	1	(1803.26,1969.72)	0.425	空洞
	2	(2347.82,2512.19)	0.413	空洞
4	1	(2104.38,2274.06)	0.354	裂缝
	2	(1908.93,2087.41)	0.399	空洞
5	1	(4235.57,4379.14)	0.427	空洞
	2	(2031.93,2269.34)	0.419	空洞
6	1	(1514.17,1672.67)	0.221	木条
	2	(2601.83,2764.95)	0.431	空洞

主楼南墙 6 条测线对应的不同埋置深度下雷达回波异常区域的均方根振幅取值情况如图 7-33 所示。主楼南墙 6 条测线对应的不同埋置深度下雷达回波异常区域的界面反射系数取值情况如图 7-34 所示。

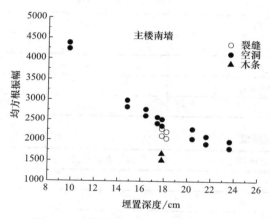

图 7-33 不同埋深下空洞对应的雷达回波异常区域均方根振幅值

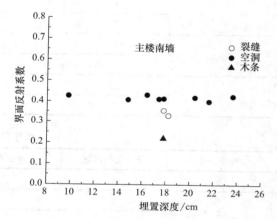

图 7-34 不同埋深下的雷达回波异常区域界面反射系数值

7.3 藏式石墙内部残损及异常物辨识图谱的建立

现通过将 7.1 节与 7.2 节的研究成果进行融合并相互补充，建立藏式石墙内部残损（空洞、裂缝、含水）和异常物（木条、边玛草、金属）的辨识图谱。

7.3.1 空洞

1. 均方根振幅

将前两节研究成果的相互融合与补充之后，使用 Origin 软件拟合得到空洞对应的雷达回波异常区域均方根振幅随其埋置深度的变化趋势，如图 7-35 所示。

由图 7-35 可知，空洞对应的雷达回波异常数据区域的均方根振幅随其埋置深度的增大呈指数衰减趋势，其上限值与下限值的表达式如下：

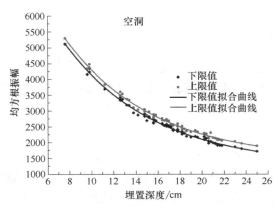

图7-35 空洞对应的雷达回波异常区域均方根振幅限值拟合曲线

均方根振幅取值上限：$A_{\mathrm{RMS,\pm}}=1452+9946 \cdot e^{\left(-\frac{h}{7.98}\right)}$

均方根振幅取值下限：$A_{\mathrm{RMS,\mp}}=1267+9869 \cdot e^{\left(-\frac{h}{8.09}\right)}$

即可得到空洞对应的雷达回波异常区域均方根振幅拟合值的取值区间为（$1267+9869 \cdot e^{\left(-\frac{h}{8.09}\right)}$，$1452+9946 \cdot e^{\left(-\frac{h}{7.98}\right)}$）。

但由图7-35易知，图中两条拟合曲线并不能较好地包络均方根振幅值的分布范围，若采用上述结果，则将缩小空洞均方根振幅的取值范围，在辨识分析中容易产生误判。为了更加合理地求得空洞对应的雷达回波异常区域均方根振幅的取值区间，将对现有结果进行如下改进：

（1）根据均方根振幅拟合结果，分别求出上限值与下限值的拟合残差，并认为两个拟合残差均服从正态分布。

（2）分别求出上限拟合残差与下限拟合残差的标准偏差 $\sigma_{\pm}=53.33$ 和 $\sigma_{\mp}=52.67$，采用 2σ 准则思想对目前的取值范围进行扩充，即对均方根振幅的上限拟合曲线增加拟合残差的 2σ，对下限拟合曲线减少拟合残差的 2σ。

完成改进后空洞对应的雷达回波异常区域均方根振幅上下限拟合情况如图7-36所示。

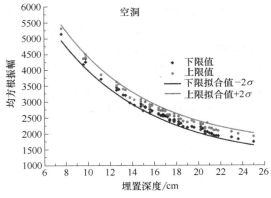

图7-36 空洞对应的雷达回波异常区域均方根振幅限值 2σ 扩展曲线

经改进后得到空洞对应的雷达回波异常区域均方根振幅上限值与下限值的表达式

如下：

均方根振幅取值上限：$A_{\text{RMS},\text{上}} = 1559 + 9946 \cdot e^{\left(-\frac{h}{7.98}\right)}$

均方根振幅取值下限：$A_{\text{RMS},\text{下}} = 1162 + 9869 \cdot e^{\left(-\frac{h}{8.09}\right)}$

即可得到空洞对应的雷达回波异常区域均方根振幅拟合值的取值区间为 $\left(1162 + 9869 \cdot e^{\left(-\frac{h}{8.09}\right)}, 1559 + 9946 \cdot e^{\left(-\frac{h}{7.98}\right)}\right)$。

2. 界面反射系数

在 7.1 节的藏式石墙内部残损及异常物的辨识模拟试验中，空洞在墙内设置有 15cm、20cm、25cm 三种埋置深度，每种深度下布置 8 条测线，且每条测线独立重复测量 3 次，共得到 72 个界面反射系数测量值。另外在 7.2 节的遗址石墙探测中共得到 64 个空洞对应的雷达回波异常区域界面反射系数测量值，在结合 7.1 节与 7.2 节中多次探测结果后，得到空洞对应的雷达回波异常区域界面反射系数测量值的频数分布直方图及其概率密度函数曲线，如图 7-37 所示。

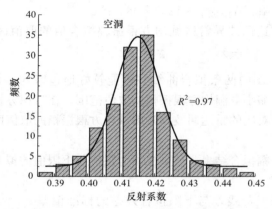

图 7-37　空洞对应的雷达回波异常区域界面反射系数值频数分布直方图及概率密度函数曲线

通过 Origin 得到空洞界面反射系数的频数分布直方图及其拟合情况可知，该拟合曲线的可决系数为 0.97，证明拟合度较好，故可判定空洞的反射系数测量值服从正态分布。

已知界面反射系数 R_i 服从正态分布，即 $R_i \sim N(\mu, \sigma^2)$。易知当取置信度为 95% 时，$R_i$ 的置信区间为 $(\mu - 1.96\sigma, \mu + 1.96\sigma)$。可根据界面反射系数测量值计算得到 $\mu = 0.415$、$\sigma = 0.0067$，然后将其代入置信上下限的表达式可进一步得到界面反射系数 R_i 的置信区间为 $(0.401, 0.428)$。以该置信区间作为空洞的第二个辨识依据，即在藏式石砌墙体实际的探测中，通过上述分析方法计算得到该异常反射区域的界面反射系数 R 的值落在置信区间 $(0.401, 0.428)$ 当中时，认为引起该异常反射的异常物有 95% 的可能性为空洞。

7.3.2　裂缝

1. 均方根振幅

在经过 7.1 节和 7.2 节研究成果的相互融合与补充之后，使用 Origin 软件拟合得到裂缝对应的雷达回波异常区域均方根振幅随其埋置深度的变化趋势，如图 7-38 所示。

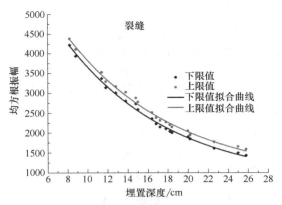

图 7-38　裂缝对应的雷达回波异常区域均方根振幅限值拟合曲线

由图 7-38 可知，裂缝对应的雷达回波异常数据区域的均方根振幅随其埋置深度的增大呈指数衰减趋势，其上限值与下限值的表达式如下：

均方根振幅取值上限：$A_{\mathrm{RMS},\perp} = 867 + 7559 \cdot e^{\left(-\frac{h}{10.67}\right)}$

均方根振幅取值下限：$A_{\mathrm{RMS},\mp} = 763 + 7547 \cdot e^{\left(-\frac{h}{10.44}\right)}$

即可得到裂缝对应的雷达回波异常区域均方根振幅拟合值的取值区间为 $\left(763 + 7547 \cdot e^{\left(-\frac{h}{10.44}\right)},\ 867 + 7559 \cdot e^{\left(-\frac{h}{10.67}\right)}\right)$。

采用与空洞相同的改进方法得到裂缝对应的雷达回波异常区域均方根振幅上下限拟合，如图 7-39 所示。

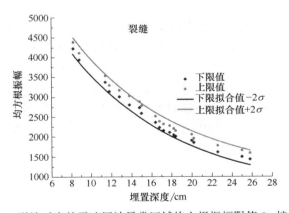

图 7-39　裂缝对应的雷达回波异常区域均方根振幅限值 2σ 扩展曲线

经改进后得到裂缝对应的雷达回波异常区域均方根振幅上限值与下限值的表达式如下：

均方根振幅取值上限：$A_{\mathrm{RMS},\perp} = 1028 + 7559 \cdot e^{\left(-\frac{h}{10.67}\right)}$

均方根振幅取值下限：$A_{\mathrm{RMS},\mp} = 659 + 7547 \cdot e^{\left(-\frac{h}{10.44}\right)}$

即可得到裂缝对应的雷达回波异常区域均方根振幅拟合值的取值区间为 $\left(659 + 7547 \cdot e^{\left(-\frac{h}{10.44}\right)},\ 1028 + 7559 \cdot e^{\left(-\frac{h}{10.67}\right)}\right)$。

2. 界面反射系数

在 7.1 节的藏式石墙模拟试验中，裂缝在墙内设置有 15cm、20cm、25cm 三种埋置深度，每种深度下布置 8 条测线，且每条测线独立重复测量 3 次，共得到 72 个反射系数测量值。另外在 7.2 节的遗址石墙探测中共得到 15 个裂缝的反射系数测量值，结合 7.1 节与 7.2 节多次探测结果，得到裂缝的界面反射系数测量值的频数分布直方图及其概率密度函数曲线，如图 7-40 所示。

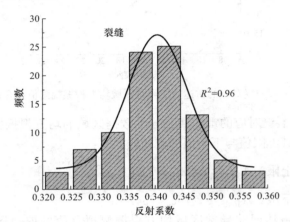

图 7-40　裂缝对应的雷达回波异常区域界面反射系数值频数分布直方图及概率密度函数曲线

通过 Origin 得到裂缝的界面反射系数频数分布直方图及其拟合情况，可知该拟合曲线的可决系数为 0.96，证明拟合度较好，故可判定裂缝的界面反射系数测量值服从正态分布。

已知界面反射系数 R_i 服从正态分布，即 $R_i \sim N(\mu, \sigma^2)$。易知当取置信度为 95% 时，$R_i$ 的置信区间为 $(\mu-1.96\sigma, \mu+1.96\sigma)$。可根据界面反射系数测量值计算得到 $\mu=0.341$、$\sigma=0.0052$，然后将其代入置信上下限的表达式可进一步得到界面反射系数 R_i 的置信区间为 $(0.331, 0.352)$。以该置信区间作为裂缝的第二个辨识依据，即在藏式石砌墙体实际的探测中，通过上述分析方法计算得到该异常反射区域的界面反射系数 R 的值落在置信区间 $(0.331, 0.352)$ 当中时，认为引起该异常反射的异常物有 95% 的可能性为裂缝。

7.3.3　木条

1. 均方根振幅

在经过 7.1 节和 7.2 节研究成果的相互融合与补充之后，使用 Origin 软件拟合得到木条对应的雷达回波异常区域均方根振幅随其埋置深度的变化趋势，如图 7-41 所示。

由图 7-41 可知，木条对应的雷达回波异常数据区域的均方根振幅随其埋置深度的增大呈指数衰减趋势，其上限值与是下限值的表达式如下：

均方根振幅取值上限：$A_{\text{RMS,上}} = 670 + 9371 \cdot e^{\left(-\frac{h}{7.83}\right)}$

均方根振幅取值下限：$A_{\text{RMS,下}} = 519 + 9312 \cdot e^{\left(-\frac{h}{7.97}\right)}$

即可得到木条对应的雷达回波异常区域均方根振幅拟合值的取值区间为 $(519 + 9312 \cdot$

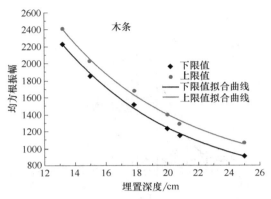

图 7-41 木条对应的雷达回波异常区域均方根振幅限值拟合曲线

$e^{\left(-\frac{h}{7.97}\right)}$，$670+9371 \cdot e^{\left(-\frac{h}{7.83}\right)}$）。

采用与空洞相同的改进方法后得到木条对应的雷达回波异常区域均方根振幅上下限拟合情况，如图 7-42 所示。

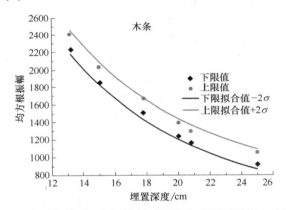

图 7-42 木条对应的雷达回波异常区域均方根振幅限值 2σ 扩展曲线

经改进后得到木条对应的雷达回波异常区域均方根振幅上限值与下限值的表达式如下：

均方根振幅取值上限：$A_{\mathrm{RMS,\text{上}}}=713+9371 \cdot e^{\left(-\frac{h}{7.83}\right)}$

均方根振幅取值下限：$A_{\mathrm{RMS,\text{下}}}=478+9312 \cdot e^{\left(-\frac{h}{7.97}\right)}$

即可得到木条对应的雷达回波异常区域均方根振幅拟合值的取值区间为（$478+9312 \cdot e^{\left(-\frac{h}{7.97}\right)}$，$713+9371 \cdot e^{\left(-\frac{h}{7.83}\right)}$）。

2. 界面反射系数

在 7.1 节的藏式石墙模拟试验中，木条在墙内设置有 15cm、20cm、25cm 三种埋置深度，每种深度下布置 8 条测线，且每条测线独立重复测量 3 次，共得到 72 个界面反射系数测量值。另外在 7.2 节的遗址石墙探测中共得到 3 个木条对应的雷达回波异常区域反射系数测量值，得到木条对应的雷达回波异常区域反射系数测量值的频数分布直方图及其概率密度函数曲线，如图 7-43 所示。

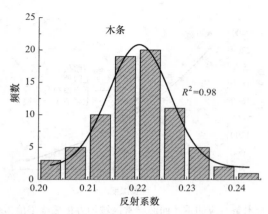

图 7-43　木条对应的雷达回波异常区域界面反射系数值频数分布直方图及概率密度函数曲线

通过 Origin 得到木条对应的雷达回波异常区域界面反射系数频数分布直方图及其拟合情况可知，该拟合曲线的可决系数为 0.98，证明拟合度较好，故可判定木条对应的雷达回波异常区域界面反射系数测量值服从正态分布。

已知界面反射系数 R_i 服从正态分布，即 $R_i \sim N(\mu, \sigma^2)$。易知当取置信度为 95% 时，$R_i$ 的置信区间为 $(\mu - 1.96\sigma, \mu + 1.96\sigma)$。可根据界面反射系数测量值计算得到 $\mu = 0.220$、$\sigma = 0.0062$，然后将其代入置信上下限的表达式可进一步得到界面反射系数 R_i 的置信区间为 (0.207，0.232)。以该置信区间作为木条的第二个辨识依据，即在藏式石砌墙体实际的探测中，通过上述分析方法计算得到该异常反射区域的界面反射系数 R 的值落在置信区间 (0.207，0.232) 当中时，认为引起该异常反射的异常物有 95% 的可能性为木条。

7.3.4　图谱汇总

在获得空洞、裂缝、木条、边玛草、含水率五种石墙内部异常物对应的雷达回波异常区域均方根振幅和界面反射系数的取值区间之后，将其汇总在一起，以便于找出不同异常物之间上述两个辨识特征值的差异。

1. 均方根振幅

汇总后的五种残损及异常物对应的雷达回波异常区域均方根振幅随其埋置深度的变化情况如图 7-44 所示。

由图 7-44 可知：在某个固定的埋置深度下，当雷达回波异常数据区域的均方根振幅值落在两条实线包络的区域之间时，可认为引起该异常反射的物体有 95% 的可能性为空洞，其他异常物包括裂缝、含水、木条、边玛草的辨识方法以此类推。故根据以上研究成果可得：在使用探地雷达对藏式石墙进行探测时，首先判别出雷达回波中异常数据区域的位置及其范围，然后计算该异常区域的均方根振幅，最后通过上述均方根振幅总图谱可辨识出引起该异常反射的物体种类。

2. 界面反射系数

经过 7.1 节、7.2 节研究成果的相互融合与补充之后，得到藏式石墙内六种残损及异常物对应的雷达回波异常区域界面反射系数取值区间如表 7-29 所示，该取值范围具有 95%

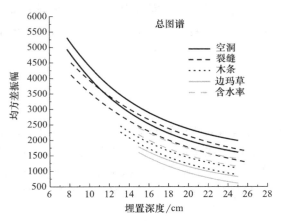

图 7-44 五种残损及异常物对应的雷达回波异常区域均方根振幅总图谱

六种残损及异常物对应的雷达回波异常区域界面反射系数取值区间 表 7-29

残损及异常物	界面反射系数区间
空洞	(0.401,0.428)
裂缝	(0.331,0.352)
木条	(0.207,0.232)
边玛草	(0.178,0.204)
15%体积含水率	(0.283,0.319)
金属	(0.833,0.856)

的置信度。

汇总后的六种残损及异常物对应的雷达回波异常区域界面反射系数总图谱如图 7-45 所示。

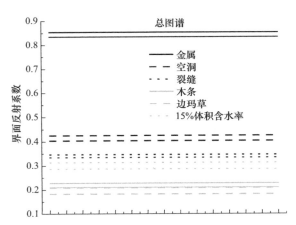

图 7-45 六种残损及异常物对应的雷达回波异常区域界面反射系数总图谱

由图 7-45 可知：当雷达回波异常数据区域的界面反射系数值落在实线包络的区域之间时，可认为引起该异常反射的物体有 95% 的可能性为金属，其他残损及异常物包括裂缝、含水、木条、边玛草的辨识方法以此类推。根据以上研究成果可得：在使用探地雷达对藏式石墙进行探测时，首先辨识出雷达回波中异常数据区域的位置及其范围，然后计算该异常区域的界面反射系数，最后通过界面反射系数总图谱可辨识出引起该异常反射的物体种类。

7.4 小结

本章首先进行了藏式石墙内部残损及异常物的辨识模拟试验，实现残损及异常物的种类辨识。在此基础上对拉萨极苏庄园遗址、西藏桑丹古寺遗址和拉萨达孜区林阿庄园遗址进行实地探测和辨识。最后将藏式石墙辨识模拟试验与实地探测的结果相互融合补充，得到了空洞、裂缝、木条、边玛草、含水、金属六种残损及异常物的辨识图谱，并进行了该图谱的应用与验证。

第**8**章
藏式石砌体的结构安全评估

藏式古建筑的安全性是古建筑保护的重要工作，如何进行藏式石砌体结构的安全评估一直是古建筑保护学者的研究重点。本章借助模糊综合评价和层次分析法等工具，结合藏式石砌体的独有特征和损伤演化机理，首先提出了藏式石砌体构件安全性评估方法，然后提出了建议性的藏式建筑多层次安全评估的层级划分、结构体系与构造应满足的最低要求，以及结构可靠性综合评估的流程，为藏式建筑的评估工作提供了研究思路。

8.1 模糊综合评价方法

模糊综合评价方法借鉴了二元对比排序法的原理，通过因素间的两两比较，构造判断矩阵，经过运算间接确定各因素的权重。具体步骤为：

（1）首先根据问题所包含因素及其相互关系建立层次结构；

（2）第二步，对于同一层次的各因素对上一层次某因素水平的影响程度进行两两比较，采用比例标度赋值，两两比较重要性赋值见表 8-1。构造判断矩阵 A，如式（8-1）所示。

两两比较重要性赋值 表 8-1

V_i/V_j	相同	稍强	强	很强	绝对强	稍弱	弱	很弱	绝对弱
v_{ij}	1	3	5	7	9	1/3	1/5	1/7	1/9

注：V_i、V_j 为同层次的因素；v_{ij} 为 V_i 和 V_j 重要性的比值；相邻程度的中间值取 2、4、6、8、1/2、1/4、1/6、1/8。

$$A = \begin{bmatrix} v_{11} & v_{12} & \cdots & v_{1n} \\ v_{21} & v_{22} & \cdots & v_{2n} \\ \vdots & \vdots & \vdots & \vdots \\ v_{m1} & v_{m2} & \cdots & v_{mn} \end{bmatrix} \quad (8\text{-}1)$$

为了避免出现逻辑错误，需求出判断矩阵 A 的最大（绝对值）特征值 $\lambda_{\max}$ 后，进行一致性检验。根据式（8-2）计算 CI 值，再由建立的判断矩阵的阶数 n 查表 8-2 得到平均随机一致性指标 RI（表 8-2），将其代入式（8-3）进行一致性检验，当一致性比率 CR＜

0.1 时即认为一致性检验通过。

$$CI=(\lambda_{max}-n)/(n-1) \tag{8-2}$$

$$CR=CI/RI \tag{8-3}$$

平均随机一致性指标 RI 表 8-2

矩阵阶数 n	1	2	3	4	5	6	7	8	9
RI	0	0	0.52	0.89	1.12	1.26	1.36	1.41	1.46

（3）第三步，求出判断矩阵 A 最大（绝对值）特征值 λ_{max} 相对应的特征向量 W，将特征向量 W 归一化处理，得到的特征向量即为该层次各因素相对上一层次中某因素水平的影响权重值。

（4）第四步，构造因素层各因子的隶属向量 R，其表达式为：

$$R=\begin{bmatrix} r_{11} & r_{12} & \cdots & r_{1n} \\ r_{21} & r_{22} & \cdots & r_{2n} \\ \vdots & \vdots & \vdots & \vdots \\ r_{m1} & r_{m2} & \cdots & r_{mn} \end{bmatrix} \tag{8-4}$$

式（8-4）中 r_{mn} 为因素 V_i 具有评级 r_i 的程度。

由式（8-5）获得各指标的评定等级向量 X。

$$X=W^T \cdot R \tag{8-5}$$

根据最大隶属度原则，评定等级向量 X 中最大值所对应的等级即为相应的评定结果。

8.2 藏式石砌体构件层次的安全评价

如前所述，采用相关鉴定标准对藏式石砌体进行安全评价有一定的局限性，主要原因在于：上述规范主要评估对象为常见的砖砌体以及砌块砌体，而藏式石砌体结构由于独特的材料和结构特性，其静力受力性能表现与破坏机理有区别，一些量化的评判指标并不适用。例如，对于砌体结构的评定中往往包含裂缝宽度和长度指标，而藏式石砌体往往在砌筑时就有较多的间隙存在，在服役过程中由于复杂应力状态等因素，脆性的石材极易发生开裂，套用规范中的指标对裂缝进行评定缺乏足够的依据。因此，本节从模糊综合评价方法的两个关键步骤入手，结合前面章节所获得的藏式石砌体静力性能特征，力求确定藏式石砌体构件层次安全评价的因素集与权系数。

8.2.1 因素集与权系数的确定

根据藏式石砌体受压试验，已知悉藏式石砌体的受压破坏机理，即泥浆受压横向扩张，对石块施加表面扩张力，加上不平整界面造成的应力集中和弯曲应力作用，使得石材承受不均衡的复杂应力，拉应力超过石材抗拉强度后石块开裂，且片石开裂一般早于块石；砌筑时留下的石块间隙等同于石块产生的裂缝，在压力荷载继续作用下间隙或裂缝会产生横向扩张并上下延伸，最终使藏式石砌体开裂为多个短柱，发生失稳破坏。因此，裂缝形态是判断藏式石砌墙体构件状态的重要评估因素。根据试验结果，当单块石材发生开裂时不能排除是孤立现象的可能且对墙体整体受力状态影响较小，而当裂缝上下延伸并贯通超过一个石材层时则表明裂缝是主要由受力引起的。裂缝形态的指代意义可参考《危险房屋鉴定标准》JGJ 125—2016 和《民用建筑可靠性鉴定标准》GB 50292—2015 的相关指标进行量化和分级。

　　藏式石砌体构件评估的另一个因素是变形情况，既包含挠曲鼓闪等侧弯变形也包含墙体的整体倾斜。现有研究对象主要为单叶墙体，对于墙体变形的影响暂未进行深入研究，因此借鉴可参考《危险房屋鉴定标准》JGJ 125—2016 和《民用建筑可靠性鉴定标准》GB 50292—2015 的相关指标进行量化和分级，待后续深入研究后再进行完善。

　　藏式石砌体构件评估的第三个因素建议为材料状态，这是由于藏式石砌体以泥浆作为粘结材料，具有一定的特殊性，而且石材自身也存在材料性能退化的可能，应予以重视。

　　综上，在充分考虑藏式石砌体自身特点以及受压破坏损伤机理的情况下，建议以裂缝、变形、材料状态作为藏式石砌体构件安全评估的三个因素，此归类将受力、变形、材料三个主要因素均纳入考虑范围之内。根据层次分析法的基本原理，确定该三个因素的权重，两两比较后采用比例标度赋值，并构造判断矩阵。评估因素权重分析见表 8-3，一致性检验通过。

表 8-3

评估因素权重分析

	裂缝	变形	材料状态	权重	CR=0.0624
裂缝	1	1/3	5	0.28	<0.1
变形	3	1	7	0.65	满足一致性
材料状态	1/5	1/7	1	0.07	要求

由此得到的判断矩阵为：

$$A = \begin{bmatrix} 1 & 1/3 & 5 \\ 3 & 1 & 7 \\ 1/5 & 1/7 & 1 \end{bmatrix}$$

计算可得判断矩阵 A 的最大（绝对值）特征值 λ_{max} 和相应的特征向量 W 分别为：

$$\lambda_{max} = 3.0649, \quad W = \begin{bmatrix} 0.28 & 0.65 & 0.07 \end{bmatrix}^T$$

8.2.2　各因素等级评定标准

　　在确定了评价因素后，需要制定因素等级评定标准。为了方便应用，更好地与现有标准和通用评定方法接轨，建议采用四个安全性等级 a、b、c、d，其指代意义与《民用建筑可靠性鉴定标准》GB 50292—2015 相对应。根据藏式石砌体受压损伤机理确定裂缝的分级，并部分采纳《危险房屋鉴定标准》JGJ 125—2016 的相关规定，提出建议的量化指标；综合采纳《危险房屋鉴定标准》JGJ 125—2016 和《民用建筑可靠性鉴定标准》GB 50292—2015 的相关规定，并考虑藏式石砌体材料和结构特征，提出变形和材料状态建议采用的评价指标。构件状态等级评定标准见表 8-4。

表 8-4

藏式石砌体构件状态评定标准

评定等级	裂缝	变形	材料状态	含义与应对措施
a	无石材开裂且无显著石块间缝隙	墙体无明显整体或局部变形	石材无风化、粉化、腐蚀等，粘结材料饱满无性能退化迹象	满足 a 级要求，具有足够的承载能力，无需处理

续表

评定等级	裂缝	变形	材料状态	含义与应对措施
b	有偶发性单块石材开裂,裂缝未延伸至上下层	存在超过 1/350、不超过 1/300 倍构件高度的结构平面内侧向位移	石材无风化、粉化、腐蚀等,粘结材料砌筑质量一般,或存在风化、粉化、松散等现象	略低于 a 级要求,尚不会显著影响承载能力,可不处理
c	有裂缝上下延伸长度超过一层石块高度,但不超过 1/3 砌体构件高度	存在超过 1/300、不超过 1/150 倍构件高度的结构平面内侧向位移	砌体表面存在风化、剥落、粘结材料粉化、潮湿发霉等,有效截面削弱不超过 15%	不符合 a 级要求,显著影响承载能力,应处理
d	存在多条超过 1/3 砌体构件高度的裂缝,或出现超过 1/2 砌体构件高度的裂缝	存在超过 1/150 倍构件高度的结构平面内侧向位移,或墙体相对于房屋整体的局部倾斜变形大于 7‰,或相邻构件连接处断裂成通缝	砌体表面存在大面积风化、剥落、粘结材料粉化、潮湿发霉等,有效截面削弱超过 15%	严重影响承载能力,必须立即或及时处理

在选择隶属函数方面可参考相关文献,也可选择简化处理方式:裂缝判断以不同类型裂缝所占比例进行评定。墙体局部变形和材料劣化的评定可通过全站仪检测、劣化区域面积测量等现场检测手段进行,通过不同的局部损伤所占比例进行评定,或以占绝对优势的损伤现象所归类的等级进行判定。

8.2.3 应用实例

以不同类型试件的受压试验为例,采用上述的因素集、权系数和各因素等级评定标准,通过模糊综合评价方法评估试验结束后的墙体的安全性能,并进行比较。

1. 评估对象

评估对象分别为足尺棱柱体试件 FP3 和足尺墙片试件 W1,均为加载完成并卸载后的最终状态。评估对象的状态见图 8-1。

2. 评估流程

(1) 构建判断矩阵,计算因素权重向量

如前所述,判断矩阵为:

$$\boldsymbol{A}=\begin{bmatrix} 1 & 1/3 & 5 \\ 3 & 1 & 7 \\ 1/5 & 1/7 & 1 \end{bmatrix}$$

代表"裂缝、变形、材料状态"三因素权重的特征向量 $\boldsymbol{W}$ 为:
$$\boldsymbol{W}=[0.28 \quad 0.65 \quad 0.07]^T$$

(2) 构建评判矩阵

以表 8-4 作为各因素的评价标准,通过检查和检测手段,记录两个试件的损伤现象和数量,以比例分配和状态定性判断方法,确定各自的评判矩阵,FP2 和 W1 试件的评判矩阵分别为:

(a) FP3　　　　　　　　　　(b) W1

图 8-1　评估对象

$$\boldsymbol{R}_{\mathrm{FP3}}=\begin{bmatrix} 0 & 0.3 & 0.7 & 0 \\ 0 & 1 & 0 & 0 \\ 0 & 1 & 0 & 0 \end{bmatrix}; \quad \boldsymbol{R}_{\mathrm{W1}}=\begin{bmatrix} 0 & 0.8 & 0.2 & 0 \\ 0 & 1 & 0 & 0 \\ 0 & 1 & 0 & 0 \end{bmatrix}$$

（3）评定等级向量 $\boldsymbol{X}$

由式（8-4）计算可得：

$$\boldsymbol{X}_{\mathrm{FP3}}=\boldsymbol{W}^{\mathrm{T}} \cdot \boldsymbol{R}_{\mathrm{FP3}}=\begin{bmatrix} 0.28 & 0.65 & 0.07 \end{bmatrix}\begin{bmatrix} 0 & 0.3 & 0.7 & 0 \\ 0 & 0 & 0 & 1 \\ 0 & 1 & 0 & 0 \end{bmatrix}=\begin{bmatrix} 0 & 0.1556 & 0.1953 & 0.6491 \end{bmatrix}$$

$$\boldsymbol{X}_{\mathrm{W1}}=\boldsymbol{W}^{\mathrm{T}} \cdot \boldsymbol{R}_{\mathrm{W1}}=\begin{bmatrix} 0.28 & 0.65 & 0.07 \end{bmatrix}\begin{bmatrix} 0 & 0.8 & 0.2 & 0 \\ 0 & 1 & 0 & 0 \\ 0 & 1 & 0 & 0 \end{bmatrix}=\begin{bmatrix} 0 & 0.9442 & 0.0558 & 0 \end{bmatrix}$$

3. 评估结果分析

FP3 试件评定等级向量中最大值落入 d 级位置，即表明该试件状态等级为 d 级，已处于明显的危险状态。该评定结果与试验结果一致，此时的试件已明显达到极限状态，荷载位移曲线进入平直段，最大压力值无法继续增加，卸载后试件濒临散体。

W1 试件评定等级向量中最大值落入 b 级位置，即表明该试件状态等级为 b 级，虽然出现了一定的局部石块开裂现象，但从试验现象和荷载位移曲线来看墙体仍基本处于线弹性阶段，故其状态对应的评定结果为：现有损伤不会显著影响承载能力，可不处理。

从上述范例来看，采用模糊综合评价方法评价藏式石砌体构件的安全状态，操作简单易行，同时将直观经验判断转化为以数学模型为基础的综合评判，评定结果与试验结果有较好的对应关系，该方法适用于构件层次的安全评价。实际的检测鉴定工作中，完成所有构件的安全等级评价后，即可接轨现行鉴定标准，以数构件、定各组成部分危险构件比例的做法，对建筑物进行分层次的综合评价。

8.3 藏式建筑结构安全评估建议方法

对建筑物的安全评估是一项系统工程，上述石砌体构件层次的模糊综合评价方法只是评估的最低层级，仍需采用综合的评价方法对建筑物整体安全性能进行评价。本节讨论模糊综合评价方法、层次分析法和基于状态的建筑物安全性评价方法的结合与应用，并基于前文研究成果提出相关建议。

8.3.1 基于层次分析法的评估层级划分

采用层次模型确定影响因素的权重，可减小人为因素的影响，且多层次模糊综合评价效果优于一级和二级模型，因此建议选择多级层次评价体系。从其他学者研究成果和相关规范的规定来看，三级层次评价体系的建立一般以整体结构的安全性作为第一层次，而第二层次和第三层次的划分有两种分类方法：一是按照功能进行分类，例如地基基础、上部承重结构和围护系统作为第二层次的三个子单元，或者细分为地基基础、木柱、木梁、屋盖、墙体等多个二级指标，然后以各类构件的评估因素作为第三层次；二是将不同的结构层作为第二层次、每层再细分构件作为第三层次。

藏式建筑有多种类型，且大多不是常规的结构体系。以较为常见的碉楼型建筑为例，该类型建筑采用石砌体作为主要的承力构件以及外围护结构，内部同时采用木构架作为承力构件，是一种混合承重体系。因此建议以不同的结构层作为第二层次，更适合于藏式建筑的评估，这样可以避免以建筑功能进行划分可能造成的角色分辨不清、权重难以确定的问题。以结构层为第二层次的另一好处在于，可以充分考虑不同结构层在同一栋建筑中的不同权重，低层结构层的重要性和对整体结构的影响显然大于高层结构层。

藏式建筑结构安全评估的层次分析中，第三层次建议以不同构件类型进行划分。本章所研究的碉楼建筑，其安全评估的第三层级应分为墙体、木构架和楼板。每种构件的评定因素则为第四层次，进行基于状态的构件安全评估。当具备整体计算条件时，建议增加"承载力"因素，并可参考相关规范，以抗力效应比作为分级量化指标。木构架和楼板的研究不在本文研究范围内，因此不再赘述，建议参考相关研究成果。

综上，藏式碉楼建筑基于层次分析法的评估层级划分可采用图 8-2 的评价模型。

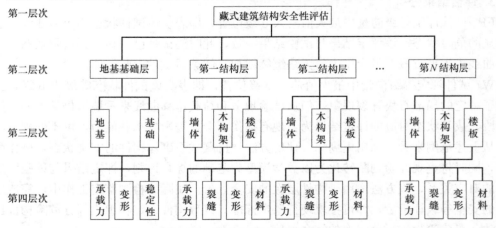

图 8-2 藏式建筑层次评价模型

8.3.2 结构体系与构造检查

由基于状态的性能评价方法可知，只有当藏式石砌体的结构体系和构件布置、连接构造的合理性满足现行结构设计规范的要求时，方可进行基于构件状态的安全性评估，当不满足时需先进行改造和加固。这是由于现行结构设计规范对以上两方面的要求是当前工程界普遍认同的下限要求。

建议以表8-5作为前提性检验的基本要求，该表内容来于对砌体结构设计、抗震设计、施工等多个标准规范相关要求的归纳总结。

前提性检验的基本要求 表8-5

检查项目	应满足的要求
结构体系和构件布置	墙体布置在平面内闭合
	墙体上下连续，不应有悬空墙
	房屋质量和刚度沿高度分布比较规则、均匀
	房屋的高度与宽度之比不大于 3.0
连接构造	纵横墙连接处应设置咬槎
	墙体厚度不小于 350mm
	墙体分皮错缝搭砌

8.3.3 建议采用的结构可靠性综合评估流程

建议以图8-3的流程作为藏式石砌体安全性评估的流程。对于藏式建筑的结构可靠性综合评估来说，承载力是较为重要的因素，既包括受压承载力也包括抗震承载力。藏式石砌体的计算选用整体计算模型可行性更高，将具有复合受力性质的石砌体等效为各向异性的匀质化材料组成的结构后，可借助有限元等手段通过计算机进行弹性阶段的受力计算，较为方便地获得荷载作用效应，并进行考虑木构架影响的结构协同计算；然后对藏式石砌体的整体性抵抗水平力的能力进行初步的估计，实现快速评估。

实际上，图8-3中显示的即为在藏式石砌体建筑现有的认知基础上，本书所研究的静力性能成果在实际工程中的应用方法，在此流程指导下可以将藏式石砌体结构的评估定量化。由于对于藏式石砌体结构性能的研究刚刚开始，仍然有较多的未知领域，因此图8-3中的建议流程还需要更多、更深入的研究予以补充完善。

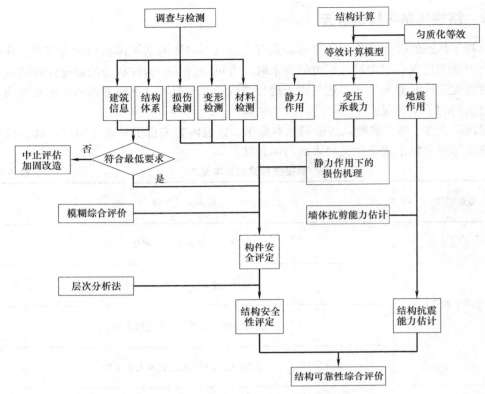

图 8-3 藏式石砌体结构安全评估流程

8.4 小结

本章结合藏式石砌体的独有特征和损伤演化机理，基于藏式石砌体构件开展其安全性评估方法研究，提出了藏式建筑多层次安全评估的层级划分、结构体系与构造应满足的最低要求。结合藏式石砌体试验和等效方法的研究成果，给定了藏式建筑结构可靠性综合评估流程，为藏式建筑的评估工作提供支撑。

参 考 文 献

（按姓名首字母顺序排列）

[1] 阿旺罗丹，次多，普次. 西藏藏式建筑总览 [M]. 成都：四川美术出版社，2007.

[2] 奥尼西克. 砖石结构的研究 [M]. 中国科学院土木建筑研究所，译. 北京：科学出版社，1955.

[3] 敖迎阳. 平遥古城墙裂缝成因分析及处理对策 [D]. 北京：北京交通大学，2008.

[4] ANTHOINE A. Derivation of the in-plane elastic characteristics of masonry through homogenization theory [J]. International Journal of Solids and Structures，1995，32 (2)：137-163.

[5] AGUILA R，MONTESIONS M，RAMIREZ E，et al. Mechanical testing in adobe bricks and earthen mortar from the archaeological complex of Huaca de la Luna in Perú [J]. Construction Materials，2017，6：16-28.

[6] ALI S S，PAGE A W. Finite element model for masonry subject to concentrated loads [J]. Journal of Structural Engineering，1998，124 (8)：1761-1784.

[7] ALI S S，PAGE A W. Finite Element Model for Masonry Subjected to Concentrated Loads [J]. Journal of Structural Engineering，1988，114 (8)：1761-1784.

[8] Internation Standardization Organization 13822. Basis for design of structures：assessment of existing structures [S]. 2010.

[9] AVCI O，AL-SMADI Y M. Unreinforced masonry façade assessment of a historic building for excessive displacementsdue to a nearby subway construction [J]. Practice Periodical on Structural Design and Construction，2019，24 (1)：05018005.

[10] ASTERIS P G，SYRMAKEZIS C A. Strength of unreinforced masonry walls under concentrated compression loads [J]. Practice Periodical on Structural Design and Construction，2005，10 (2)：133-140.

[11] ATKINSON R H，NOLAND J L，ABRAMS D P. A deformation failure theory for stack-bond brick masonry prism in compression [C]. Proceedings of the 7th International Brick masonry Conference，1985，577-592.

[12] AL-NUAIMY W，HUANG Y，ERIKSEN A，et al. Automatic detection of hyperbolic signatures in ground-penetrating radar data [C] //Proceedings of SPLE San Diego. 2001，4491：327-335.

[13] 包宇航. 基于 ABAQUS 的碳纤维布与斜拉钢筋加固砌体墙的有限元对比分析 [D]. 哈尔滨：哈尔滨工程大学，2016.

[14] BAZI Y，MELGANI F. Gaussian Process Approach to Remote Sensing Classification [J]. IEEE Transactions on Geoscience Remote，2010，48 (1)：186-197.

[15] BORCHELT J G. Analysis of brick walls subject to axial compression and in-plane shear [C] //Proceedings of the 2nd International Brick Masonry Conference. 1970.

[16] BINDA L，TIRABOSCHI C，ABBANEO S. Experimental research to characterize masonry materials [J]. Mason Int，1997，10 (3)：92-101.

[17] BINDA L，PINA-HENRIQUES J，ANZANI A，et al. A contribution for the understanding of load-transfer mechanisms in multi-leaf masonry walls：Testing and modelling [J]. Engineering Structures，2006，28 (8)：1132-1148.

[18] BOLHASSANI M，HAMID A A，LAU A C W，et al. Simplified micro modeling of partially grouted masonry assemblages [J]. Construction and Building Materials，2015，83：159-173.

[19] 曹文贵，方祖烈，唐学军. 岩石损伤软化统计本构模型之研究 [J]. 岩石力学与工程学报，1998，17 (6)：628-633.

[20] 曹文贵，赵明华，刘成学. 基于 Weibull 分布的岩石损伤软化模型及其修正方法研究 [J]. 岩石力学与工程学报，2004，23 (19)：3226-3231.

[21] 曹文贵，王视华，张升，等. 岩石脆延特性转化条件确定的统计损伤方法研究 [J]. 岩土工程学报，2005，27 (12)：1391-1396.

［22］ 曹文贵，李翔. 岩石损伤软化统计本构模型及参数确定方法的新探讨［J］. 岩土力学，2008，29（11）：2952-2956.

［23］ 曹文贵，赵衡，张永杰，等. 考虑体积变化影响的岩石应变软硬化损伤本构模型及参数确定方法［J］. 岩土力学，2011，32（3）：647-654.

［24］ 曹文贵，赵衡，李翔，等. 基于残余强度变形阶段特征的岩石变形全过程统计损伤模拟方法［J］. 土木工程学报，2012，45（6）：139-145.

［25］ 柴振岭，郭子雄，胡奕东，等. 干砌甩浆砌石墙通缝抗剪强度试验研究［J］. 建筑结构学报，2010，31（S2）：340-345.

［26］ 陈耀东. 中国藏族建筑［M］. 北京：中国建筑工业出版社，2007：22-48.

［27］ 陈卓英，刘漫漫，虞锦晖. 红石砌体沿阶梯形截面的抗剪试验研究［J］. 南昌大学学报（工程技术版），1994（3）：10-16.

［28］ 淳庆，徐永利，潘建伍. 泰州水关遗址结构分析及修缮设计［J］. 文物保护与考古科学，2012，24（4）：11-17.

［29］ CALDERINI C，CATTARI S，LAGOMARSINO S. In-plane strength of unreinforced masonry piers［J］. Earthquake Engineering and Structural Dynamics，2010，38（2）：243-267.

［30］ CALDERINI C，CATTARI S，LAGOMARSINO S. The use of the diagonal compression test to identify the shear mechanical parameters of masonry［J］. Construction and Building Materials，2010，24（5）：677-685.

［31］ CANDELA M，CATTARI S，LAGOMARSINO S，et al. In-situ test for the shear strength evaluation of masonry：the case of a building hit by L'Aquila earthquake（Italy）［C］. 15th WCEE（World Conference on Earthquake Engineering），Lisbon，Portugal，2012.

［32］ CAVALAGLI N，CLUNI F，GUSELLA V. Evaluation of a statistically equivalent periodic unit cell for a quasiperiodic masonry［J］. International Journal of Solids and Structures，2013，50：4226-4240.

［33］ CECCHI A，SAB K. Discrete and continuous models for in plane loaded random elastic brickwork［J］. European Journal of Mechanics A/Solids，2009，28：610-625.

［34］ CLUNI F，GUSELLA V. Homogenization of non-periodic masonry structures［J］. International Journal of Solids and Structures，2004，41：1911-1923.

［35］ CORRADI M，BORRI A，VIGNOLI A. Strengthening techniques tested on masonry structures struck by the Umbria-Marche earthquake of 1997-1998［J］. Construction and Building Materials，2002，16（4）：229-239.

［36］ CORRADI M，BORRI A，VIGNOLI A. Experimental study on the determination of strength of masonry walls［J］. Construction and Building Materials，2003，17（5）：325-337.

［37］ CORRADI M，TEDESCHI C，BINDA L，et al. Experimental evaluation of shear and compression strength of masonry wall before and after reinforcement：Deep repointing［J］. Construction and Building Materials，2006，22（4）.

［38］ CORRADI M，TEDESCHI C，BINDA L，et al. Experimental evaluation of shear and compression strength of masonry wall before and after reinforcement：Deep repointing［J］. Construction and Building Materials，2008，22（4）：463-472.

［39］ COSTA A A，SILVA B，AREDE A，et al. In-plane behaviour of a stone masonry pier：experimental test，numerical simulation and retrofitting efficiency evaluation［C］//Proceedings International Seminar on Seismic Risk and Rehabilitation，on the 10th Anniversary of the 1998 Azores Earthquake. 2008：109-112.

［40］ 邓传力，刘潇，傅雷. 藏式石墙体构造特征及其粘结材料力学性能研究［J］. 结构工程师，2016，32（6）：129-132.

［41］ 丁瑞彬. 砌体精细化建模方法及砌体拟静力试验的数值模拟分析［D］. 太原：太原理工大学，2016.

［42］ D'ALTRI A M，MIRANDA S，CASTELLAZZI G，et al. A 3D detailed micro-model for the in-plane and out-of-plane numerical analysis of masonry panels［J］. Computers and Structures，2018，206：18-30.

［43］ DHAREK M S，RAGHUNATH S，ASHWIN C P. Experimental behaviour of unreinforced and reinforced concrete block masonry walls under uniaxial compression［J］. Materials Today：Proceedings，2021，46（7）：

2462-2467.

[44] DEMIR C, ILKI A. Characterization of the materials used in the multi-leaf masonry walls of monumental structures in Istanbul, Turkey [J]. Construction and Building Materials, 2014, 64: 398-413.

[45] EBERHARDT E, STEAD D, STIMPSON B. Quantifying progressive pre-peak brittle fracture damage in rock during uniaxial compression [J]. International Journal of Rock Mechanics and Mining Sciences, 1999, 36 (3): 361-380.

[46] EGERMANN R, FRICK B, NEUWALD C. Analytical and experimental approach to the load bearing behaviour of multiple leaf masonry [J]. Transactions on the Built Environment, 1993, 4: 383-389.

[47] EGERMANN R, NEUWALD-BURG C. Assessment of the load bearing capacity of historic multiple leaf masonry walls [C] //10th IB2MAC. Calgary, Canada, 1994, 1603-0612.

[48] 傅雷, 贾彬, 蒙乃庆, 等. 西藏民居毛石墙抗压性能试验研究 [J]. 工程抗震与加固改造, 2015, 37 (5): 119-122+63.

[49] 傅雷. 西藏民居毛石墙抗压性能改良技术 [D]. 绵阳: 西南科技大学, 2016.

[50] 付晓渝. 中国古城墙保护探索 [D]. 北京: 北京林业大学, 2007.

[51] FOTI D, VACCA V, IVORRA S, et al. Creep behavior of a building stone from the South of Italy [C] //Proceedings of the 16th International Brick and Block Masonry Conference. Padova, Italy, 2016: 26-30.

[52] FRANCIS A J, HORMAN C B, JERREMS L E. The effect of joint thickness and other factors on the compressive strength of brickwork [C] //Proceedings of 2nd international brick masonry conference, stoke-on trent. 1971: 31-37.

[53] FALSONE G, LOMBARDO M. Stochastic representation of the mechanical properties of irregular masonry structures [J]. International Journal of Solids and Structures, 2007, 44: 8600-8612.

[54] 高垚, 邓思华, 李广辉. 基于 ABAQUS 的砌体墙体有限元分析 [C] //工业建筑 2018 年全国学术年会论文集 (上册). 2018: 97-101.

[55] 高政国, 刘光廷. 二维混凝土随机骨料模型研究 [J]. 清华大学学报: 自然科学版, 2003, 43 (5): 710-714.

[56] 顾晓鲁. 地基与基础 [M]. 北京: 中国建筑工业出版社, 2003.

[57] 郭婷. 藏式古建结构的人致荷载分析 [D]. 北京: 北京交通大学, 2009.

[58] 郭子雄, 柴振岭, 胡奕东, 等. 条石砌筑石墙抗震性能试验研究 [J]. 建筑结构学报, 2011, 32 (3): 57-63.

[59] 郭子雄, 柴振岭, 胡奕东, 等. 机器切割料石砌筑石墙灰缝构造及抗震性能试验研究 [J]. 建筑结构学报, 2011, 32 (3): 64-68.

[60] 郭子雄, 柴振岭, 刘阳, 等. 机器切割条石砌筑石墙灰缝抗剪性能试验研究 [J]. 工程力学, 2012, 29 (6): 92-97.

[61] GAMBA P, LOSSANI S. Neural detection of pipe signatures in ground penetrating radar images [J]. IEEE Transactions on Geoscience Remote Sensing, 2000, 38 (02): 790-797.

[62] GUSELLA V, CLUNI F. Random field and homogenization for masonry with nonperiodic microstructure [J]. Journal of Mechanics of Materials and Structures, 2006, 1 (2): 357-386.

[63] 韩杰, 曹辉. 荆州古城历史建筑砖石墙面损伤调查与分析 [J]. 四川建材, 2018, 44 (2): 37-38+40.

[64] 侯宇星, 王立成. 混凝土细观分析中随机多边形骨料生成方法 [J]. 建筑科学与工程学报, 2009, 26 (4): 59-65.

[65] 黄辉, 杨丹, 陈科, 等. BFRP 网格改良藏式毛石墙体受力性能试验研究 [J]. 西南交通大学学报, 2020, 55 (3): 1-8.

[66] 黄群贤, 郭子雄, 刘阳. 石墙通缝抗剪强度试验及其可靠度分析 [J]. 武汉理工大学学报, 2010, 32 (9): 65-88.

[67] HAMID A A, CHUKW UNENYE A O. Compression behavior of concrete masonry prisms [J]. Journal of Structural Engineering, 1986, 112 (3): 605-613.

[68] 吉喆. 藏式民居毛石墙抗压性能试验研究 [D]. 绵阳: 西南科技大学, 2017.

[69] 江近仁, 谢君斐. 中国科学院土木建筑研究所报告第 2 号. 砖石结构研究 [M]. 北京: 科学出版社, 1956:

30-41.

[70] 蒋济同，周新智. 基于分离式建模的砌体墙力学性能有限元分析参数探讨 [J]. 建筑结构，2019，49（S1）：640-644.

[71] 蒋宇洪，杨娜. 基于 RVE 单元的石砌体有效模量计算方法 [J]. 工程力学，2022，39（4）：86-99＋256.

[72] 蒋宇洪，杨娜. 基于极限分析的三叶墙抗压强度预测模型研究 [J]. 工程力学，2022，39（2）：168-177＋188.

[73] 蒋宇洪，杨娜，白凡. 基于 RVE 单元的藏式古建筑石砌体均质化研究 [J]. 工程力学，2020，37（7）：110-124.

[74] 焦贞贞. 碱激发矿渣胶凝材料砌块砌体基本力学性能研究 [D]. 哈尔滨：哈尔滨工业大学，2019.

[75] 孔璟常. 砌体填充墙 RC 框架结构平面内抗震性能数值模拟研究 [D]. 哈尔滨：哈尔滨工业大学，2011.

[76] Khoo C L. Failure criterion for brick work in axial compression [D]. University of Edinburgh，1972.

[77] 雷宏刚，李铁英，魏剑伟. 典型古建筑保护中的基础性问题研究 [J]. 工程力学，2007（S2）：99-109.

[78] 雷小娟. 黄河淤泥烧结多孔砖耐久性试验研究 [D]. 郑州：郑州大学，2009.

[79] 李博，宋燕，马清林，等. 中国传统灰土灰浆材料改性试验研究 [J]. 广西民族大学学报（自然科学版），2013，19（4）：18-24.

[80] 李传洋. 料石砌体基本力学性能研究 [D]. 南京：东南大学，2015.

[81] 李建成. 藏式石砌墙体的基本力学特性及砌缝抗剪试验研究 [D]. 北京：北京交通大学，2020.

[82] 李秋容. 藏式石木结构民居的抗震性能及设防对策 [D]. 四川：西南科技大学，2015.

[83] 李炜明，李国成，严明煜，等. 历史砌体建筑结构健康状态的复合评判 [J]. 土木工程与管理学报，2005，22（b5）：101-104.

[84] 李想，孙建刚，崔利富，等. 藏族民居墙体抗震性能及加固研究 [J]. 低温建筑技术，2015，37（11）：62-6479.

[85] 李廷军，孔令讲，周正欧. 探地雷达横向等效变波速 SAR 成像算法研究 [J]. 电子科技大学学报，2010，39（1）：16-20.

[86] 李朝红，王海龙，徐光兴. 混凝土损伤断裂的三维细观数值模拟 [J]. 中南大学学报：自然科学版，2011，42（2）：463-469.

[87] 梁建国，洪丽，肖逸夫，等. 砖和砂浆的本构关系试验研究 [C] //全国砌体结构领域基本理论与工程应用学术会议. 2012.

[88] 林拥军，邱秀姣，葛宇东. 砌体结构安全性模糊层次综合评价方法 [J]. 西南交通大学学报，2016，51（6）：1214-1221.

[89] 刘成禹，林毅鹏，林超群. 球状孤石在探地雷达探测成果中的表现特征 [J]. 物探与化探，2015，39（4）：860-866.

[90] 刘桂秋，施楚贤，刘一彪. 砌体及砌体材料弹性模量取值的研究 [J]. 湖南大学学报：自然科学版，2008，35（4）：29-32.

[91] 刘建生，安学军，苏跃. 石砌体的本构关系 [J]. 建筑结构，1995（10）：28-33.

[92] 刘木忠. 料石砌体水平灰缝的抗剪强度 [J]. 工程抗震与加固改造，1986（3）：27-30.

[93] 刘伟兵，崔利富，孙建刚，等. 藏族民居石砌体基本力学性能试验与数值仿真 [J]. 大连民族大学学报，2015，17（3）：252-256.

[94] 李旭. 基于 ABAQUS 的配筋构造柱式砌体墙的有限元分析 [D]. 郑州：郑州大学，2014.

[95] 刘振宇，叶燎原，潘文，等. 等效体积单元（RVE）在砌体有限元分析中的应用 [J]. 工程力学，2003，20（2）：31-35.

[96] 刘祖运，程才渊. 基于 ABAQUS 的薄缝砌筑蒸压加气混凝土砌块填充墙框架结构的非线性有限元分析 [J]. 建筑砌块与砌块建筑，2015（4）：37-40.

[97] LOTFIT H R，SHING P B. An appraisal of smeared crack models for masonry shear wall analysis [J]. Computers and Structures，1991，41（3）：413-425.

[98] LAJTAI E Z，CARTER B J，AYARI M L. Criteria for brittle fracture in compression [J]. Engineering Fracture Mechanics，1990，37（1）：59-74.

［99］ LAJTAI E Z. Microscopic fracture process in a granite ［J］. Rock Mechanics and Rock Engineering，1998，31 （4）：237-250.

［100］ LOURENÇO P B. Multi-surface interface model for analysis of masonry structures ［J］. Journal of Engineering Mechanics，1997，123 （7）：660-668.

［101］ LOTFIT H R，SHING P B. Interface model applied to fracture of masonry structures ［J］. Journal of Structural Engineering，1994，120 （1）：63-80.

［102］ LEE J S，PANDE G N，KRALJ B. A comparative study on the approximate analysis of masonry structures ［J］. Materials and Structures，1998，31 （7）：473-479.

［103］ MACORINI L，IZZUDDIN B A. A non-linear interface element for 3D mesoscale analysis of brick-masonry structures ［J］. International Journal for Numerical Methods in Engineering，2010，85 （12）：1584-1608.

［104］ MA G，HAO H，LU Y. Homogenization of masonry using numerical simulations ［J］. Journal of engineering mechanics，2001，127 （5）：421-431.

［105］ MOHAMAD E，CHEN Z. Experimental and numerical analysis of the compressive and shear behavior for a new type of self-insulating concrete masonry system ［J］. Applied Sciences，2016，6 （9）：245.

［106］ MAGENES G，PENNA A，GALASCO A，et al. Experimental characterisation of stone masonry mechanical properties ［C］//Proceedings of the 8th International Masonry Conference，Dresden：International Masonry Society，2010：247-256.

［107］ MAIER G，NAPPI A，PAPA E. Damage models for masonry as a composite material：a numerical and experimental analysis ［J］. Constitutive Laws for Engineering Materials，1991：427-432.

［108］ MANN W，MULLER H. Failure of shear-stressed masonry—an enlarged theory，tests and application to shear-walls ［C］. Proceedings of the International Symposium on Load bearing Brick work，London，1980：1-13.

［109］ MARCAK H L，GT N，GT S，et al. The use of GPR attributes to map a weak zone in a river dike ［J］. Exploration Geophysics，2014，45 （2）：125-133.

［110］ MEIMAROGLOU N，MOUZAKIS H. Mechanical properties of three-leaf masonry walls constructed with natural stones and mud mortar ［J］. Engineering Structures，2018，172：869-876.

［111］ MILANI G，LOURENÇO P B，TRALLI A. Homogenised limit analysis of masonry walls，Part Ⅰ：Failure surfaces ［J］. Computers and structures，2006，84 （3-4）：166-180.

［112］ MILANI G，LOURENÇO P B，TRALLI A. Homogenised limit analysis of masonry walls，Part Ⅱ：Structural examples ［J］. Computers and Structures，2006，84 （3-4）：181-195.

［113］ MILANI G，ESQUIVEL Y，LOURENÇO P B，et al. Characterization of the response of quasi-periodic masonry：Geometrical investigation，homogenization and application to the Guimarães castle，Portugal ［J］. Engineering Structures，2013，56：621-641.

［114］ MILOSEVIC J，GAGO A，LOPES M，et al. Experimental Tests on Rubble Masonry Specimens-Diagonal Compression，Triplet and Compression Tests ［C］. 15th WCEE （World Conference on Earthquake Engineering），Lisbon，Portugal，2012.

［115］ MILOSEVIC J，GAGO A S，LOPES M，et al. Experimental assessment of shear strength parameters on rubble stone masonry specimens ［J］. Construction and Building Materials，2013，47：1372-1380.

［116］ MOHAMMED M S. Finite Element Analysis of Unreinforced Masonry Walls ［J］. AL-Rafidain Engineering Journal，2010，18 （4）：55-68.

［117］ 倪玉双. 砌体匀质化理论及应用研究 ［D］. 长沙：长沙理工大学，2014.

［118］ 牛力军，张文芳，丁瑞彬. 采用块体-界面体系的砌体结构简化细观模型 ［J］. 土木建筑与环境工程，2016，38 （2）：51-59.

［119］ NACIRI K，AALIL I，CHAABA A，et al. Detailed Micro-modeling and Multiscale Modeling of Masonry under Confined Shear and Compressive Loading ［J］. Practice Periodical on Structural Design and Construction，2021，26 （1）：04020056.

[120] NARAINE K，SINHA S. Model for cyclic compressive behavior of brick masonry [J]. Structural Journal，1991，88 (5)：592-602.

[121] Oliveira D V. Experimental and numerical analysis of blocky masonry structures under cyclic loading [D]. University of Minho，2003.

[122] 潘静. 配筋砌块砌体柱抗压性能的试验与理论研究 [D]. 大连：大连理工大学，2013.

[123] 潘毅，李玲娇，王慧琴，等. 木结构古建筑震后破坏状态评估方法研究 [J]. 湖南大学学报 (自然科学版)，2016 (1)：132-142.

[124] 彭燕伟. RVE 在砌体结构力学性能研究中的应用 [D]. 开封：河南大学，2010.

[125] PAGE A W. Finite element model for masonry [J]. Journal of the Structural Division-ASCE，1978，104 (8)：1267-1285.

[126] PANDE G N，LIANG J X，MIDDLETON J. Equivalent elastic moduli for brick masonry [J]. Computers and Geotechnics，1989，8 (3)：243-265.

[127] PASOLI E，MELGANI F，DONELLI M. Automatic analysis of GPR images：A pattern-recognition approach [J]. IEEE Transactions on Geoscience and Remote Sensing，2009，47 (7)：2206-2217.

[128] PALIWAL B，RAMESH K T. An interacting micro-crack damage model for failure of brittle materials under compression [J]. Journal of the Mechanics and Physics of Solids，2008，56 (3)：896-923.

[129] PIETRUSZCZAK S. A mathematical description of macroscoptic behavior of unit masonry [J]. International Journal of Solids and Structures，1992，29 (5)：531-546.

[130] 秦本东，李泉，檀俊坤. 基于模糊层次分析法的砖石木结构古建筑安全评价 [J]. 土木工程与管理学报，2017，34 (5)：52-59.

[131] 曲亮，王时伟. 故宫墙体返碱问题初探 [J]. 中国文物科学研究，2008 (04)：58-60+54.

[132] QADER I A，FADI A A，OSAMA A. Fractals and independent component analysis for defect detection in-bridge decks [J]. Advances in Civil Engineering，2011 (2)：1-14.

[133] RIVEIRO B，LOURENÇO P B，OLIVEIRA D V，et al. Automatic morphologic analysis of quasi-periodic masonry walls from LiDAR [J]. Computer-Aided Civil and Infrastructure Engineering，2016，31：305-319.

[134] RIDDINGTON J R，CHAZALI M Z. Hypothesis for shear failure in masonry joints [J]. Proceedings of the Institution of Civil Engineers，1990，89 (1)：89-102.

[135] RAO K V M，VENKATARAMA R，JAGADISH K S. Strength characteristics of stone masonry [J]. Materials and Structures，1997，30 (4)：233-237.

[136] 尚守平，杭翠翠，姜魏，等. 砌体结构抗压承载力仿真分析与试验对比 [J]. 湘潭大学自然科学学报，2011，33 (2)：33-37.

[137] 沈继美. 砌体匀质化过程的数值模拟方法与应用研究 [D] 长沙：长沙理工大学，2012.

[138] 施楚贤. 砌体结构理论与设计 [M]. 2 版. 北京：中国建筑工业出版社，2003.

[139] 施养杭，施景勋. 料石石墙抗震抗剪强度 [J]. 工程力学，1998 (a01)：598-601.

[140] 中华人民共和国住房和城乡建设部. 民用建筑可靠性鉴定标准：GB 50292—2015. [S]. 北京：中国建筑工业出版社，2016.

[141] 宋来忠，姜袁，彭刚. 混凝土随机参数化骨料模型及加载的数值模拟 [J]. 水利学报，2010，40 (10)：1241-1247.

[142] 孙磊，汤永净. 古砖砌体冻融循环下轴心受压试验及超声波测试 [J]. 结构工程师，2018，34 (4)：128-134.

[143] 孙立国，杜成斌，戴春霞. 大体积混凝土随机骨料数值模拟 [J]. 河海大学学报：自然科学版，2005，33 (3)：291-295.

[144] SALAMON M D G. Elastic moduli of a stratified rock mass [C] //International Journal of Rock Mechanics and Mining Sciences and Geomechanics Abstracts. Pergamon，1968，5 (6)：519-527.

[145] SENTHIVEL R，LOURENÇO P B. Finite element modelling of deformation characteristics of historical stone masonry shear walls [J]. Engineering Structures，2009，31 (9)：1930-1943.

[146] SINGH S B，MUNJAL P. Bond strength and compressive stress-strain characteristics of brick masonry [J].

Journal of Building Engineering，2017，9：10-16.

[147] SHIEH-BEYGI B，PIETRUSZCZAK S. Numerical analysis of structural masonry：mesoscale approach [J]. Computers and Structures，2008，86：1958-1973.

[148] SINHA B P，HENDRY A W. Structural testing of brick work in a disused quarry [J]. Proceedings of the Institution of Civil Engineers，1976，60 (1)：153-162.

[149] SILVA B. Diagnosis and strengthening of historical masonry structures：Numerical and experimental analyses [D]. Italy：University of Brescia，2012.

[150] SPENCE S，GIOFFRÈ M，GRIGORIU M. Probabilistic models and simulation of irregular masonry walls [J]. Journal of Engineering Mechanics，2008：750-762.

[151] SEO Y S，JEONG G C，KIM J S，et al. Microscopic observation and contact stress analysis of granite under compression [J]，Engineering Geology，2002，63：259-275.

[152] 唐春安，徐小荷. 岩石全应力-应变过程的统计损伤理论分析 [J]. 东北大学学报自然科学版，1987 (2)：57-61.

[153] 田荀. 藏式石墙体抗压性能研究 [D]. 绵阳：西南科技大学，2018.

[154] 滕东宇. 藏式石砌体静力性能研究 [D]. 北京：北京交通大学，2019.

[155] 滕东宇，杨娜. 藏式石砌体受压应力-应变全曲线特征研究 [J]. 工程力学，2018，35 (11)：172-180.

[156] THAICKAVIL N N，THOMAS J. Behavior and strength assessment of masonry prisms [J]. Case Studies in Construction Materials，2018，8：23-38.

[157] TURNSEK V，CACOVIC F. Some experimental results on the strength of brick masonry walls [C]. Proceedings of the 2nd International Brick Masonry Conference，Stoke-on-Trent，1971：149-156.

[158] VASCONCELOS G，LOURENÇO P B. Experimental characterization of stone masonry in shear and compression [J]. Construction and Building Materials，2009，23 (11)：3337-3345.

[159] VASCONCELOS. Experimental investigations on the mechanics of stone masonry：Characeri-zation of granites and behavior of ancient masonry shear walls [D]. University of Minho，2005.

[160] VENTOLÀ L，VENDRELL M，GIRALDEZ P，et al. Traditional organic additives improve lime mortars：New old materials for restoration and building natural stone fabrics [J]. Construction and Building Materials，2011，25 (8)：3313-3318.

[161] VINTZILEOU E，MOUZAKIS C，ADAMI C E，et al. Seismicbehavior of three-leaf stone masonry buildings before and after interventions：Shaking table tests on a two-storey masonry model [J]. Bulletin of Earthquake Engineering，2015，13 (10).

[162] VINTZILEOU E，MILTIADOU-FEZANS A. Mechanical properties of three-leaf stone masonry grouted with ternary or hydraulic lime-based grouts [J]. Engineering Structures，2007，30 (8).

[163] 汪源. 传统藏式毛石砌体受压基本力学性能研究 [D]. 绵阳：西南科技大学，2021.

[164] 王蓓蓓，董军. 基于损伤塑性模型的砌体墙体非线性有限元分析 [J]. 防灾减灾工程学报，2014，34 (2)：216-222.

[165] 王春江，朱震宇，李向民，等. 砌体墙侧向受力性能精细有限元模拟 [J]. 浙江大学学报（工学版），2016，50 (6)：1024-1030.

[166] 王达诠. 应用 RVE 均质化方法的砌体非线性分析 [D]. 重庆：重庆大学，2002.

[167] 王亮，詹予忠，沈国鹏，等. 粘土砖的腐蚀劣化机理 [J]. 四川建筑科学研究，2008，(1)：142-145.

[168] 王少杰，刘福胜，段绪胜，等. 砂浆试样单轴受压应力-应变全曲线试验研究 [J]. 混凝土，2010 (7)：110-112.

[169] 王晓虎. 砌体填充墙 RC 框架结构平面外抗震性能数值模拟研究 [D]. 哈尔滨：哈尔滨工业大学，2011.

[170] 王朝晖. 生土砖砌体结构及其砌体受压力学性能研究 [D]. 兰州：兰州理工大学，2016.

[171] 魏国锋，方世强，康予虎. 米浆种类对传统灰浆性能的影响 [J]. 建筑材料学报，2014，17 (4)：618-622.

[172] 魏国锋，周虎，方世强，等. 石灰种类对传统糯米灰浆性能的影响 [J]. 建筑材料学报，2015，18 (5)：873-878.

[173] 魏奎烨，吴涛，陈忠范，等. 体外预应力粗料石砌体墙抗震性能试验研究 [J]. 建筑结构学报，2017，38 （12）：139-147.

[174] 吴雅颖. 基于契合理论的砌体严格匀质化理论研究 [D]. 长沙：长沙理工大学，2012.

[175] 武奥军. 藏式古建筑石砌体抗压静力性能研究 [D]. 北京：北京交通大学，2021.

[176] WITZANY J，CEJKA T，SYKORA M，et al. Assessment of compressive strength of historic mixed masonry [J]. Statyba，2015，22（3）：391-400.

[177] 徐春一. 蒸压粉煤灰砖砌体受力性能试验与理论研究 [D]. 大连：大连理工大学，2011.

[178] 徐华. 山西平遥古城城墙结构承载力影响因素分析 [D]. 北京：北京交通大学，2008.

[179] 徐明，赵娜，时丹，等. 粗料石墙体抗震性能试验研究 [J]. 土木工程学报，2014（9）：29-37.

[180] 徐明，时丹，赵娜，等. 足尺细料石墙体抗震性能试验研究 [J]. 建筑结构学报，2014，35（6）：145-152.

[181] 许浒，杜宁宁，余志祥，等. 川西藏羌石砌民居建筑的抗地震倒塌性能 [J]. 西南交通大学学报，2019，54 （5）：1021-1029＋1046.

[182] 徐卫亚，韦立德. 岩石损伤统计本构模型的研究 [J]. 岩石力学与工程学报，2002，21（6）：787-791.

[183] 徐宗威. 西藏传统建筑导则 [M]. 北京：中国建筑工业出版社，2004.

[184] 徐祖林. 基于匀质化方法的砌体结构抗震性能研究 [D]. 上海：上海大学，2007.

[185] 徐祖林，叶志明，陈玲俐. 匀质化方法在砌体结构地震反应分析中的应用 [J]. 建筑结构，2008，38（10）：78-82.

[186] XIANG L，ZHOU H L，TAN S H. An automatic algorithm for multi-defect classification inside tunnel using SVM [C]. Proceedings of the 14th International Conference on Ground Penetrating Radar，2012：454-458.

[187] XIE X，QIN H，YU C，et al. An automatic recognition algorithm for GPR images of RC structure voids [J]. Journal of Applied Geophysics，2013，99（12）：125-134.

[188] XIA Q，SUN Y，LI Y，et al. Development law of axial compression and cracks in ancient brick masonry [J]. Construction and Building Materials，2021，299：123936.

[189] 严兆，汪卫明. 全级配混凝土随机骨料二维模型生成的块体切割方法 [J]. 武汉大学学报：工学版，2013，46（4）：484-488.

[190] 杨惠晴，徐蕾，孙建刚，等. 碉房抗震性能数值仿真分析 [J]. 地震工程与工程振动，2014，34（1）：242-248.

[191] 杨娜，滕东宇. 藏式石砌体在剪-压复合作用下抗剪性能研究 [J]. 工程力学，2020，37（2）：221-229.

[192] YANG W J，NI Y S，JIANG N. Research on Failure Criteria of Homogenization Model of Masonry [J]. Applied Mechanics & Materials，2012，117-119：1172-1176.

[193] 殷园园，郑妮娜. 基于 ABAQUS 的砌体结构有限元模拟方法 [C] //第十一届全国现代结构工程学术研讨会. 天津，2011：1353-1355

[194] 余天和. 古建城台长期力学性能和安全度有限元分析 [D]. 清华大学，2009.

[195] 岳增国，金伟良，傅军. 基于分离式模型的砌体结构有限元分析 [C] //2007 年全国砌体结构基本理论与工程应用学术会议. 湖南长沙，2007，69-73.

[196] 张晨诗扬，黄辉，杨丹，等. 传统藏式建筑石墙体力学性能试验 [J]. 西南科技大学学报，2019，34（1）：63-66.

[197] 张斯，徐礼华，杨冬民，等. 纤维布加固砖砌体墙平面内受力性能有限元模型 [J]. 工程力学，2015，32（12）：233-242.

[198] 张文革，席向东. 平遥古城墙的稳定性分析 [J]. 建筑结构，2009，39（3）：110-112.

[199] 张中俭. 平遥古城古砖风化机理和防风化方法研究 [J]. 工程地质学报，2017，25（3）：619-629.

[200] 赵冬，屠冰冰，张艳强. 随机有限元法在砖石古建数值模拟中的应用 [J]. 工程抗震与加固改造，2010，32（6）：128-131＋127.

[201] 中华人民共和国交通部. 公路工程水泥及水泥混凝土试验规程：JTG E30—2005 [S]. 北京：人民交通出版社，2005.

[202] 中华人民共和国住房和城乡建设部. 工程结构可靠性设计统一标准：GB 50153—2008 [S]. 北京：中国计划

出版社，2009.

[203] 中华人民共和国住房和城乡建设部. 建筑砂浆基本性能试验方法标准：JGJ/T 70—2009［S］. 北京：中国建筑工业出版社，2009.

[204] 中华人民共和国住房和城乡建设部. 砌体结构设计规范：GB 50003—2011［S］. 北京：中国计划出版社，2012.

[205] 中华人民共和国住房和城乡建设部. 建筑抗震设计规范：GB 50011—2010［S］. 北京：中国建筑工业出版社，2010.

[206] 中华人民共和国住房和城乡建设部. 建筑结构荷载规范：GB 50009—2012［S］. 北京：中国建筑工业出版社，2012.

[207] 中华人民共和国住房和城乡建设部. 危险房屋鉴定标准：JGJ 125—2016［S］. 北京：中国建筑工业出版社，2016.

[208] 周长东，赵锋，高日. 砌体结构震后快速鉴定方法研究［J］. 建筑结构学报，2010（S2）：94-99.

[209] 周乾. 木构古建筑墙体典型残损问题分析［J］. 施工技术，2015，44（16）：12-15＋50.

[210] 周强. 混凝土专用砌块空心砌体轴心受压力学性能研究［D］. 哈尔滨：哈尔滨工业大学，2018.

[211] 朱伯龙. 砌体结构设计原理［M］. 上海：同济大学出版社，1991.

[212] 朱飞. 灌芯砌块砌体与配筋砌块砌体力学性能研究［D］. 哈尔滨：哈尔滨工业大学，2017.

[213] 朱万成，唐春安，赵文，等. 混凝土试样在静态载荷作用下断裂过程的数值模拟研究［J］. 工程力学，2002，19（6）：148-153.

[214] 朱小丽. 汉化像砖的劣化机理及保护［D］. 郑州：郑州大学，2009.

[215] ZHU Q Z，SHAO J F，MAINGUY M. A micromechanics-based elastoplastic damage model for granular materials at low confining pressure［J］. International Journal of Plasticity，2010，26（4）：586-602.

[216] ZUCCHINI A，LOURENÇO P B. A micro-mechanical model for the homogenisation of masonry［J］. International Journal of Solids and Structures，2002，39（12）：3233-3255.